제 4 판

현대 디지털공학실험

구성모, 김광태, 김영춘, 심태은
이무영, 이응구, 이철원 공저

D.B.Info

머 리 말

오늘날 컴퓨터는 인간생활의 여러 분야에 이용되면서 사무자동화, 공장자동화 및 가정의 자동화 등을 실현시켰으며 기업과 산업 전체 활동 또는 일반 가정의 개인생활에 커다란 영향을 주게 되었다.

논리회로는 컴퓨터회로의 기본을 이루고 있는 디지털회로의 기초가 되는 부분으로서 입력, 출력 및 원하는 부울함수에 따라서 게이트들을 연결한 구성체이다. 출력은 주어진 입력에 의하여 논리회로를 통하여 나타나는데, 이러한 논리회로의 연속적인 연결이 조그만 장치를 이루고 이들 장치들이 연결되어 하나의 컴퓨터를 구성하게 된다.

이 책은 전문대학 혹은 대학 과정의 기초적인 과목으로서 디지털이론 및 응용 과목을 공부하는데 기본적으로 익혀야 할 원리를 이해하고 실험을 통하여 그 응용력을 배양하도록 구성하였다. 본 책의 구성은 다음과 같다.

1장에서 10장까지는 디지털회로의 기초가 되는 기본 게이트를 이용한 실험을 다루고 있으며 제11장에서 19장까지는 플립플롭과 계수기 등에 대한 전반적인 실험을 다루었다. 또한 응용력을 배양하기 위하여 20장부터 25장까지는 전원공급장치, 타이머 및 디지털 시계의 제작 등과 같은 응용회로에 대한 실험을 다루고 있다.

마지막으로 이 책이 출판되기까지 성원과 수고를 해주신 복두출판사 임직원 여러분께 감사드리며 이 책의 미비된 부분이나 새로운 부분들에 한해서는 계속 보완해 나갈 것을 약속드립니다.

저자 일동

차 례

실험 1

AND, OR 및 NOT 게이트

1. 목적

AND, OR 및 NOT 게이트의 기본 구성과 동작 원리를 익힌다.

2. 이론

[1] AND 게이트

AND 게이트는 논리식이 곱하기 형태로 표시되며 모든 입력이 1일 때만 출력이 1이 되는 게이트를 말한다. AND 게이트의 출력 Y는 A · B로 표시하고 Y는 A AND B라고 읽는다. AND 게이트의 논리기호와 진리표는 그림 1-1과 같다. 그림 1-1의 진리표에서와 같이 A, B 입력이 모두 1일 때만 출력이 1이 된다. 즉, 입력 중 어느 하나만이라도 0이 되면 출력은 0이 되는 동작 특성을 가지고 있다.

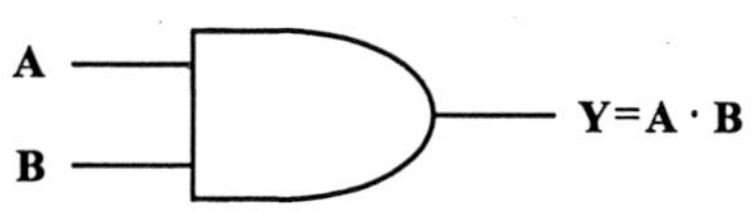

(a) 논리기호

A	B	Y
0	0	0
0	1	0
1	0	0
1	1	1

(b) 진리표

그림 1-1 AND 게이트의 논리기호와 진리표

그림 1-2는 스위치를 이용한 AND 게이트 회로를 나타내며 스위치 대신에 다이오드나 트랜지스터를 사용해도 같은 결과를 얻을 수 있다. 이 회로에서 스위치 A, B가 모두 닫힐 때만 전구가 켜지고, 그 외의 것은 전구가 켜지지 않는다. 즉, A=B=0일 때와 A=0, B=1 또는 A=1, B=0이면 전구에 전류를 공급해 주는 스위치가 열려 있으므로 전구는 켜지지 않는다.

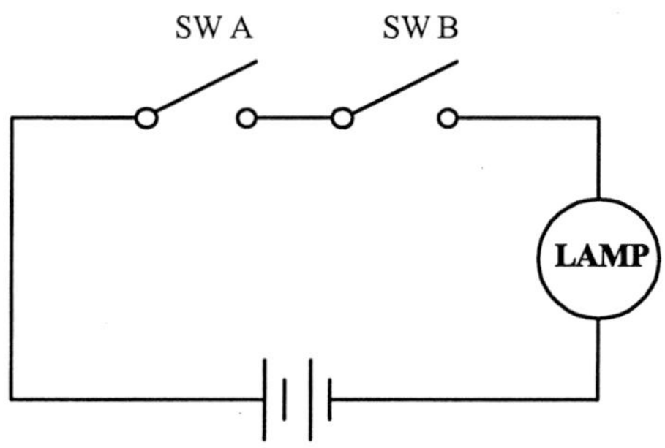

그림 1-2 스위치를 이용한 AND 게이트

그림 1-3은 다이오드를 이용한 AND 게이트를 나타내고 있다. 여기서 다이오드는 이상적인 것으로 간주하고 모든 전압은 0이나 1 중의 한 전압을 갖는다고 한다. A=B=0인 경우 다이오드는 모두 ON 상태로 되어 출력 Y는 0이 된다. 또한 A=0, B=1인 경우와 A=1, B=0인 경우는 다이오드의 어느 하나가 ON 상태가 되어 출력은 0이 된다. A=B=1일 때 모든 다이오드가 OFF 되어 이 때 출력이 1이 나온다.

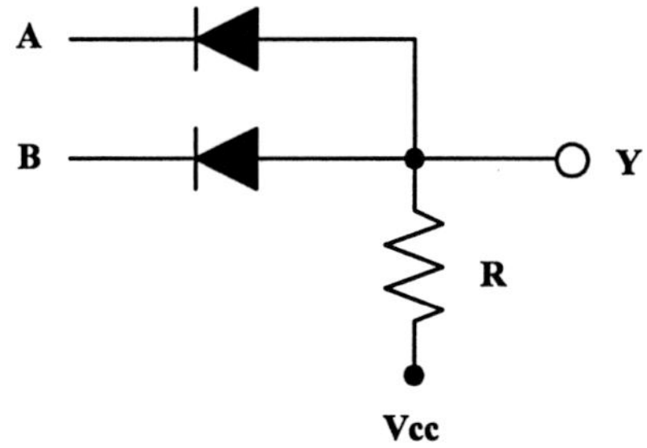

그림 1-3 다이오드를 이용한 AND 게이트

[2] OR 게이트

OR 게이트는 논리식이 더하기 형태로 표시되며 한 개 이상의 입력이 1이면 출력도 1이 되는 게이트를 말한다. OR 게이트의 출력 Y=A+B라고 쓰고 Y는 A OR B라고 읽는다. OR 게이트의 논리기호와 진리표는 그림 1-4와 같다. 그림 1-4의 진리표와 같이 A, B 입력이 모두 0일 때만 출력이 0이 된다. 즉, 입력 중 어느 하나만이라도 1이 되면 출력은 1이 되는 동작 특성을 가지고 있다.

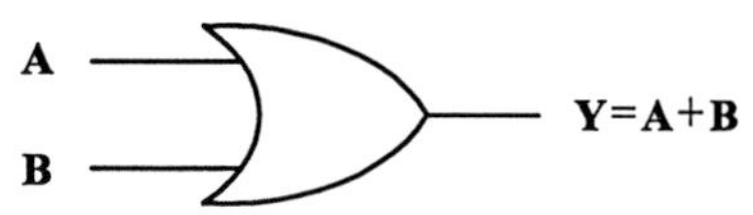

(a) 논리기호

A	B	Y
0	0	0
0	1	1
1	0	1
1	1	1

(b) 진리표

그림 1-4 OR 게이트의 논리기호과 진리표

그림 1-5는 스위치를 이용한 OR 게이트를 나타내고 있다. A와 B는 입력을 나타내고 Y는 출력을 나타낸다. 스위치 A와 B가 동시에 열릴 때 전구는 켜지지 않고 스위치 A나 B의 어느 한 쪽이나 혹은 둘 다 닫힐 때 켜지는 것을 말한다.

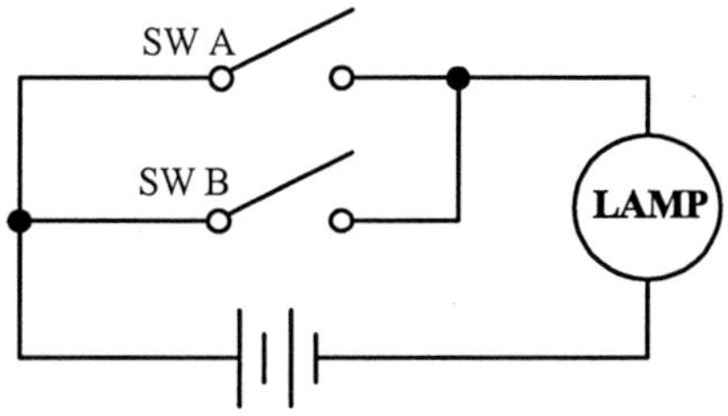

그림 1-5 스위치를 이용한 OR 게이트

그림 1-5의 스위치 대신에 다이오드나 트랜지스터를 사용해도 같은 결과를 얻을 수 있다. 그림 1-6은 다이오드를 이용한 OR 게이트를 나타내고 있다. 그림에서 입력 A, B가 0이면 다이오드에 걸리는 전압이 없으므로 출력 Y는 0이고, A=0, B=1 또는 A=1, B=0일 때나 A=B=1일 때는 다이오드의 어느 하나나 모두에 전압이 걸려 출력은 1이 나온다. 여기서 1이 5[V]이면 5[V]가, 10[V]이면 10[V]가 나온다.

이같은 동작을 하는 것을 OR 게이트라고 한다. 입력이 3개 이상인 경우나 NPN 트랜지스터를 사용하여도 같은 결과를 얻을 수 있다.

대부분의 디지털회로에서는 한 전압레벨에서 다른 전압레벨로 변화하는 스위치로서 다이오드나 트랜지스터를 사용하고 있다. 여기서 말하는 전압레벨이란 전압의 높낮이를 가리는 것으로 전압의 크기를 정확히 구별해야 할 필요는 없고 단지 높고 낮음이 뚜렷이 구별될 정도면 된다.

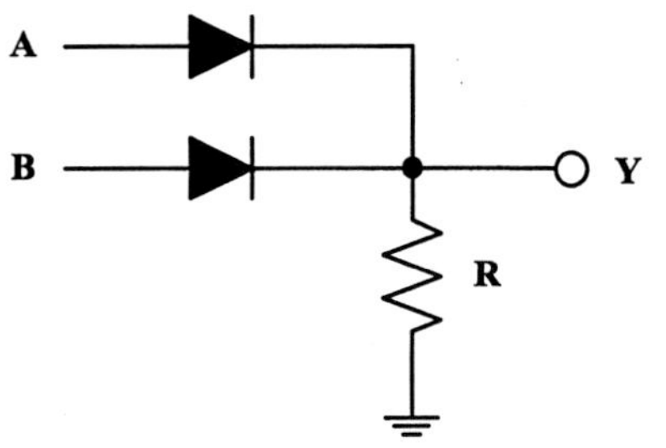

그림 1-6 다이오드를 이용한 OR 게이트

[3] NOT 게이트

OR 게이트나 AND 게이트를 기본 게이트라 하는데, 또다른 기본 게이트에는 NOT 게이트가 있다. 이것은 부정회로 혹은 인버터(inverter)라고도 하며 입력과 출력을 반전시키는 역할을 한다. NOT 게이트의 논리기호와 진리표는 그림 1-7과 같다. 이 게이트는 하나의 출력과 하나의 입력을 가지고 있으며 입력이 1이면 출력은 0이고, 또 입력이 0이면 출력은 1 상태로 된다. 출력 $Y=\overline{A}$라고 쓰며 Y는 NOT A 라고 읽는다. 이 게이트는 다른 논리게이트의 입/출력에 연결하여 어떤 상태를 반전시키는 역할을 한다.

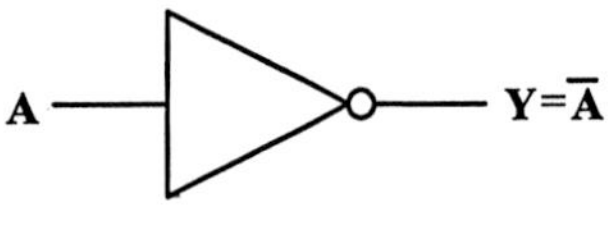

(a) 논리기호

A	Y
0	1
1	0

(b) 진리표

그림 1-7 NOT 게이트의 논리기호과 진리표

그림 1-8은 스위치를 이용한 NOT 게이트 회로이며, 그림 1-9는 트랜지스터로 구성된 NOT 게이트이다. 그림 1-9에서 입력 A=1이면 트랜지스터가 ON 되어 출력 Y=0이 되고 A=0이면 트랜지스터가 OFF 되어 출력 Y=1이 된다. 게이트를 종속 접속하면 게이트를 통과하는 신호의 전송시간을 증가시키므로 NOT 게이트를 여러 개 종속접속하여 지연회로나 상태 반전회로로 사용되기도 하며 총 지연시간은 한 개의 게이트 전송시간에 전 게이트수의 곱으로 표시된다.

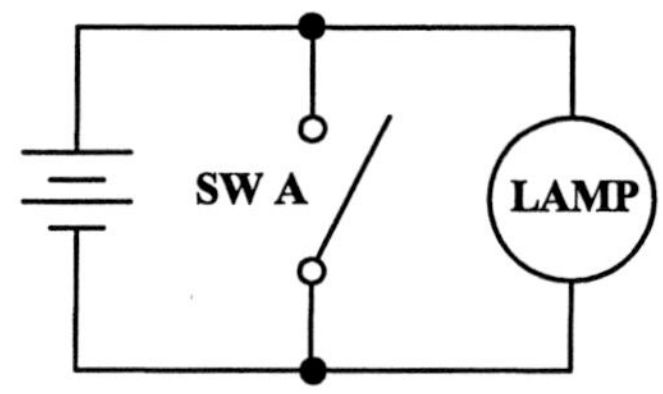

그림 1-8 스위치를 이용한 NOT 게이트

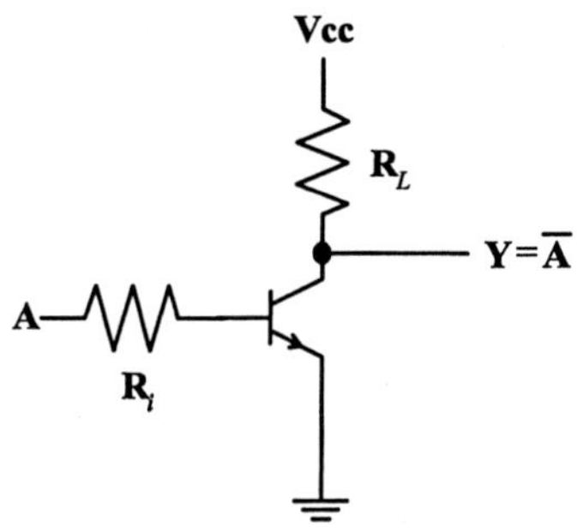

그림 1-9 트랜지스터를 이용한 NOT 게이트

3. 예비보고서

(1) 3입력 다이오드 AND 회로를 그리고 그것을 논리기호로 표시하시오.

(2) 3입력 AND 게이트 회로에 있어서 그림과 같은 입력을 가하는 경우 출력을 그리시오.

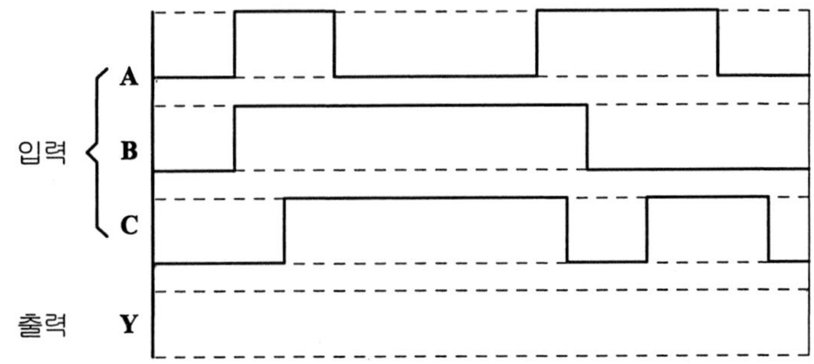

(3) 3입력 다이오드 OR 회로를 그리고 그것을 논리기호로 표시하시오.

(4) 3입력 OR 게이트 회로에 있어서 그림과 같은 입력을 가하는 경우 출력을 그리시오.

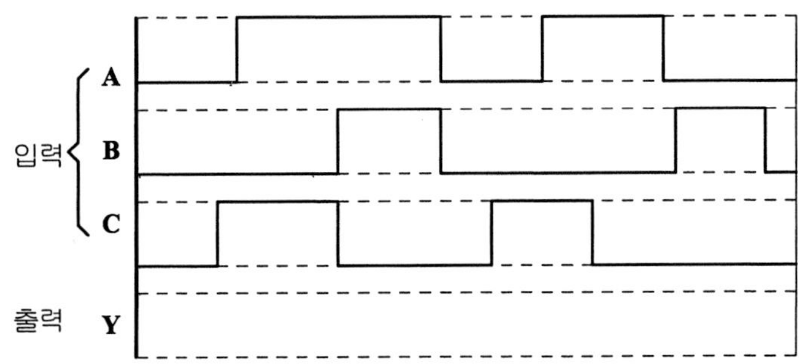

(5) 그림과 같은 NOT 게이트를 연결하는 경우 입력 A의 변화에 따른 출력 Y_1과 Y_2를 구하시오.

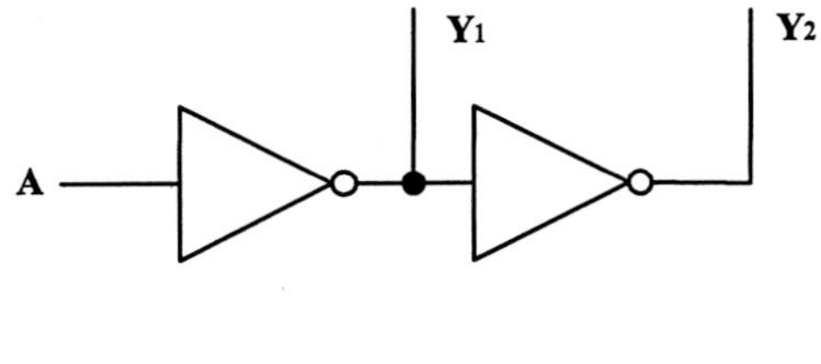

A	Y_1	Y_2
0		
1		

(6) IC의 입력단자를 열어(open) 놓으면 0과 1 중 어느 상태로 취급하는가?

4. 사용기기 및 부품

- ☐ IC 74 LS 04(NOT 게이트)
- ☐ IC 74 LS 05(NOT 게이트 OC)
- ☐ IC 74 LS 08(2 입력AND 게이트)
- ☐ IC 74 LS 11(3 입력AND 게이트)
- ☐ IC 74 LS 15(3 입력AND 게이트 OC)
- ☐ IC 74 LS 32(OR 게이트)
- ☐ 저항 3kΩ 1개
- ☐ 논리회로 실험장치
- ☐ 오실로스코프

5. 실험

(1) 그림 1-10과 같은 회로를 구성하고 출력 전압을 측정하여 표 1-1에 기록하시오.

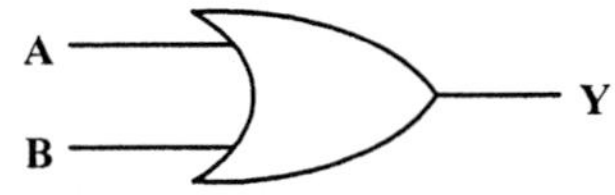

그림 1-10

표 1-1

A	B	Y
0	0	
0	1	
1	0	
1	1	

(2) 그림 1-11과 같은 회로를 구성하고 출력 전압을 측정하여 표 1-2에 기록하시오.

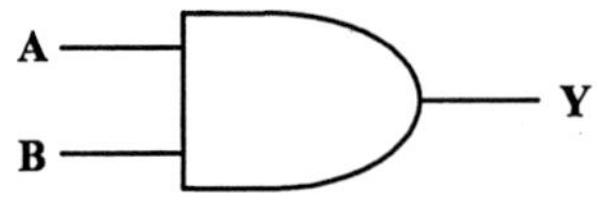

그림 1-11

표 1-2

A	B	Y
0	0	
0	1	
1	0	
1	1	

(3) 그림 1−12와 같은 회로를 구성하여 출력 전압을 측정하여 표 1−3에 기록하고 2입력 OR 게이트와 비교하여 보시오.

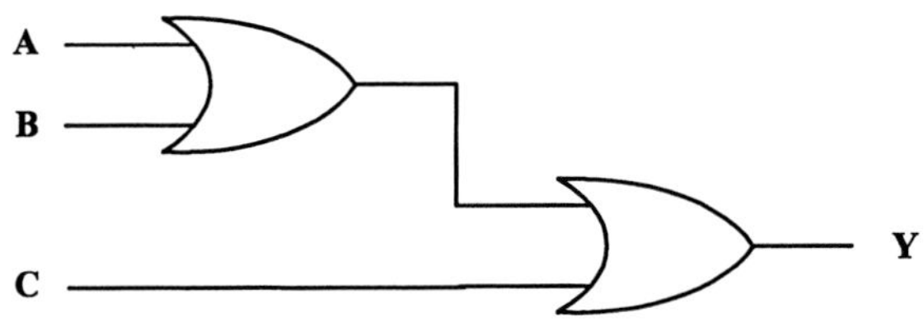

그림 1-12

표 1-3

A	B	C	Y
0	0	0	
0	0	1	
0	1	0	
0	1	1	
1	0	0	
1	0	1	
1	1	0	
1	1	1	

(4) 그림 1−13과 같은 회로를 구성하고 출력 전압을 측정하여 표 1−4에 기록하고 2입력 AND 게이트와 비교하여 보시오.

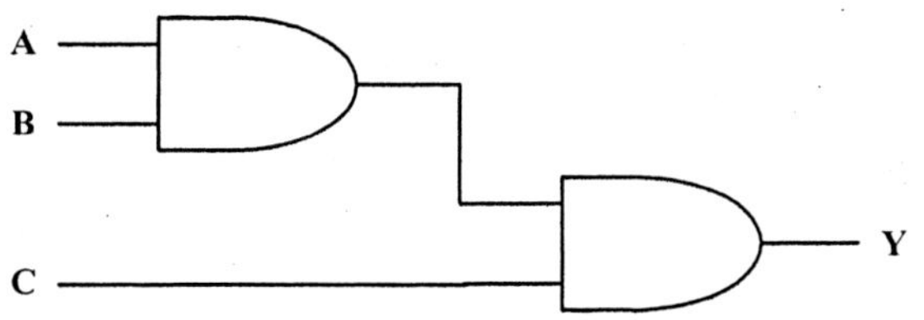

그림 1-13

표 1-4

A	B	C	Y
0	0	0	
0	0	1	
0	1	0	
0	1	1	
1	0	0	
1	0	1	
1	1	0	
1	1	1	

(5) 그림 1−14와 같은 회로를 구성하고 출력 전압을 측정하여 표 1−5에 기록하시오.

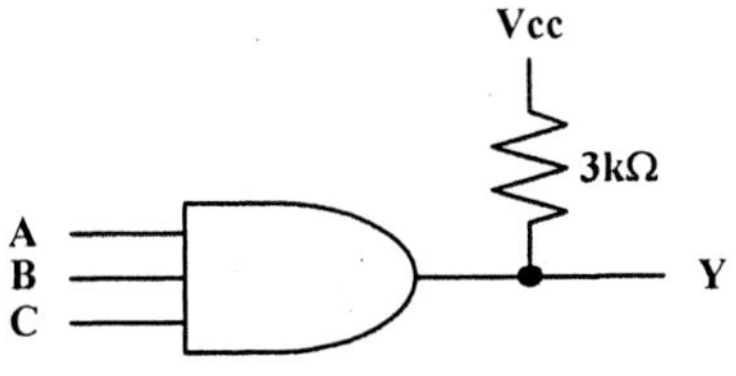

그림 1-14

표 1-5

A	B	C	Y(저항 有)	Y(저항 無)
0	0	0		
0	0	1		
0	1	0		
0	1	1		
1	0	0		
1	0	1		
1	1	0		
1	1	1		

(6) 그림 1-15와 같은 회로를 구성하고 출력 전압을 측정하여 표 1-6에 기록하시오.

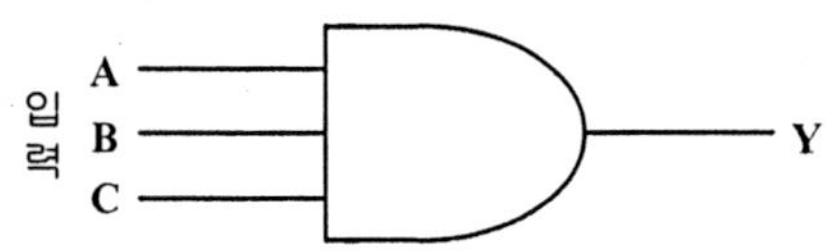

그림 1-15

표 1-6

A	B	C	Y
0	0	0	
0	0	1	
0	1	0	
0	1	1	
1	0	0	
1	0	1	
1	1	0	
1	1	1	

(7) 그림 1-16과 그림 1-17의 회로를 구성하고 출력 전압을 측정하여 각각 표 1-7과 표 1-8에 기록하시오.

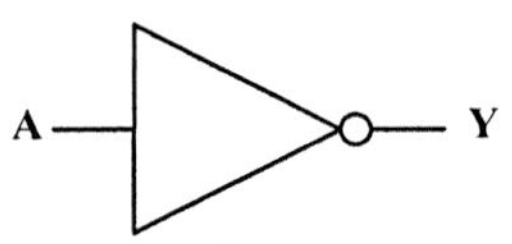

그림 1-16

표 1-7

A	Y
0	
1	

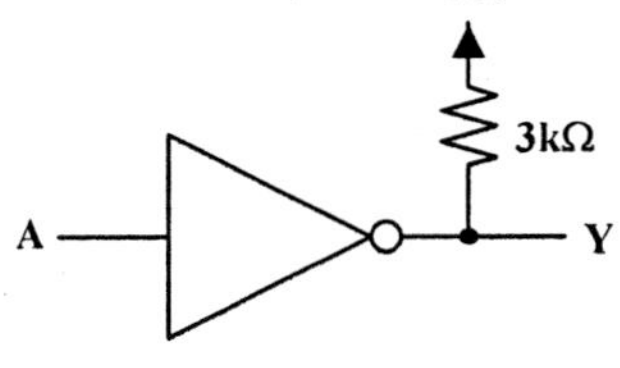

그림 1-17

표 1-8

A	Y(저항 有)	Y(저항 無)
0		
1		

6. 실험 결과 검토

(1) 그림 1-10의 2입력 OR 게이트를 실험한 결과에서 얻어진 표 1-1이 이론치와 일치하는지 확인하여 보자.

(2) 그림 1-11의 2입력 AND 게이트를 실험한 결과에서 얻어진 표 1-2가 이론치와 일치하는지 확인하여 보자.

(3) 그림 1-12의 회로를 실험한 결과에서 얻어진 표 1-3이 이론치와 일치하는지 확인하여 보자.

(4) 그림 1-13의 회로를 실험한 결과에서 얻어진 표 1-4가 이론치와 일치하는지 확인하여 보자.

(5) 그림 1-14의 open collector형 3입력 AND 게이트를 실험한 결과에서 얻어진 표 1-5가 이론치와 일치하는지 확인하여 보자.

(6) 그림 1-15의 3입력 AND 게이트를 실험한 결과에서 얻어진 표 1-6이 이론치와 일치하는지 확인하여 보자.

(7) 그림 1-16(NOT 게이트)과 그림 1-17(open collector형 NOT 게이트)을 실험한 결과에서 얻어진 표 1-7과 표 1-8이 이론치와 일치하는지 확인하여 보자.

실험 2

NAND 게이트와 NOR 게이트

1. 목적

NAND 및 NOR 게이트의 논리함수와 동작 특성을 실험하고 응용력을 기르도록 한다.

2. 이론

[1] NAND 게이트

NAND 게이트는 디지털 논리게이트 중에서 가장 많이 사용되는 게이트이며 AND 게이트의 출력을 NOT 게이트로 반전시키는 것이다. 이 게이트는 AND 게이트와는 반대로 모든 입력이 1일 때만 출력이 0이 되는 논리 게이트이다.

그림 2-1은 NAND 게이트의 논리기호와 진리표이며 출력 $Y = \overline{A \cdot B}$로 쓰고 Y는 A NAND B 라고 읽는다.

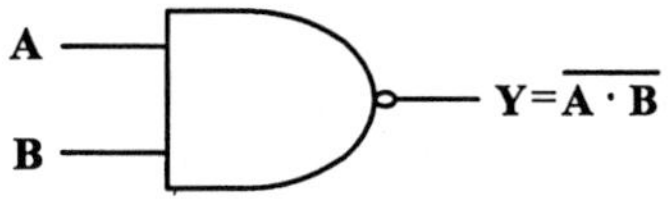

(a) 논리기호

A	B	Y
0	0	1
0	1	1
1	0	1
1	1	0

(b) 진리표

그림 2-1 NAND 게이트의 논리기호과 진리표

그림 2-2는 스위치를 이용한 NAND 게이트 회로를 나타내고 있으며, 이 회로에서 스위치 A와 B가 모두 닫힐 때만 단락되어 전구가 켜지지 않고 그 외의 경우는 전구가 켜진다.

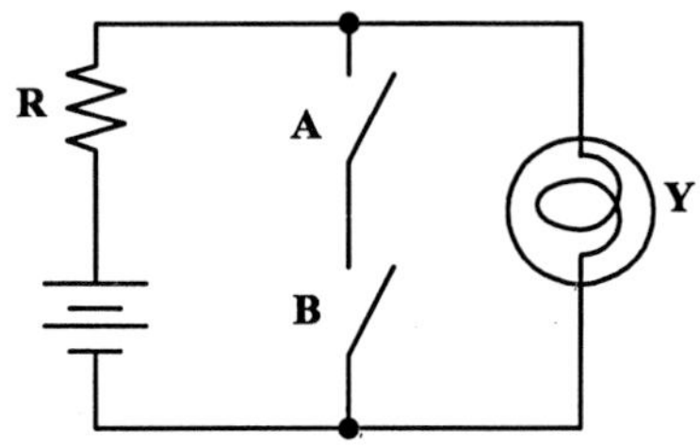

그림 2-2 스위치를 이용한 NAND 게이트

그림 2-3은 DTL(diode-transistor logic) 기본 NAND 게이트 회로를 나타내고 있으며 이 회로에서 모든 입력 A, B, C가 1 상태이면 트랜지스터 Q1은 포화 영역으로 구동되어 출력 Y는 0이 된다. 다시 말해 점 P의 전압은 V_{BE}와 D1, D2를 가로지르는 2개의 다이오드 전압강하와의 합, 즉 0.7×3=2.1[V]와 같다. 모든 입력이 5[V]이고 P점의 전압이 2.1[V]이므로 입력단의 다이오드는 차단된다. 이렇게 되면 베이스 전류 I_B는 흐를 것이고 트랜지스터는 포화되어 출력 Y는 $V_{CE(sat)}$=0.2[V](0 상태)가 된다. 3입력 중 어느 한 입력이라도 0 상태가 되면 P점의 전압은 입력전압 0.2[V]에 다이오드 전압강하 0.7[V]를 합한 것으로 0.9[V]가 된다. 트랜지스터가 도통하려면 P점의 전압이 V_{BE} 전압강하와 2개의 다이오드 D1, D2를 가로지르는 전압강하의 합 즉, 0.6×3=1.8[V]를 넘어야 한다. 그런데 점 P의 전압은 0.9[V]이므로 트랜지스터 Q1은 차단되고 출력은 1 상태로 된다.

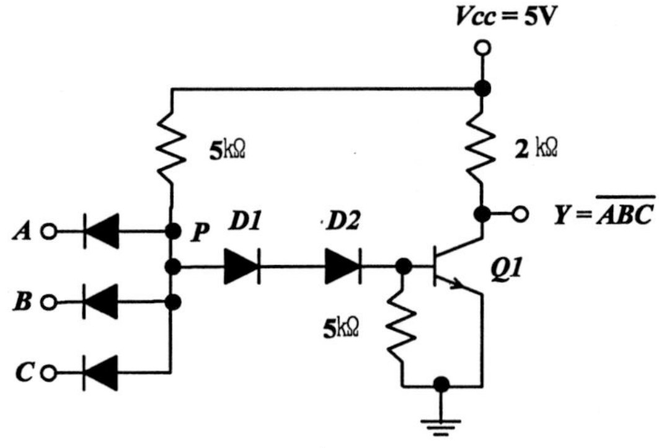

그림 2-3 DTL 기본 NAND 게이트

그림 2-4는 3입력 NAND 게이트의 논리기호와 진리표이며 입력 A, B, C 모두가 1일 때만 출력이 0이 됨을 알 수 있다.

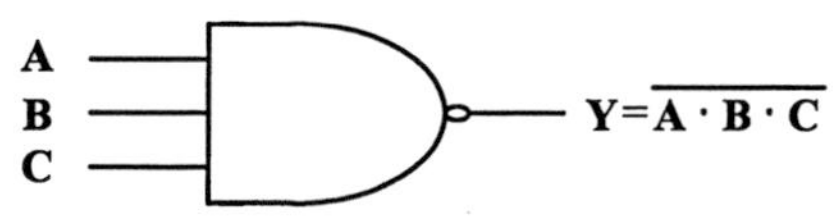

(a) 논리기호

A	B	C	Y
0	0	0	1
0	0	1	1
0	1	0	1
0	1	1	1
1	0	0	1
1	0	1	1
1	1	0	1
1	1	1	0

(b) 진리표

그림 2-4 3입력 NAND 게이트

[2] NOR 게이트

NOR 게이트는 NAND 게이트와 더불어 표준 논리게이트라 부르며 NAND 게이트와 함께 많이 사용되고 OR 게이트의 출력을 NOT 게이트로 반전시키는 것이다. 이 게이트는 OR 게이트와는 반대로 어느 입력의 하나가 1이면 출력은 0이 되는 게이트이다. 출력 $Y=\overline{A+B}$로 쓰고 Y는 A NOR B라고 읽는다. 그림 2-5는 NOR 게이트의 논리기호와 진리표이다.

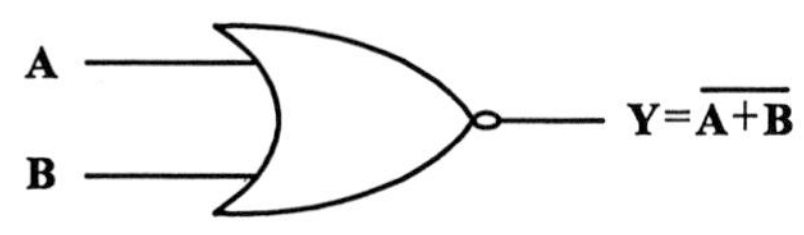

(a) 논리기호

A	B	Y
0	0	1
0	1	0
1	0	0
1	1	0

(b) 진리표

그림 2-5 NOR 게이트의 논리기호과 진리표

그림 2-6은 스위치를 이용한 NOR 게이트 회로를 나타내고 있으며, 이 회로에서 스위치 A와 B가 모두 열려있을 때만 전구가 켜지고 그 외의 경우는 전구가 켜지지

않는다.

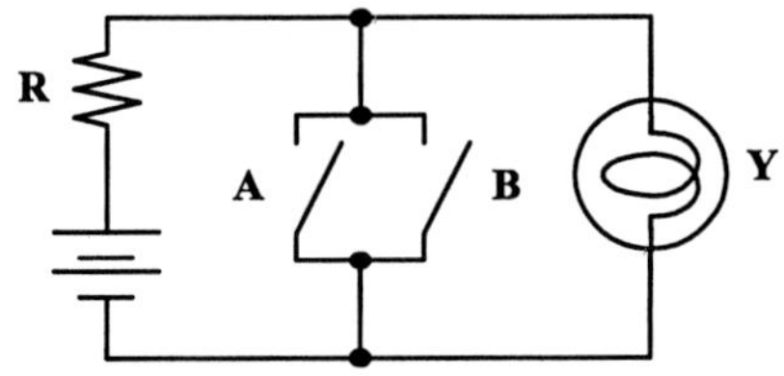

그림 2-6 스위치를 이용한 NOR 게이트

그림 2-7은 3입력 NOR 게이트의 논리기호와 진리표이며 이 동작은 2입력 NOR 게이트와 같이 3개의 입력 중 적어도 어느 하나 이상이 1이면 출력이 0이 됨을 알 수 있다.

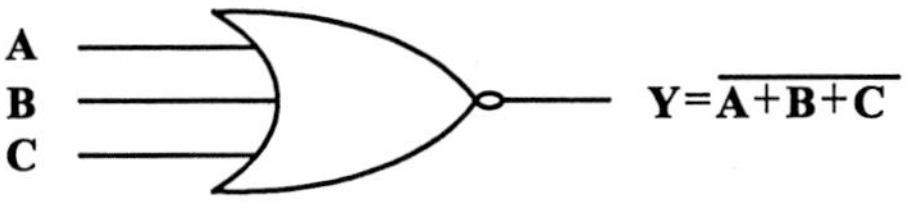

(a) 논리기호

A	B	C	Y
0	0	0	1
0	0	1	0
0	1	0	0
0	1	1	0
1	0	0	0
1	0	1	0
1	1	0	0
1	1	1	0

(b) 진리표

그림 2-7 3입력 NOR 게이트

3. 예비보고서

(1) NAND 게이트를 이용한 AND 게이트를 설계하시오.

(2) NAND 게이트를 이용한 OR 게이트를 설계하시오.

(3) NAND 게이트를 이용한 NOR 게이트를 설계하시오.

(4) NOR 게이트를 이용한 AND 게이트를 설계하시오.

(5) NOR 게이트를 이용한 OR 게이트를 설계하시오.

(6) NOR 게이트를 이용한 NAND 게이트를 설계하시오.

(7) 3입력 NAND 회로에서 그림처럼 입력을 가하는 경우 출력파형을 그리시오.

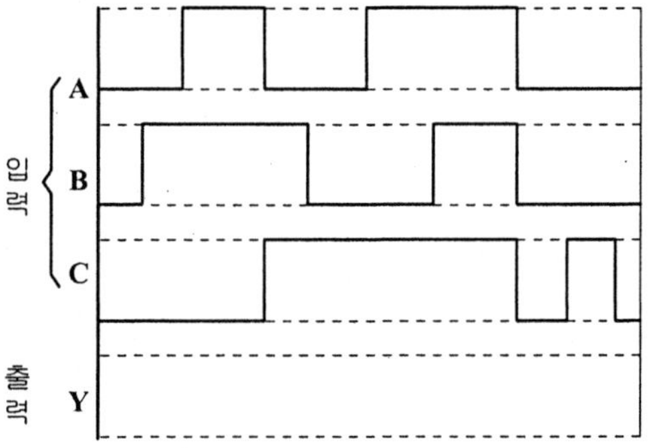

4. 사용기기 및 부품

- □ IC 74 LS 00(NAND 게이트)
- □ IC 74 LS 02(NOR 게이트)
- □ IC 74 LS 08(AND 게이트)
- □ IC 74 LS 38(NAND 게이트 OC)
- □ 저항 3kΩ 2개
- □ 논리회로 실험장치
- □ 오실로스코프

5. 실험

(1) 그림 2-8처럼 회로를 구성하고 출력 상태를 측정하여 표 2-1에 기록하시오.

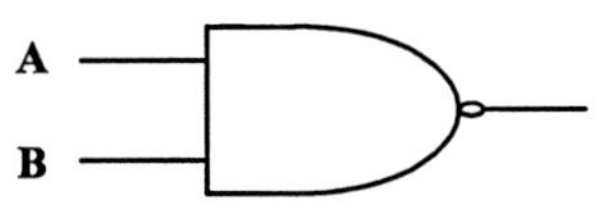

그림 2-8

표 2-1

A	B	Y
0	0	
0	1	
1	0	
1	1	

(2) 그림 2-9와 같은 회로를 구성하고 출력 상태를 측정하여 표 2-2에 기록하고 AND 게이트와 비교하시오.

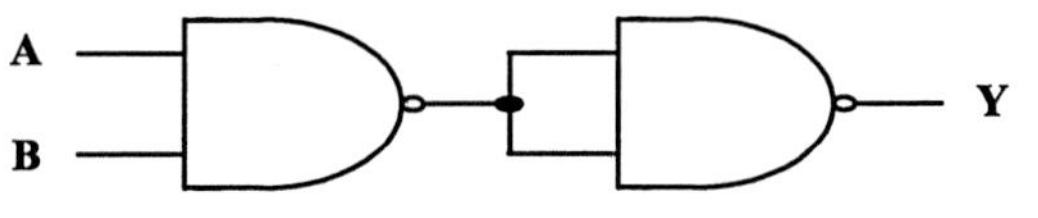

그림 2-9

표 2-2

A	B	Y
0	0	
0	1	
1	0	
1	1	

(3) 그림 2-10과 같은 회로를 구성하여 출력 상태를 측정하여 표 2-3에 기록하고 3 입력 NAND 게이트와 비교하여 보시오.

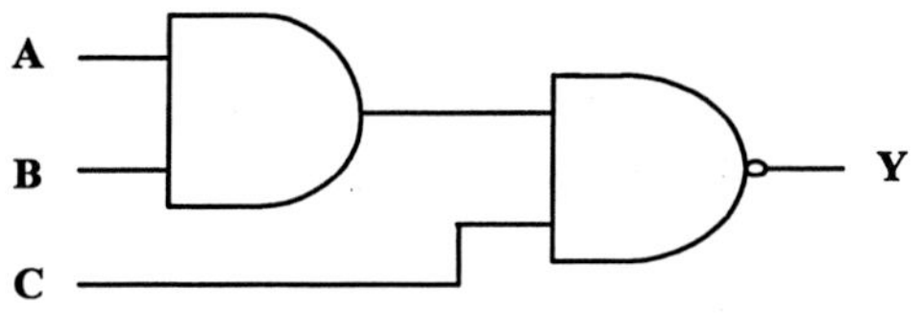

그림 2-10

표 2-3

A	B	C	Y
0	0	0	
0	0	1	
0	1	0	
0	1	1	
1	0	0	
1	0	1	
1	1	0	
1	1	1	

(4) 그림 2-11과 같은 회로를 구성하여 출력 상태를 측정하여 표 2-4에 기록하고 OR 게이트와 비교하시오.

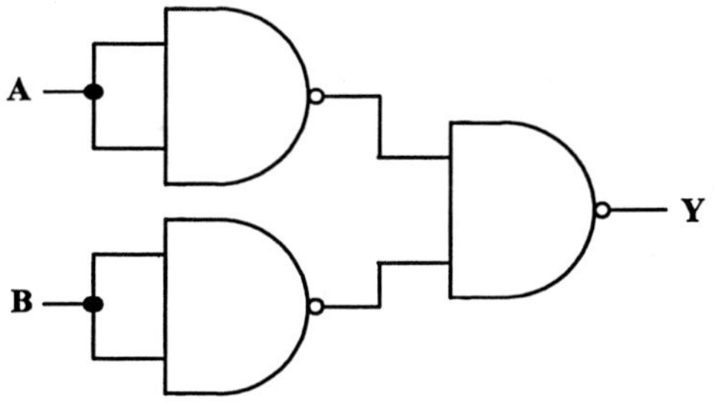

그림 2-11

표 2-4

A	B	Y
0	0	
0	1	
1	0	
1	1	

(5) 그림 2-12와 같은 회로를 구성하여 출력 상태를 측정하여 표 2-5에 기록하시오.

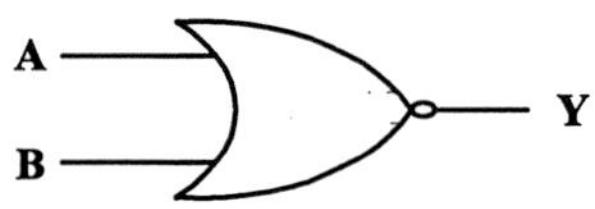

그림 2-12

표 2-5

A	B	Y
0	0	
0	1	
1	0	
1	1	

(6) 그림 2-13과 같은 회로를 구성하여 출력 상태를 측정하여 표 2-6에 기록하고 AND 게이트와 비교하시오.

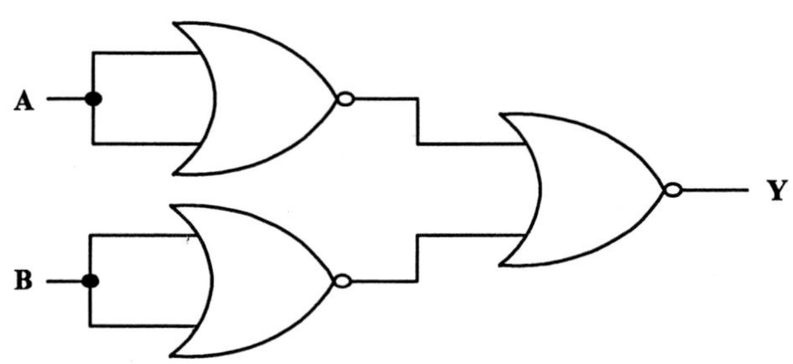

그림 2-13

표 2-6

A	B	Y
0	0	
0	1	
1	0	
1	1	

(7) 그림 2-14와 같은 회로를 구성하여 출력 상태를 측정하여 표 2-7에 기록하고 NOR 게이트와 비교하여 보시오.

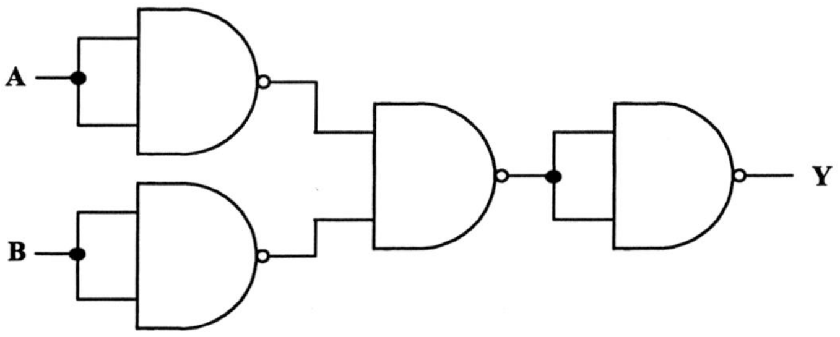

그림 2-14

표 2-7

A	B	Y
0	0	
0	1	
1	0	
1	1	

(8) 그림 2-15와 같은 회로를 구성하고 출력 상태를 측정하여 표 2-8에 기록하고 NAND 게이트와 비교하여 보시오.

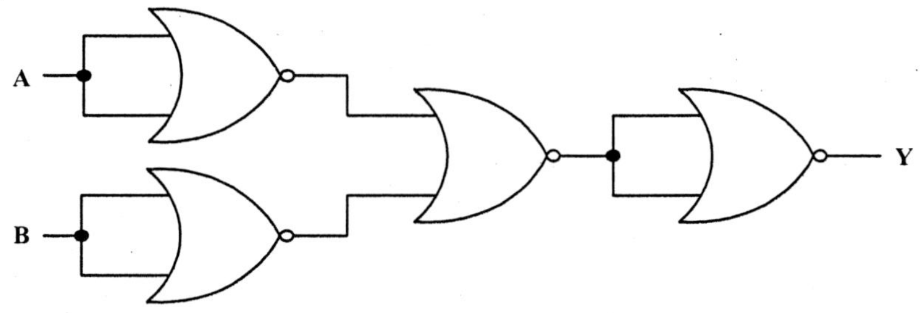

그림 2-15

표 2-8

A	B	Y
0	0	
0	1	
1	0	
1	1	

(9) 그림 2-16과 같은 회로를 구성하여 출력 상태를 측정하고 표 2-9에 기록하시오.

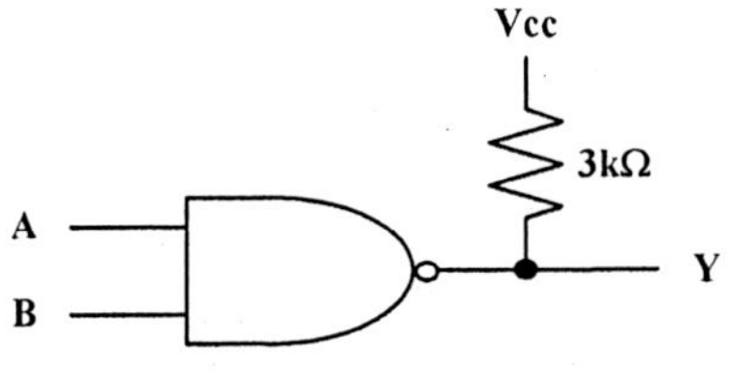

그림 2-16

표 2-9

A	B	Y(저항 有)	Y(저항 無)
0	0		
0	1		
1	0		
1	1		

6. 실험 결과 검토

(1) 그림 2-8의 회로를 실험하여 얻어진 표 2-1이 이론치와 일치하는지 확인하여 보자.

(2) 그림 2-9의 회로를 실험하여 얻어진 표 2-2가 이론치와 일치하는지 확인하여 보자.

(3) 그림 2-10의 회로를 실험하여 얻어진 표 2-3이 이론치와 일치하는지 확인하여 보자.

(4) 그림 2-11의 회로를 실험하여 얻어진 표 2-4가 이론치와 일치하는지 확인하여 보자.

(5) 그림 2-12의 회로를 실험하여 얻어진 표 2-5가 이론치와 일치하는지 확인하여 보자.

(6) 그림 2-13의 회로를 실험하여 얻어진 표 2-6이 이론치와 일치하는지 확인하여 보자.

(7) 그림 2-14의 회로를 실험하여 얻어진 표 2-7이 이론치와 일치하는지 확인하여 보자.

(8) 그림 2-15의 회로를 실험하여 얻어진 표 2-8이 이론치와 일치하는지 확인하여 보자.

(9) 그림 2-16의 회로(NAND 게이트 DC)를 실험하여 얻어진 표 2-9가 이론치와 일치하는지 확인하여 보자.

실험 3

EXCLUSIVE-OR 게이트와 EXCLUSIVE-NOR 게이트

1. 목적

Exclusive−OR 및 Exclusive−NOR 게이트의 논리함수와 동작 특성을 실험하고 응용력을 기른다.

2. 이론

[1] Exclusive-OR 게이트

Exclusive−OR 게이트는 배타적 OR 게이트 또는 반일치 논리회로라고도 한다. Exclusive−OR 게이트의 출력은 2입력 게이트의 경우 1개의 입력만이 1 상태일 때 즉, 두 입력이 서로 다를 때(다중 입력의 회로의 경우 홀수개의 입력이 1 상태일 때) 출력이 1 상태가 되는 게이트를 말하며 이와 같은 기능을 mod−2 연산이라고도 말한다. Exclusive−OR 게이트 논리식 $Y = A\overline{B} + \overline{A}B = A \oplus B$라고 쓰며 Y는 A Exclusive B 라고 읽는다.

그림 3−1은 기본적인 Exclusive−OR 게이트의 논리기호와 진리표이다. 진리표에서 A=B=0, A=B=1일 때 출력 Y는 0이고 A=0, B=1이나, A=1, B=0일 때 즉, 1이 홀수개일 때 출력이 1임을 알 수 있다.

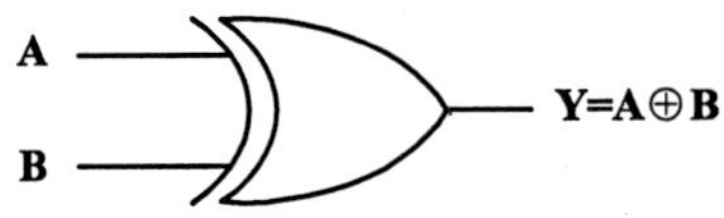

(a) 논리기호

A	B	Y
0	0	0
0	1	1
1	0	1
1	1	0

(b) 진리표

그림 3-1 Exclusive-OR 게이트

Exclusive－OR 게이트를 이용하면 2진 비트의 1의 총수가 짝수인가 홀수인가를 판별할 수 있는 능력이 있는데, 이것을 이용해 패러티 검사기(parity checker)로 사용할 수 있다. 즉, 두 입력 중 1이 짝수개이면 출력이 0이고 홀수개이면 출력이 1이므로 2진 비트수가 홀수인가 짝수인가를 판별할 수 있다. 그림 3－2는 Exclusive－OR 게이트를 사용한 패러트 검사기로 4개의 비트 A, B, C, D의 패러티를 검사할 수 있다.

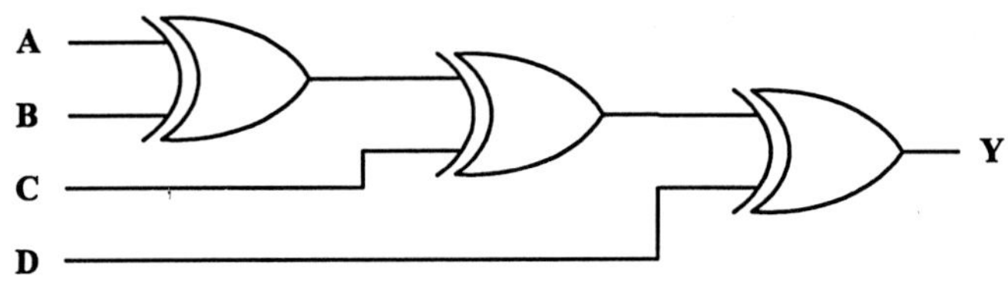

그림 3-2 4비트 패러티 검사 회로

Exclussive－OR 게이트는 다음과 같은 부울대수법칙이 성립된다.

□ 교환법칙 $A \oplus B = B \oplus A$
□ 결합법칙 $(A \oplus B) \oplus C = A \oplus (B \oplus C) = A \oplus B \oplus C$
□ 분배법칙 $(A \cdot B) \oplus (B \cdot C) = B \cdot (A \oplus C)$
□ 만약 $A \oplus B = C$이면 $A \oplus C = B$, $B \oplus C = A$, $A \oplus B \oplus C = 0$이다.

또한 Exclussive－OR 게이트의 논리식은 정의에 따라 다음과 같은 여러 가지 식으로 변형이 가능하며 게이트 회로의 실현 방법도 다양하다. 즉,

$$
\begin{aligned}
Y &= A \oplus B \\
&= A\overline{B} + \overline{A}B \\
&= (A+B)(\overline{AB}) \\
&= (A+B)(\overline{A}+\overline{B}) \\
&= \overline{AB + \overline{A}\,\overline{B}} \\
&= \overline{A \odot B}
\end{aligned}
$$

[2] Exclusive-NOR 게이트

Exclusive-NOR 게이트는 Exclusive-OR 게이트를 부정하면 Exclusive-NOR 게이트가 되며 배타적 NOR 게이트라고도 한다. 이 게이트는 1의 총수가 짝수개이면 출력이 1이고 홀수개이면 0이므로 논리등가(logical equivalence) 또는 일치회로라고도 부른다. 이 게이트의 출력 $Y = \overline{A \oplus B} = A \odot B$로 표시되며 그림 3-3에 논리기호와 진리표를 나타내었다.

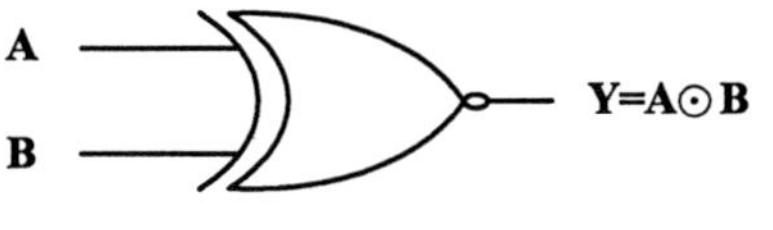

(a) 논리기호

A	B	Y
0	0	1
0	1	0
1	0	0
1	1	1

(b) 진리표

그림 3-3 Exclusive-NOR 게이트

Exclusive-NOR 게이트의 논리식은 정의에 따라 다음과 같이 전개된다.

$$
\begin{aligned}
Y &= A \odot B \\
&= AB + \overline{A}\,\overline{B} \\
&= \overline{A \oplus B} \\
&= (A + \overline{B})(\overline{A} + B) \\
&= AB + (\overline{A + B})
\end{aligned}
$$

3. 예비보고서

(1) Exclusive-OR 게이트를 이용하여 8비트의 패러티를 검사하기 위해서는 몇 개의 Exclusive-OR 게이트가 필요한가?

(2) Exclusive-OR 게이트를 사용하여 INVERTER(NOT)를 만드는 방법을 설명하시오.

(3) Exclusive-OR 게이트를 사용하여 BUFFER를 만드는 방법을 설명하시오.

(4) Exclusive-OR 회로에 그림처럼 입력을 가하는 경우 출력파형을 그리시오.

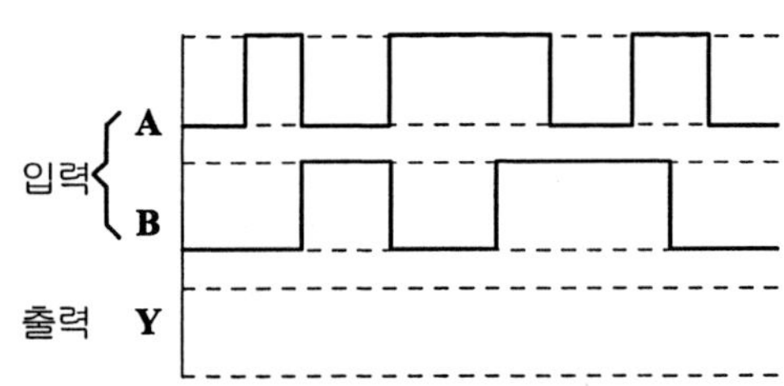

4. 사용기기 및 부품

☐ IC 74 LS 00(NAND 게이트)

☐ IC 74 LS 04(NOT 게이트)

☐ IC 74 LS 08(AND 게이트)

☐ IC 74 LS 32(OR 게이트)

☐ IC 74 LS 86(Exclusive-OR 게이트)

- ☐ IC 74 LS 266(Exclusive−NOR 게이트 OC)
- ☐ 저항 3kΩ 1개
- ☐ 논리회로 실험장치
- ☐ 오실로스코프

5. 실험

(1) 그림 3−4처럼 회로를 구성하고 출력 상태를 측정하여 표 3−1에 기록하시오.

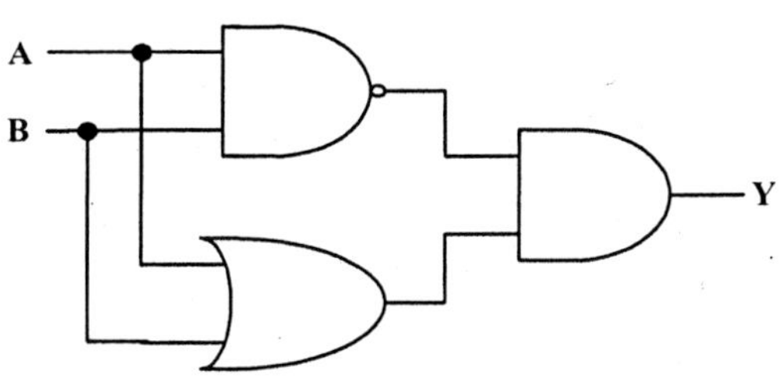

그림 3-4

표 3-1

A	B	Y
0	0	
0	1	
1	0	
1	1	

(2) 그림 3−5와 같은 회로를 구성하고 출력 상태를 측정하여 표 3−2에 기록하고 표 3−1과 비교하여 보시오.

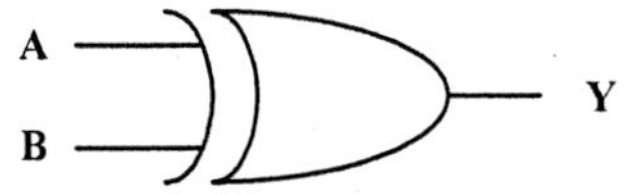

그림 3-5

표 3-2

A	B	Y
0	0	
0	1	
1	0	
1	1	

(3) 그림 3-6과 같은 회로를 구성하고 출력 상태를 측정하여 표 3-3에 기록하시오.

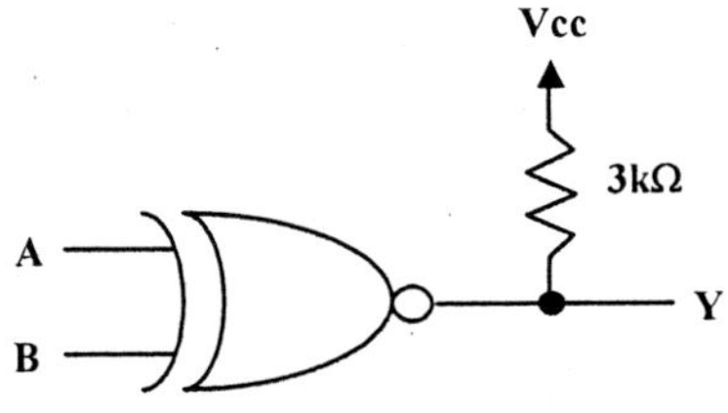

그림 3-6

표 3-3

A	B	Y
0	0	
0	1	
1	0	
1	1	

(4) 그림 3-7처럼 회로를 구성하고 출력 상태를 측정하여 표 3-4에 기록하시오.

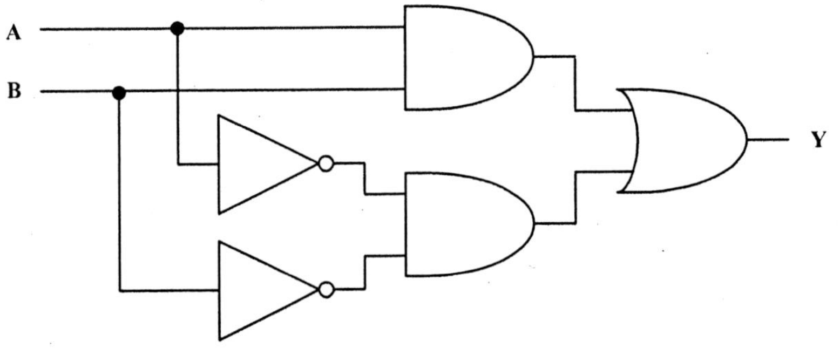

그림 3-7

표 3-4

A	B	Y
0	0	
0	1	
1	0	
1	1	

(5) 그림 3-8과 같은 회로를 구성하고 출력 상태를 측정하여 표 3-5에 기록하고 Exclusive-OR 게이트의 진리표와 비교하여 보시오.

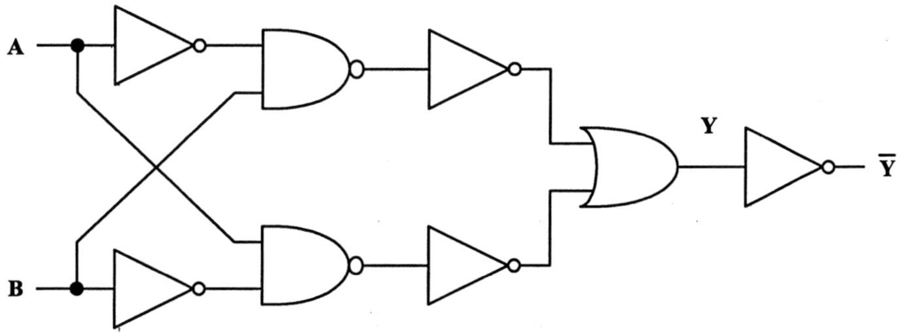

그림 3-8

표 3-5

A	B	Y	$\overline{Y}$
0	0		
0	1		
1	0		
1	1		

(6) 그림 3-9와 같은 회로를 구성하고 표 3-6의 입력 조건에 따른 출력 상태를 측정하여 기록하시오.

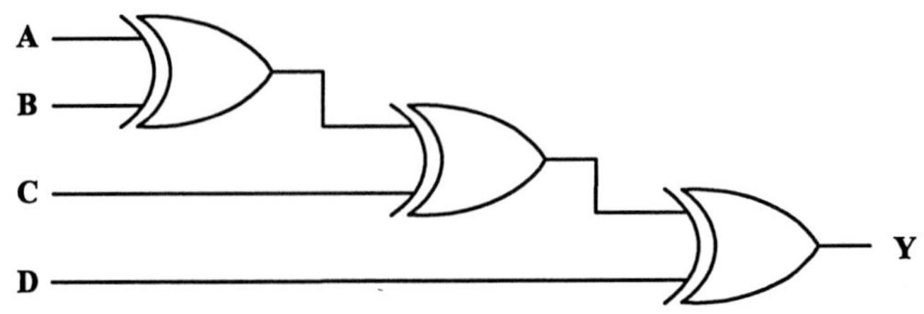

그림 3-9

표 3-6

A	B	C	D	Y
0	0	0	1	
0	0	1	1	
0	1	0	1	
0	1	1	0	
1	0	0	0	
1	1	1	0	
1	1	1	1	

(7) 그림 3-10과 같은 회로를 구성하여 표 3-7의 입력 조건에 따른 출력 상태를 측정하여 표에 기록하고 어떤 기능을 갖고 있는지 관찰하시오.

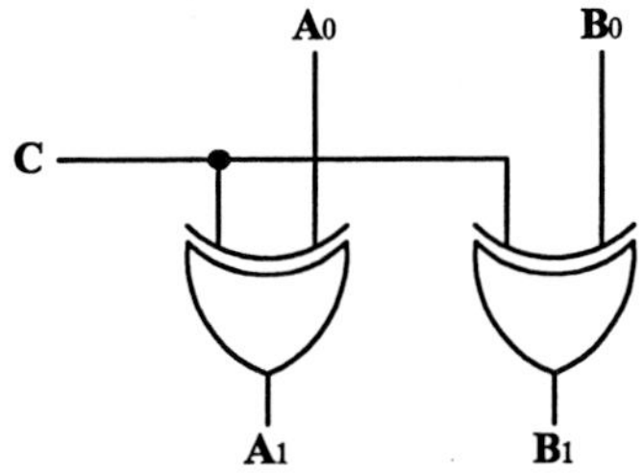

그림 3-10

표 3-7

C = 1일 때				C = 0일 때			
A_0	B_0	A_1	B_1	A_0	B_0	A_1	B_1
0	0			0	0		
0	1			0	1		
1	0			1	0		
1	1			1	1		

(8) 그림 3-11과 같은 회로를 구성하여 표 3-8의 입력 조건에 따른 출력 상태를 측정하여 표에 기록하고 어떤 기능을 갖고 있는지 관찰하시오.

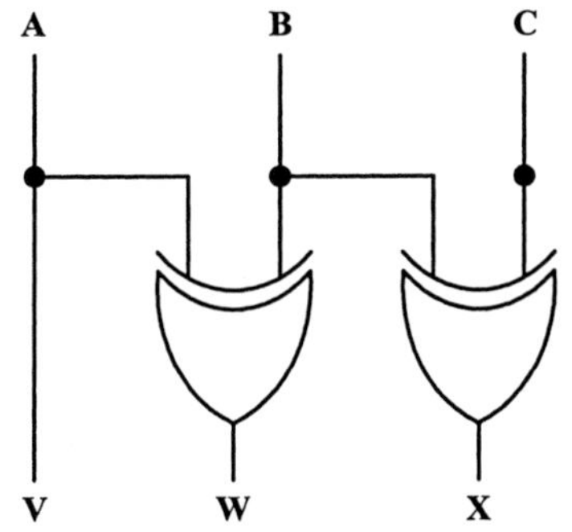

그림 3-11

표 3-8

A	B	C	V	W	X
0	0	0			
0	0	1			
0	1	0			
0	1	1			
1	0	0			
1	0	1			
1	1	0			
1	1	1			

6. 실험 결과 검토

(1) 그림 3−4의 회로를 실험하여 얻어진 표 3−1이 이론치와 일치하는지 확인하여 보자.

(2) 그림 3−5의 회로를 실험하여 얻어진 표 3−2가 이론치와 일치하는지 확인하여 보자.

(3) 그림 3−6의 회로를 실험하여 얻어진 표 3−3이 이론치와 일치하는지 확인하여 보자.

(4) 그림 3−7의 회로를 실험하여 얻어진 표 3−4가 이론치와 일치하는지 확인하여 보자.

(5) 그림 3−8의 회로를 실험하여 얻어진 표 3−5가 이론치와 일치하는지 확인하여 보자.

(6) 그림 3−9의 회로를 실험하여 얻어진 표 3−6이 이론치와 일치하는지 확인하여 보자.

(7) 그림 3−10의 회로를 실험하여 얻어진 표 3−7이 이론치와 일치하는지 확인하여 보자.

(8) 그림 3−11의 회로(2진수 → Gray code)를 실험하여 얻어진 표 3−8이 이론치와 일치하는지 확인하여 보자.

실험 4

De · Morgan의 정리와 활용

1. 목적

De · Morgan의 정리와 논리대수를 이해하고 이 정리를 이용한 논리식 및 논리회로의 변환 방법을 실험한다.

2. 이론

[1] 논리대수(Boolean algebra)

논리대수는 일반대수 이외의 독특한 공식이 있고 디지털회로를 생각하는 경우에는 논리식이 필요하다. 또한 논리대수는 0과 1의 2개 요소와 3가지 연산자, 즉 ·, +, −를 사용하며 연산자는 각각 AND 게이트, OR 게이트, NOT 게이트에 대응된다.

[공리 1] $A \neq 1$이면 $A = 0$이고

$A \neq 0$이면 $A = 1$이다.

[공리 2] $0 + 0 = 0$

$0 + 1 = 1$

$1 + 0 = 1$

$1 + 1 = 1$

[공리 3] $0 \cdot 0 = 0$

$0 \cdot 1 = 0$

$1 \cdot 0 = 0$

$1 \cdot 1 = 1$

위의 공리를 기초로 부울대수의 정리를 들면 다음과 같은 법칙이 성립된다.

[정리 1 : 교환법칙] $A + B = B + A$

$A \cdot B = B \cdot A$

[정리 2 : 결합법칙] $(A + B) + C = A + (B + C)$

$(A \cdot B) \cdot C = A \cdot (B \cdot C)$

[정리 3 : 분배법칙] $A \cdot (B + C) = A \cdot B + A \cdot C$

$A + (B \cdot C) = (A + B) \cdot (A + C)$

[정리 4 : 동일법칙] $A + A = A$

$A \cdot A = A$

[정리 5 : 흡수법칙] $A + (A \cdot B) = A$

$A \cdot (A + B) = A$

[정리 6 : 기본공식] $A + \overline{A} = 1$ $A + A = A$

$A + 1 = 1$ $A + 0 = A$

[정리 7 : 기본공식] $A \cdot 0 = 0$ $A \cdot 1 = A$ $A \cdot \overline{A} = 0$

[정리 8 : 부정법칙] $\overline{\overline{A}} = A$

[2] De · Morgan의 정리

NAND 게이트와 NOR 게이트의 등가적인 회로를 생각하면 AND 게이트나 OR 게이트에 NOT 게이트를 사용하여 같은 결과를 얻을 수 있는 방법이 있는데, 이것을

De · Morgan 정리라고 한다.

[정리1] $\overline{A+B} = \overline{A} \cdot \overline{B}$

[정리2] $\overline{A \cdot B} = \overline{A} + \overline{B}$

두 식을 일반화하면 임의의 입력수에 대해 아래 식처럼 표현할 수 있다. 즉,

$$\overline{A \cdot B \cdot C \cdots} = \overline{A} + \overline{B} + \overline{C} + \cdots$$

$$\overline{A+B+C+\cdots} = \overline{A} \cdot \overline{B} \cdot \overline{C} \cdots$$

정리1에서 좌변은 NOR 게이트이고 우변은 AND 게이트의 입력을 NOT 게이트로 부정한 것이다. 즉, 논리합의 부정은 각 변수의 부정의 논리적과 같다. 정리2에서 좌변은 NAND 게이트이고 우변은 OR 게이트의 입력을 NOT 게이트로 부정한 것으로 논리적의 부정은 각 변수의 부정의 논리합과 같다.

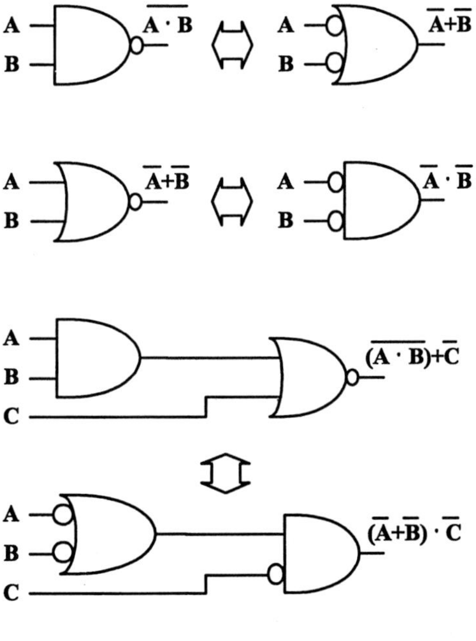

그림 4-1 De · Morgan 정리의 활용

3. 예비보고서

(1) $Y=(A+B)\overline{(A\cdot B)}$에 대한 논리도를 그리시오.

(2) 그림과 같은 회로의 출력 Y를 가장 간단하게 표현하시오.

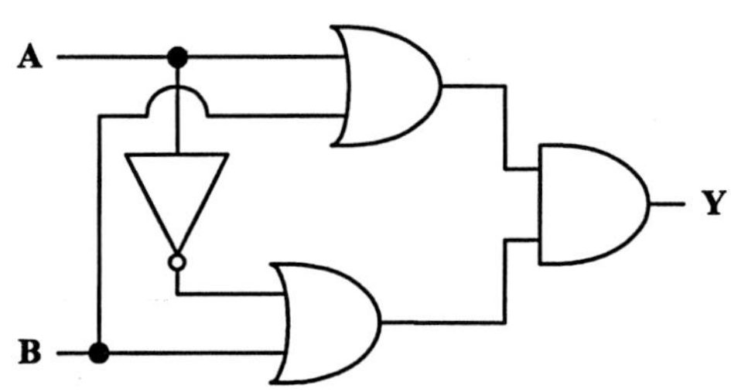

(3) 콜렉터 개방 출력회로를 이용하여 두 게이트의 출력을 결선만 하여도 AND의 기능을 갖는 이유를 설명하시오.

4. 사용기기 및 부품

- ☐ IC 74 LS 00(NAND 게이트)
- ☐ IC 74 LS 02(NOR 게이트)
- ☐ IC 74 LS 03(NAND 게이트 OC)
- ☐ IC 74 LS 04(NOT 게이트)
- ☐ IC 74 LS 05(NOT 게이트 OC)
- ☐ IC 74 LS 08(AND 게이트)
- ☐ IC 74 LS 10(3 input NAND 게이트)
- ☐ IC 74 LS 11(3 input AND 게이트)
- ☐ IC 74 LS 32(OR 게이트)
- ☐ 논리회로 실험장치
- ☐ 저항 3K
- ☐ 오실로스코프

5. 실험

(1) 그림 4-2와 4-3의 회로를 구성하고 출력 상태를 측정하여 표 4-1과 표 4-2에 기록하고 NAND 및 NOR 게이트와 비교하여 보시오.

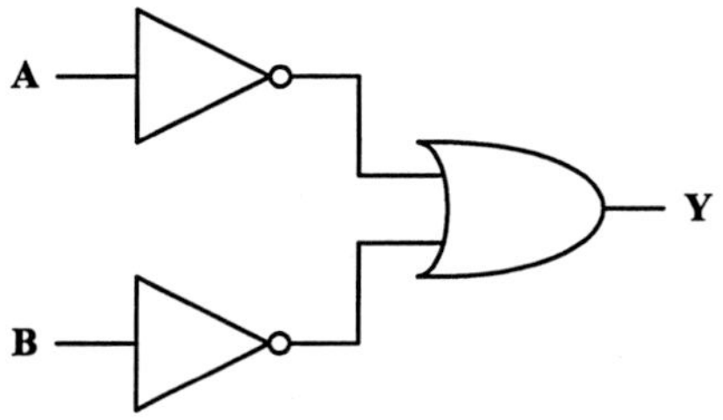

그림 4-2

표 4-1

A	B	Y
0	0	
0	1	
1	0	
1	1	

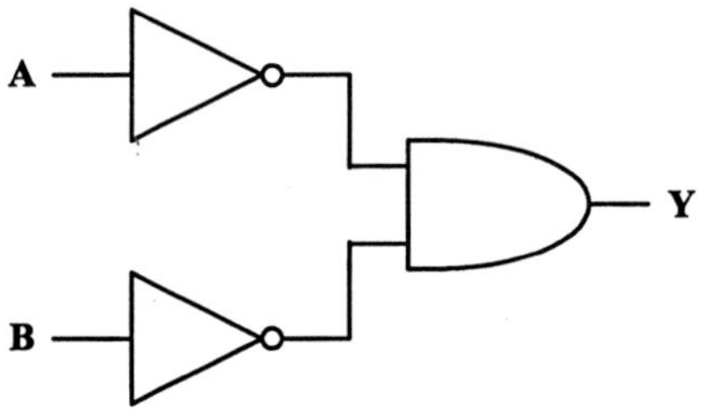

그림 4-3

표 4-2

A	B	Y
0	0	
0	1	
1	0	
1	1	

(2) 그림 4-4와 같은 회로를 구성하여 출력 상태를 측정하여 표 4-3에 기록하시오.

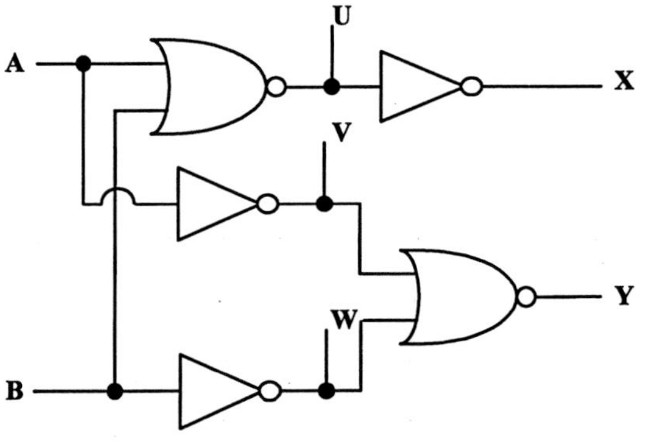

그림 4-4

표 4-3

A	B	U	V	W	X	Y
0	0					
0	1					
1	0					
1	1					

(3) 그림 4-5과 같은 회로를 구성하고 출력 상태를 측정하여 표 4-4에 기록하고 논리식을 작성하여 Y1과 Y2를 비교하여 보시오.

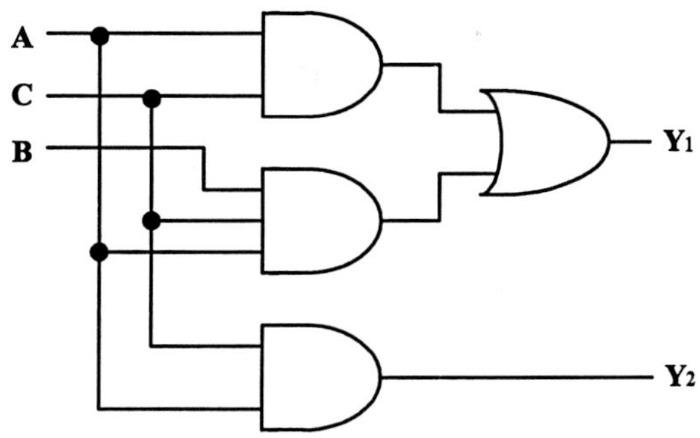

그림 4-5

표 4-4

A	B	C	Y1	Y2
0	0	0		
0	0	1		
0	1	0		
0	1	1		
1	0	0		
1	0	1		
1	1	0		
1	1	1		

(4) 그림 4-6과 같은 회로를 구성하여 출력 상태를 측정하여 표 4-5에 기록하고 논리식을 작성하여 Y1과 Y2를 비교하여 보시오.

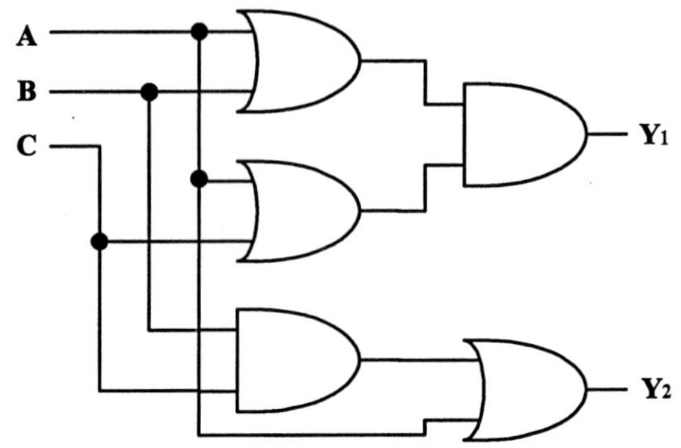

그림 4-6

표 4-5

A	B	C	Y1	Y2
0	0	0		
0	0	1		
0	1	0		
0	1	1		
1	0	0		
1	0	1		
1	1	0		
1	1	1		

(5) 그림 4-7과 같은 회로를 구성하고 출력 상태를 측정하여 표 4-6에 기록하시오. 또한 논리식을 이용한 간단화 수식을 구하고 논리도를 그리시오.

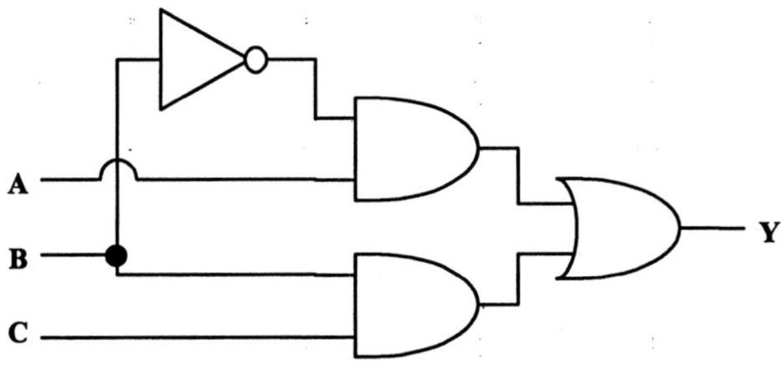

그림 4-7

표 4-6

A	B	C	Y
0	0	0	
0	0	1	
0	1	0	
0	1	1	
1	0	0	
1	0	1	
1	1	0	
1	1	1	

(6) 그림 4-8과 그림 4-9의 회로를 구성하고 출력 상태를 측정하여 표 4-7에 기록하고 두 결과를 비교하여 보시오.

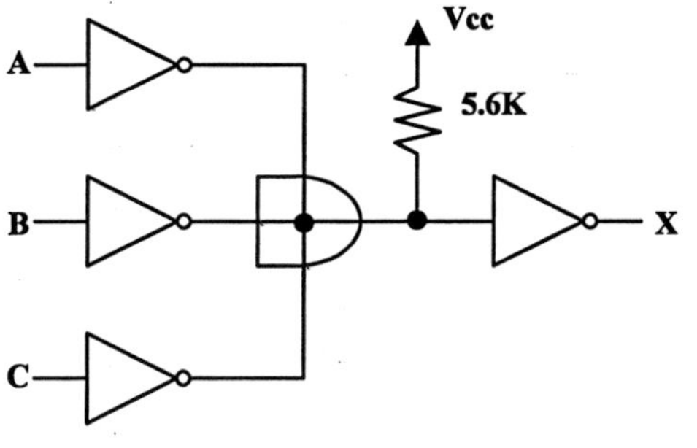

그림 4-8

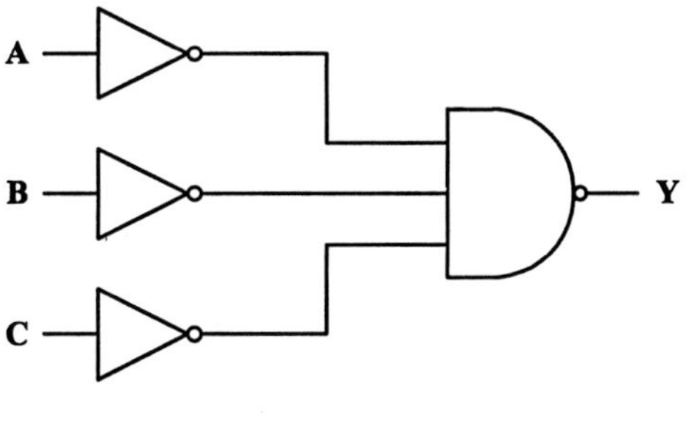

그림 4-9

표 4-7

A	B	C	X	Y
0	0	0		
0	0	1		
0	1	0		
0	1	1		
1	0	0		
1	0	1		
1	1	0		
1	1	1		

(7) 그림 4-10의 회로를 구성하고 출력 상태를 측정하여 진리표를 작성하시오. 그리고 3가지 회로가 동일한 논리기능을 갖고 있는지 확인하여 보자.

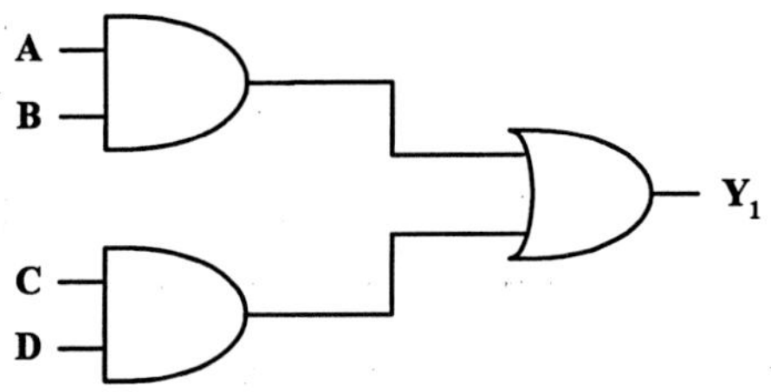

(a)

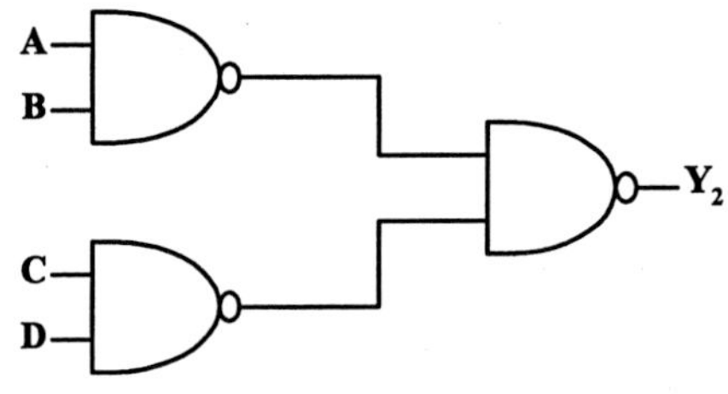

(b)

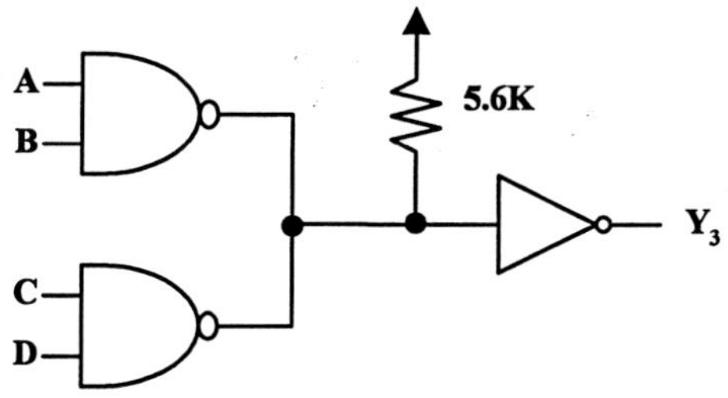

(c)

그림 4-10

6. 실험 결과 검토

(1) 그림 4−2와 4−3의 회로를 실험하여 얻어진 표 4−1과 4−2가 이론치와 일치하는지 확인하여 보자.

(2) 그림 4−4의 회로를 실험하여 얻어진 표 4−3이 이론치와 일치하는지 확인하여 보자.

(3) 그림 4−5의 회로를 실험하여 얻어진 표 4−4가 이론치와 일치하는지 확인하여 보자.

(4) 그림 4−6의 회로를 실험하여 얻어진 표 4−5가 이론치와 일치하는지 확인하여 보자.

(5) 그림 4−7의 회로를 실험하여 얻어진 표 4−6이 이론치와 일치하는지 확인하여 보자.

(6) 그림 4−8과 그림 4−9의 회로를 실험하여 얻어진 표 4−7이 이론치와 일치하는지 확인하여 보자.

(7) 그림 4−10의 회로를 실험하여 얻어진 진리표가 예상치와 일치하는지 확인하여 보자.

실험 5

카르노 맵

1. 목적

부울함수를 이용한 회로설계방법과 카르노맵을 이용한 함수의 최소화방법을 연습하고 실험을 통해 실제회로의 동작을 확인한다.

2. 이론

[1] 부울함수

아래와 같이 함수 F_1과 F_2가 있다고 하자.

$$F_1 = AB\overline{C}$$
$$F_2 = A + \overline{B}C$$

이들 부울함수의 진리표는 표 5-1과 같다.

표 5-1 진리표

A	B	C	F_2	F_2
0	0	0	0	0
0	0	1	0	1
0	1	0	0	0
0	1	1	0	0
1	0	0	0	1
1	0	1	0	1
1	1	0	1	1
1	1	1	0	1

또한 이들의 논리회로그림은 그림 5-1과 같다.

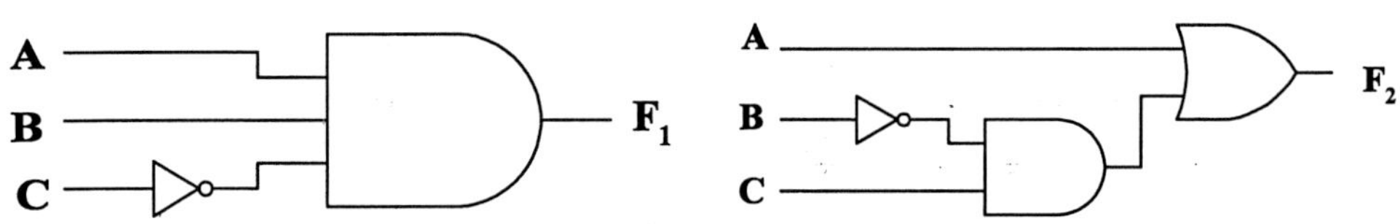

(a) $F_1 = AB\overline{C}$ (b) $F_2 = A + \overline{B}C$

그림 5-1 함수 F_1과 F_2의 논리회로

[2] 최소항과 최대항

최소항과 최대항의 표현은 표 5-2에서 보는 바와 같이 각 변수의 상태에 따라서 곱의 형태로 표현되는 것을 최소항, 합의 형태로 표현되는 것을 최대항이라 한다. 표 5-2에서 보면 최소항의 표현은 항상 그 곱의 결과가 참(1)이 되며, 최대항은 합의 결과가 거짓(0)이 된다. 그러므로 모든 함수는 최소항과 최대항으로서 표현이 가능하다.

표 5-2 3비트 변수에 대한 최소항과 최대항

A	B	C	최소항		최대항	
			항	표시	항	표시
0	0	0	$\overline{A}\,\overline{B}\,\overline{C}$	m_0	A+B+C	M_0
0	0	1	$\overline{A}\,\overline{B}C$	m_1	$A+B+\overline{C}$	M_1
0	1	0	$\overline{A}B\overline{C}$	m_2	$A+\overline{B}+C$	M_2
0	1	1	$\overline{A}BC$	m_3	$A+\overline{B}+\overline{C}$	M_3
1	0	0	$A\overline{B}\,\overline{C}$	m_4	$\overline{A}+B+C$	M_4
1	0	1	$A\overline{B}C$	m_5	$\overline{A}+B+\overline{C}$	M_5
1	1	0	$AB\overline{C}$	m_6	$\overline{A}+\overline{B}+C$	M_6
1	1	1	ABC	m_7	$\overline{A}+\overline{B}+\overline{C}$	M_7

예를 들어 표 5-3의 진리표를 갖는 함수는 최소항과 최대항을 이용하여 다음과 같이 표현할 수 있다.

표 5-3 3변수 함수

A	B	C	F	$\overline{F}$
0	0	0	1	0
0	0	1	0	1
0	1	0	0	1
0	1	1	1	0
1	0	0	0	1
1	0	1	1	0
1	1	0	0	1
1	1	1	1	0

$$F = \overline{A}\,\overline{B}\,\overline{C} + \overline{A}BC + A\overline{B}C + ABC = m_0 + m_3 + m_5 + m_7$$

$$\overline{F} = (A+B+\overline{C})(A+\overline{B}+C)(\overline{A}+B+C)(\overline{A}+\overline{B}+C)$$

$$= M_1 M_2 M_4 M_6$$

[3] 카르노맵

진리표가 5−4과 같은 함수의 카르노맵의 형태는 그림 5−2에 나타낸 것과 같으며, 카르노 맵의 각 셀에는 함수가 갖는 최소항의 값은 '1', 나머지는 '0'으로 채워지게 된다.

표 5-4 2비트 변수의 최소항

A	B	최소항
0	0	m_0
0	1	m_1
1	0	m_2
1	1	m_3

A \ B	0	1
0	(0) m_0	(1) m_1
1	(2) m_2	(3) m_3

그림 5-2 변수 2개일 때의 카르노 맵

예를 들어 설명하면 함수 $F = \overline{A}\,\overline{B} + AB$를 카르노 맵으로 나타내면 그림 5−3과 같다. 따라서 $\overline{A}\,\overline{B} = m_0$, $AB = m_3$이므로 그림 5−3과 같이 셀 0과 3에 '1'을 나머지에 '0'을 채워 넣으면 된다. 또한 변수가 3개일 때와 4개일 때의 카르노 맵도 같은 방법으로 구성되며 그림 5−4와 그림 5−5에 나타낸 것과 같다.

A \ B	0	1
0	(0) 1	(1) 0
1	(2) 0	(3) 1

그림 5-3 $F = \overline{A}\,\overline{B} + AB$일 때의 카르노 맵

A \ BC	00	01	11	10
0	(0) m_0	(1) m_1	(3) m_3	(2) m_2
1	(4) m_4	(5) m_5	(7) m_7	(6) m_6

그림 5-4 변수가 3개일 때의 카르노 맵

AB \ CD	00	01	11	10
00	0 m_0	1 m_1	3 m_3	2 m_2
01	4 m_4	5 m_5	7 m_7	6 m_6
11	12 m_{12}	13 m_{13}	15 m_{15}	14 m_{14}
10	8 m_8	9 m_9	11 m_{11}	10 m_{10}

그림 5-5 변수가 4개일 때의 카르노 맵

이상에서와 같은 방법으로 카르노맵을 구성할 수 있으며, 이제 이를 이용해서 함수를 최소화하는 방법을 알아보자. 표 5-3과 같은 진리표를 가진 함수에서 이 함수를 최소항의 표현으로 표현하면,

$$F = \overline{A}\,\overline{B}\,\overline{C} + \overline{A}BC + A\overline{B}C + ABC = m_0 + m_3 + m_5 + m_7$$

이다. 따라서 이의 최소표현을 구하기 위해 카르노 맵을 구성하면 그림 5-6과 같다.

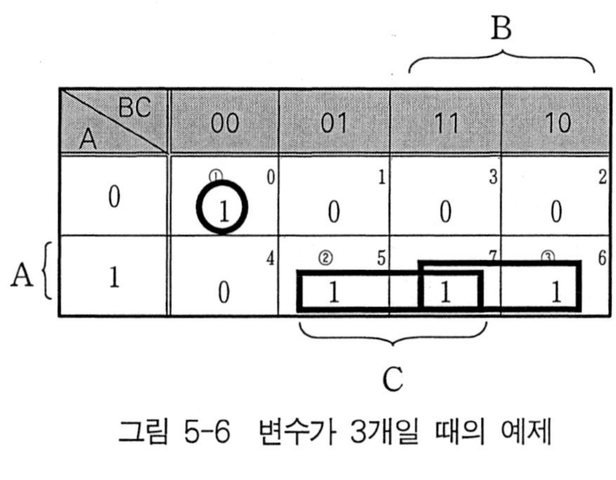

그림 5-6 변수가 3개일 때의 예제

그림 5-6에서 ①은 인접항이 없으므로 그룹으로 묶여질 수 없으므로 고립요소라 하며, 더 이상 간략화될 수 없다. 그러나 ②와 ③은 인접한 항끼리 묶여지므로 표현이 간략화됨을 알 수 있다. 따라서 ① = $\overline{A}\,\overline{B}\,\overline{C}$, ② = AC, ③ = AB로 표현될 수 있다. 따라서 함수 F는 다음의 식으로 간략화된다.

$$F = \overline{A}\,\overline{B}\,\overline{C} + AB + AC$$

또한 변수가 4개인 경우의 예도 아래에 보였다. 그림 5-7과 같은 카르노 맵의 구성을 갖는 함수의 최소화를 위해 묶여지는 그룹의 수는 그림에 표시한대로 3개이다. 따라서 이 함수는 다음의 수식으로 간략화된다.

$$F = \overline{A}\,\overline{D} + \overline{A}\,\overline{B}\,\overline{C} + \overline{B}\,\overline{D}$$

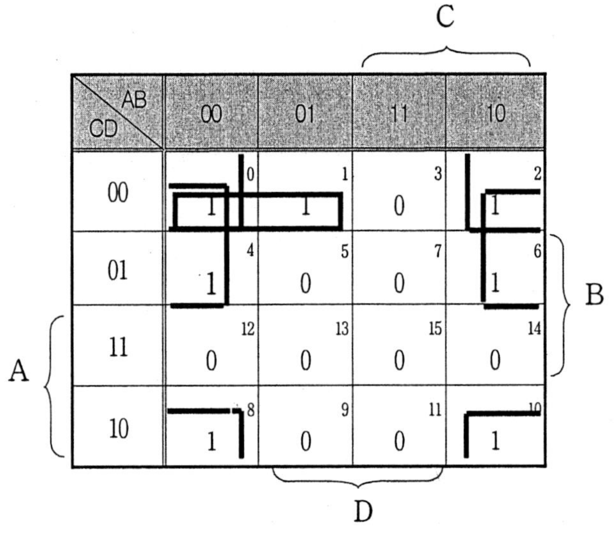

그림 5-7 변수가 4개일 때의 예제

다음으로 무정의 조건(Don't care condition)을 포함하는 카르노 맵의 예를 보자. 그림 5-8에서 x는 무정의 조건을 나타낸다. 이는 이 때의 함수값이 '0'이든 '1'이든 어떤 값이 되더라도 관계없음을 나타낸다. 따라서 x 는 '0'이나 '1'로 그룹 지워질 수 있음을 의미한다. 따라서 그림 5-8에서 나타낸 것과 같이 그룹을 형성할 수 있다. 따라서 이 함수는 다음의 수식으로 간략화된다.

$$F = \overline{A}\,\overline{D} + \overline{A}\,\overline{B} + \overline{B}\,\overline{D} + AB\overline{C}D$$

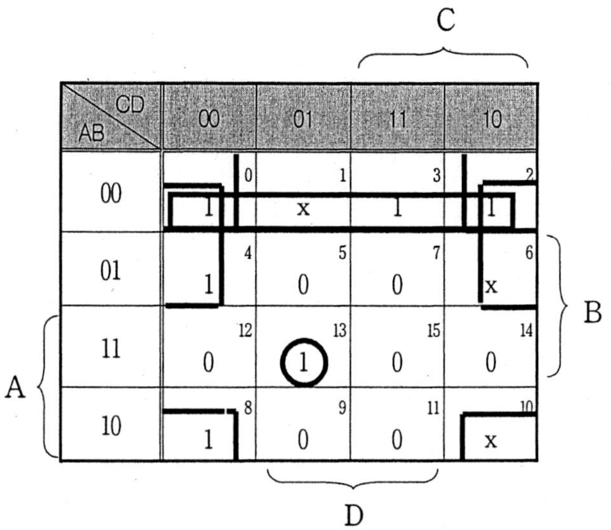

그림 5-8 무정의 조건을 포함하는 카르노 맵

3. 예비보고서

(1) 부울함수 $F(A, B, C) = \overline{A}\,\overline{B}C + \overline{A}BC + A\overline{B}$에 대해서 진리표를 그리고, 회로로 그려라.

(2) (1)의 함수에 대해서 카르노 맵을 구성하고 그것을 이용해 간략화된 함수를 구하라. 간략화된 함수에 대한 진리표를 그리고 회로를 그린 후 (1)의 결과와 비교하라.

(3) 함수 F에 있어서 입력이 아래의 그림과 같을 때 출력파형을 그려라.

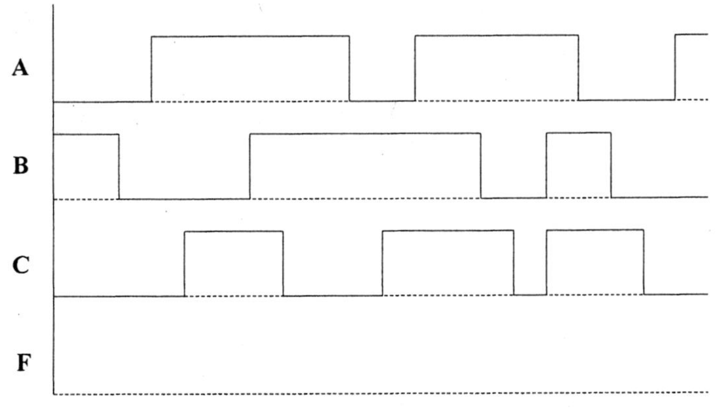

(4) 부울함수 $F(A, B, C, D) = A\overline{B}CD + \overline{A}CD + \overline{B}\,\overline{C}D + ABCD$에 대해서 진리표를 그리고, 회로로 그려라.

(5) (4)의 함수에 대해서 카르노 맵을 구성하고 그것을 이용해 간략화된 함수를 구하라. 간략화된 함수에 대한 진리표를 그리고 회로로 그린 후 (4)의 결과와 비교하라.

(6) 함수 F에 있어서 입력이 아래의 그림과 같을 때 출력파형을 그려라.

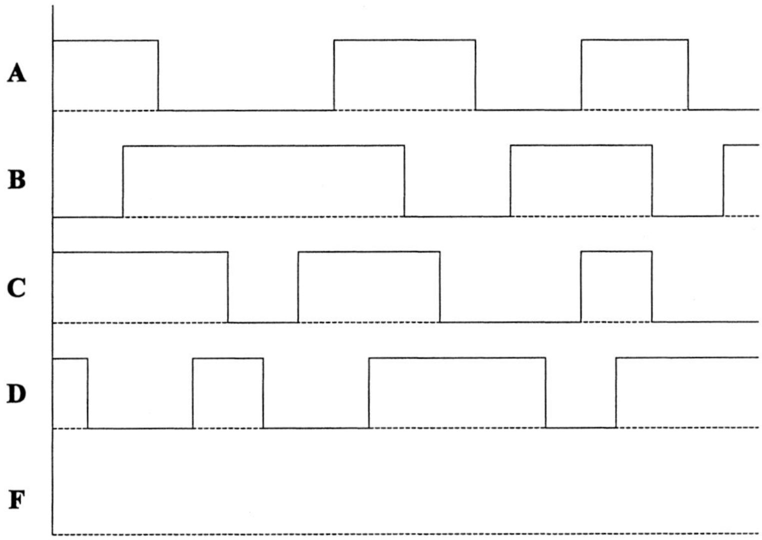

4. 사용기기 및 부품

- □ 논리회로 실험장치
- □ 오실로스코프
- □ IC74LS04 (NOT 게이트)
- □ IC74LS08 (2입력 AND 게이트)
- □ IC74LS11 (3입력 AND 게이트)
- □ IC74LS32 (OR 게이트)

5. 실험

(1) $F = \overline{A}\,\overline{B}C + \overline{A}BC + A\overline{B}$의 회로를 그려 회로를 구성하고, 출력상태를 측정하여 표 5-5에 기록하시오.

표 5-5

A	B	C	$\overline{A}\,\overline{B}C$	$\overline{A}BC$	$A\overline{B}$	F
0	0	0				
0	0	1				
0	1	0				
0	1	1				
1	0	0				
1	0	1				
1	1	0				
1	1	1				

(2) (1)의 함수를 카르노맵을 이용해서 간략화한 함수를 구하여 기술하고, 그 함수의 회로를 그린 후 회로를 구성하여 출력상태를 측정하여 표 5-6에 기록하시오.

표 5-6

A	B	C	F
0	0	0	
0	0	1	
0	1	0	
0	1	1	
1	0	0	
1	0	1	
1	1	0	
1	1	1	

(3) 다음의 카르노 맵을 간략화하여 함수를 구한 후 기술하고, 회로를 그리고, 구성하여 출력을 측정 후 표 5-7에 기록하시오.

A \ BC	00	01	11	10
0	(0) 1	(1) 1	(3) 1	(2) 1
1	(4) 0	(5) 1	(7) 0	(6) 0

표 5-7

A	B	C	F
0	0	0	
0	0	1	
0	1	0	
0	1	1	
1	0	0	
1	0	1	
1	1	0	
1	1	1	

(4) 다음의 카르노 맵을 간략화하여 함수를 구한 후 기술하고, 회로를 그리고, 구성하여 출력을 측정 후 표 5-8에 기록하시오.

AB \ CD	00	01	11	10
00	[0] 0	[1] 1	[3] 0	[2] 1
01	[4] 1	[5] 1	[7] 0	[6] 1
11	[12] 1	[13] 0	[15] 0	[14] 1
10	[8] 0	[9] 0	[11] 0	[10] 1

표 5-8

A	B	C	D	F
0	0	0	0	
0	0	0	1	
0	0	1	0	
0	0	1	1	
0	1	0	0	
0	1	0	1	
0	1	1	0	
0	1	1	1	
1	0	0	0	
1	0	0	1	
1	0	1	0	
1	0	1	1	
1	1	0	0	
1	1	0	1	
1	1	1	0	
1	1	1	1	

(5) $F(A, B, C, D) = m_1 + m_3 + m_7 + m_{11} + m_{15}$, $d = m_0 + m_2 + m_5$일 때 카르노맵을 이용해서 간략화된 함수를 구해 회로를 그려 구성하고 출력을 측정하여 표 5-9에 기록하시오.

표 5-9

A	B	C	D	F
0	0	0	0	
0	0	0	1	
0	0	1	0	
0	0	1	1	
0	1	0	0	
0	1	0	1	
0	1	1	0	
0	1	1	1	
1	0	0	0	
1	0	0	1	
1	0	1	0	
1	0	1	1	
1	1	0	0	
1	1	0	1	
1	1	1	0	
1	1	1	1	

5. 실험 결과 검토

(1) 실험 (1)에서 얻어진 회로의 동작을 설명하고, 이론적으로 얻어진 회로의 출력과 실제의 실험결과에 대해서 비교, 검토하여 보자.

(2) 실험 (2)에서 얻어진 회로의 동작을 설명하고, 이론적으로 얻어진 회로의 출력과 실제의 실험결과에 대해서 비교, 검토한 후, 실험 (1)의 결과와도 비교, 검토하라.

(3) 실험 (3)에서 얻어진 회로의 동작을 설명하고, 이론적으로 얻어진 회로의 출력과 실제의 실험결과에 대해서 비교, 검토하라.

(4) 실험 (4)에서 얻어진 회로의 동작을 설명하고, 이론적으로 얻어진 회로의 출력과 실제의 실험결과에 대해서 비교, 검토하라.

(5) 실험 (1)에서 얻어진 회로의 동작을 설명하고, 이론적으로 얻어진 회로의 출력과 실제의 실험결과에 대해서 비교, 검토하라.

실험 6

연산회로(I) : 가산기

1. 목적

반가산기와 전가산기의 원리와 구성회로를 이해하고 가산기의 동작을 실험을 통하여 확인한다.

2. 회로

[1] 반가산기(Half Adder : HA)

반가산기는 1자릿수의 2진수 2개를 가산하는 회로로서 2개의 2진식 입력과 2개의 2진식 출력을 필요로 한다. 반가산기의 진리표와 논리도를 그림 6-1에 나타내었다. 그림에서 보는 바와 같이 exclusive-OR 게이트의 출력이 2비트의 합(Sum)이고 AND 게이트의 출력이 올림수(Carry)가 된다. 따라서 반가산기는 exclusive-OR 게이트와 AND 게이트로 구성됨을 알 수 있다.

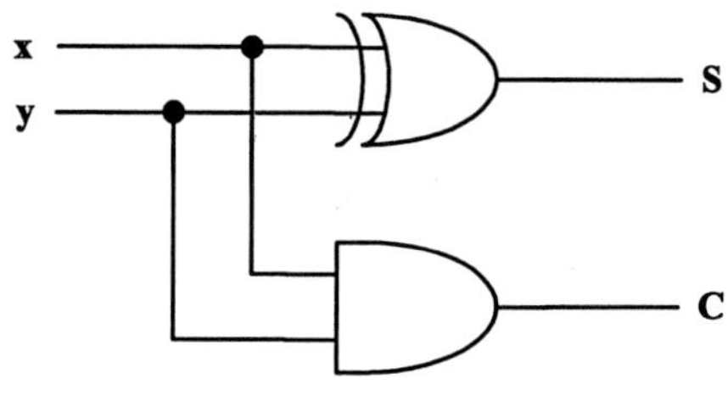

(a) 논리도

x	y	C	S
0	0	0	0
0	1	0	1
1	0	0	1
1	1	1	0

(b) 진리표

그림 6-1 반가산기

그림 6－1의 진리표로부터 반가산기의 간략화된 논리식을 구하면 다음과 같다.

$$S = \overline{x}y + x\overline{y} = (x + y)(\overline{x} + \overline{y}) = x \oplus y$$

$$C = xy$$

논리식에서 보는 바와 같이 반가산기는 exclusive－OR와 AND 게이트로서 구현시킬 수 있다. 이 형식은 후에 2개의 반가산기가 하나의 전가산기 회로 구성에 필요함을 보이는데 이용할 것이다. 그림 6－2는 반가산기의 다른 구현 방법을 보여주고 있다.

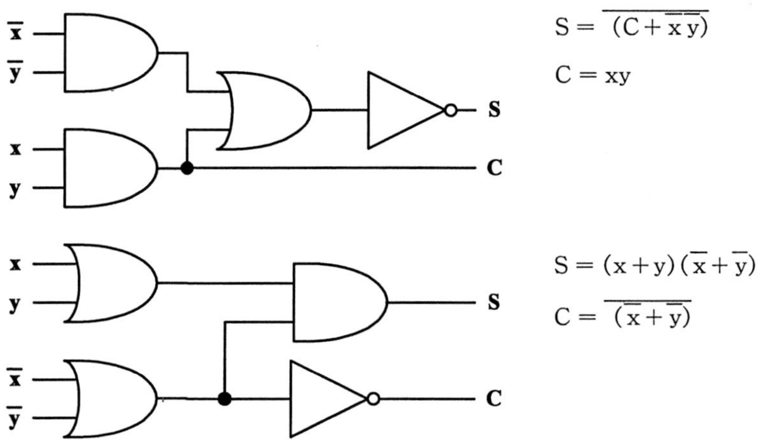

그림 6-2 반가산기의 다른 구현

[2] 전가산기(Full Adder : FA)

전가산기는 3비트의 산술적인 합을 형성하는 조합회로로서 3개의 2진식 입력과 2개의 2진식 출력을 필요로 한다. 전가산기의 진리표와 논리도를 그림 6－3에 나타내었다. 그림에서 보듯이 제3의 입력 z는 이전의 하위 유의 위치(lower significant position)로부터 올라온 올림자리를 나타낸다. 2개의 출력은 합에 대하여 기호 S, 올림수에 대해서 C로 지정한다.

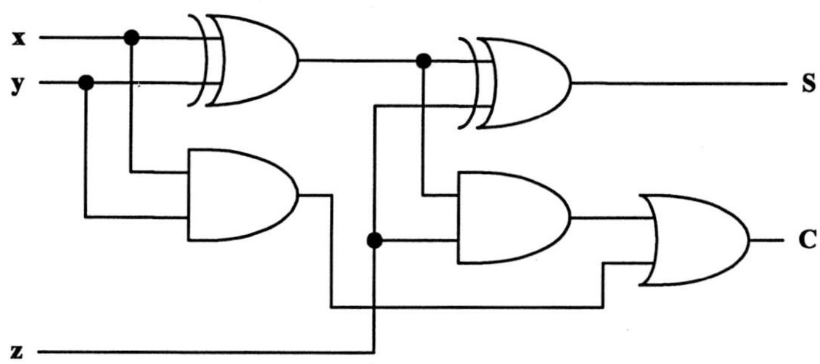

(a) 논리도

x	y	z	C	S
0	0	0	0	0
0	0	1	0	1
0	1	0	0	1
0	1	1	1	0
1	0	0	0	1
1	0	1	1	0
1	1	0	1	0
1	1	1	1	1

(b) 진리표

그림 6-3 전가산기

그림 6-3의 진리표로부터 전가산기의 간략화된 논리식을 구하면 다음과 같다.

$$S = \bar{x}\,\bar{y}z + \bar{x}y\bar{z} + x\bar{y}\,\bar{z} + xyz = x \oplus y \oplus z$$
$$C = xy + yz + xz = xy + z(x\bar{y} + \bar{x}y) = xy + z(x \oplus y)$$

3. 예비보고서

(1) NOR 게이트만을 사용하여 반가산기를 설계하시오.

(2) NAND 게이트만을 사용하여 전가산기를 설계하시오.

(3) 2개의 반가산기와 OR 게이트를 이용하면 전가산기가 되는 원리를 설명하시오.

(4) 병렬 2진 가산회로를 사용하여 8비트의 2진수를 가산할 경우 최소 몇 개의 가산기가 필요한가?

4. 사용기기 및 부품

- □ IC 74 LS 00(NAND 게이트) 2개
- □ IC 74 LS 02(NOR 게이트)
- □ IC 74 LS 04(NOT 게이트)
- □ IC 74 LS 08(AND 게이트)
- □ IC 74 LS 32(OR 게이트)
- □ IC 74 LS 86(EX-OR 게이트)
- □ IC 74 LS 283(FULL-ADDER)
- □ 논리회로 실험장치
- □ 오실로스코프

5. 실험

(1) 그림 6-4과 같은 회로를 구성하고 출력 상태를 측정하여 표 6-1에 기록하시오.

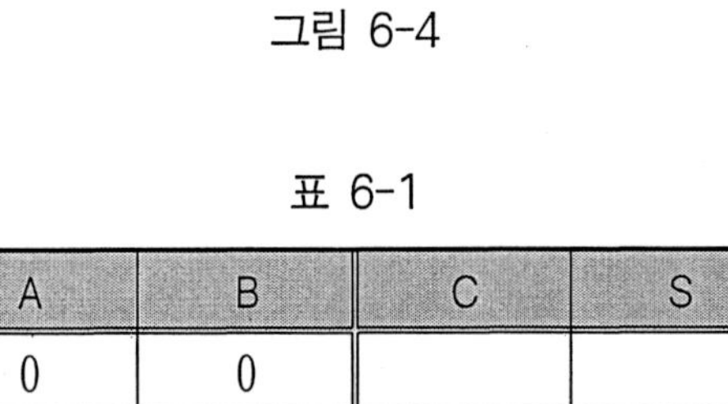

그림 6-4

표 6-1

A	B	C	S
0	0		
0	1		
1	0		
1	1		

(2) 그림 6-5와 같은 회로를 구성하여 출력 상태를 측정하여 표 6-2에 기록하시오.

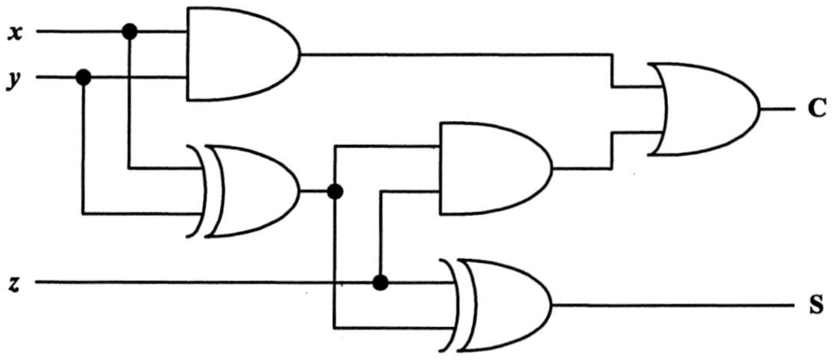

그림 6-5

표 6-2

x	y	z	C	S
0	0	0		
0	0	1		
0	1	0		
0	1	1		
1	0	0		
1	0	1		
1	1	0		
1	1	1		

(3) 그림 6-6처럼 회로를 구성하여 출력 상태를 측정하여 표 6-3에 기록하시오.

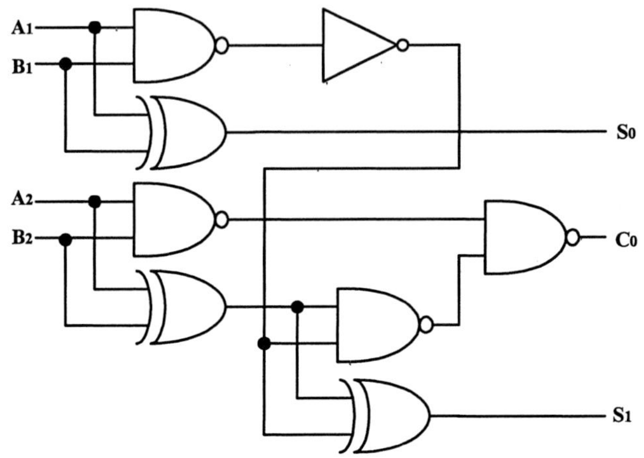

그림 6-6

표 6-3

A_2	A_1	B_2	B_1	C_0	S_1	S_0
0	0	0	0			
0	0	0	1			
0	0	1	0			
0	0	1	1			
0	1	0	0			
0	1	0	1			
0	1	1	0			
0	1	1	1			
1	0	0	0			
1	0	0	1			
1	0	1	0			
1	0	1	1			
1	1	0	0			
1	1	0	1			
1	1	1	0			
1	1	1	1			

(4) 74LS283(4bit binary Full Adder)을 사용하여 회로를 구성하고 출력 상태를 측정하여 표 6−4에 기록하시오(단, 초기 올림수(C_0) = 0).

표 6-4

A_4	A_3	A_2	A_1	B_4	B_3	B_2	B_1	C_4	S_4	S_3	S_2	S_1
0	0	0	1	0	0	0	1					
0	0	1	0	0	1	1	1					
0	0	1	1	1	0	0	1					
0	1	0	0	1	0	1	0					
0	1	0	1	1	1	1	1					
0	1	1	0	0	0	1	1					
0	1	1	1	0	0	1	0					
1	0	0	0	1	0	1	1					
1	0	1	0	0	1	1	0					
1	0	1	1	1	0	0	1					

(5) 예비보고서 (1)번의 회로를 설계하고 출력 상태를 측정하여 표 6−5에 기록한 후 실험 (1)번과 비교하시오.

표 6-5

A	B	C	S
0	0		
0	1		
1	0		
1	1		

(6) 예비보고서 (2)번의 회로를 설계하고 출력 상태를 측정하여 표 6−6에 기록한 후 실험 (2)번과 비교하시오.

표 6-6

x	y	z	C	S
0	0	0		
0	0	1		
0	1	0		
0	1	1		
1	0	0		
1	0	1		
1	1	0		
1	1	1		

6. 실험 결과 검토

(1) 그림 6-4의 회로를 실험하여 얻어진 표 6-1이 이론치와 일치하는지 확인하여 보자.

(2) 그림 6-5의 회로를 실험하여 얻어진 표 6-2가 이론치와 일치하는지 확인하여 보자.

(3) 그림 6-6의 회로를 실험하여 얻어진 표 6-3이 이론치와 일치하는지 확인하여 보자.

(4) 실험 (4)의 4비트 2진 가산기를 실험하여 얻어진 표 6-4가 이론치와 일치하는지 확인하여 보자.

(5) 실험 (5)의 NOR 게이트만을 사용하여 설계한 반가산기 회로를 실험하여 얻어진 표 6-5가 실험 (1)의 결과와 일치하는지 확인해 보자.

(6) 실험 (6)의 NAND 게이트만을 사용하여 설계한 전가산기 회로를 실험하여 얻어진 표 6-6이 실험 (2)의 결과와 일치하는지 확인해 보자.

실험 7

연산회로(III) : 감산기

1. 목적

반감산기와 전감산기의 원리와 구성회로를 이해하고 감산기의 동작을 실험을 통하여 확인한다.

2. 회로

[1] 반감산기(Half Subtractor : HS)

반감산기는 1자릿수의 2진수 2개를 감산하는 회로로서 2개의 2진식 입력과 2개의 2진식 출력을 필요로 한다. 반감산기의 진리표와 논리도를 그림 7-1에 나타내었다. 피감수 x와 감수 y에 의하여 얻어진 차(Difference)와 자리내림(Borrow)이 발생한다. 연산시 피감수가 감수보다 작은 수(x<y)일 때 상위 비트로부터 1을 빌려와야 하므로 자리내림이 발생한다. 그림에서 보는 바와 같이 exclusive-OR 게이트의 출력이 2비트의 차(Difference)이고 피감수 x의 보원(complement)과 감수 y의 AND 게이트 출력이 자리내림(Borrow)이 된다. 따라서 반감산기는 exclussive-OR 게이트, NOT 게이트 및 AND 게이트로 구성됨을 알 수 있다.

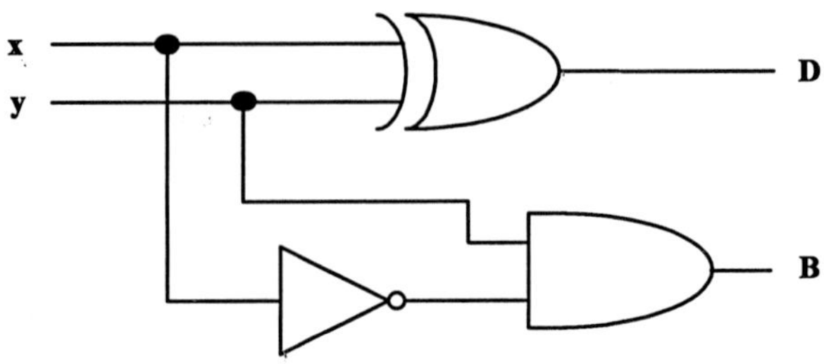

(a) 논리도

x	y	B	D
0	0	0	0
0	1	1	1
1	0	0	1
1	1	0	0

(b) 진리표

그림 7-1 반감산기

그림 7-1의 진리표로부터 반감산기의 간략화된 논리식을 구하면 다음과 같다.

$$D = \overline{x}y + x\overline{y} = (x+y)(\overline{x}+\overline{y}) = x \oplus y$$

$$B = \overline{x}y$$

논리식에서 보는 바와 같이 반감산기는 exclusive-OR, NOT 및 AND 게이트로 구현시킬 수 있다. 이 형식은 후에 2개의 반감산기가 하나의 전감산기 회로 구성에 필요함을 보이는데 이용할 것이다.

[2] 전감산기(Full Subtractor : FS)

전감산기는 1을 하나의 하위의 유의단에 빌려줄 수도 있다는 것을 고려하여 두 비트 사이의 뺄셈을 수행하는 조합회로로서 3개의 2진식 입력과 2개의 2진식 출력을 필요로 한다. 전감산기의 진리표와 논리도를 그림 7-2에 나타내었다. 그림에서 보듯이 제3의 입력 z는 상위 유의 위치(higher significant position)로부터 내려온 자리내림을 나타낸다. 2개의 출력은 차에 대하여 기호 D, 자리내림수에 대해서 B로 지정한다.

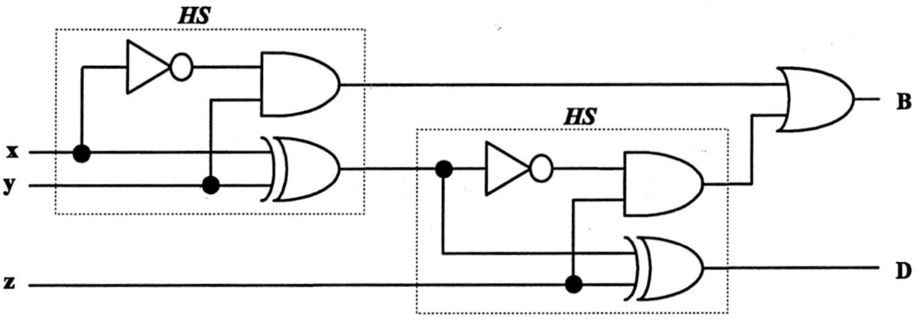

(a) 논리도

x	y	z	B	D
0	0	0	0	0
0	0	1	1	1
0	1	0	1	1
0	1	1	1	0
1	0	0	0	1
1	0	1	0	0
1	1	0	0	0
1	1	1	1	1

(b) 진리표

그림 7-2 전감산기

그림 7−2의 진리표로부터 전감산기의 간략화된 논리식을 구하면 다음과 같다.

$$D = \bar{x}\,\bar{y}z + \bar{x}y\bar{z} + x\bar{y}\,\bar{z} + xyz = x \oplus y \oplus z$$

$$B = \bar{x}y + \bar{x}z + yz = \bar{x}y + z(\bar{x}\,\bar{y} + xy) = \bar{x}y + z(\overline{x \oplus y})$$

3. 예비보고서

(1) 반감산기와 전감산기를 비교 설명하시오.

(2) NAND 게이트만을 사용하여 반감산기를 설계하시오.

(3) 2개의 반감산기와 OR 게이트를 이용하면 전감산기가 되는 원리를 설명하시오.

4. 사용기기 및 부품

- □ IC 74 LS 00(NAND 게이트) 2개
- □ IC 74 LS 04(NOT 게이트)
- □ IC 74 LS 08(AND 게이트)
- □ IC 74 LS 11(3 input AND 게이트)
- □ IC 74 LS 32(OR 게이트)
- □ IC 74 LS 86(EX−OR 게이트)
- □ 논리회로 실험장치
- □ 오실로스코프

5. 실험

(1) 그림 7−3과 같은 회로를 구성하고 출력 상태를 측정하여 표 7−1에 기록하시오.

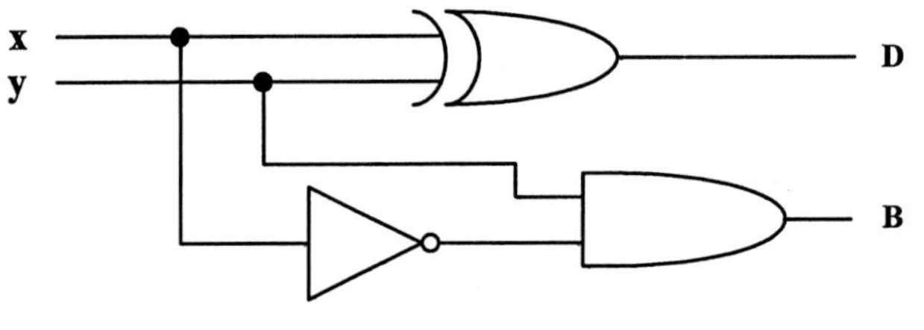

그림 7-3

표 7-1

x	y	B	D
0	0		
0	1		
1	0		
1	1		

(2) 그림 7-4와 같은 회로를 구성하여 출력 상태를 측정하여 표 7-2에 기록하시오.

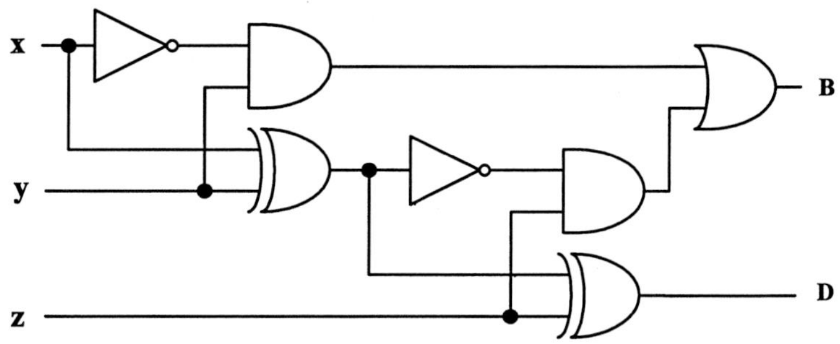

그림 7-4

표 7-2

x	y	z	B	D
0	0	0		
0	0	1		
0	1	0		
0	1	1		
1	0	0		
1	0	1		
1	1	0		
1	1	1		

(3) 그림 7−5와 같은 회로를 구성, 출력 상태를 측정하여 표 7−3에 기록하시오.

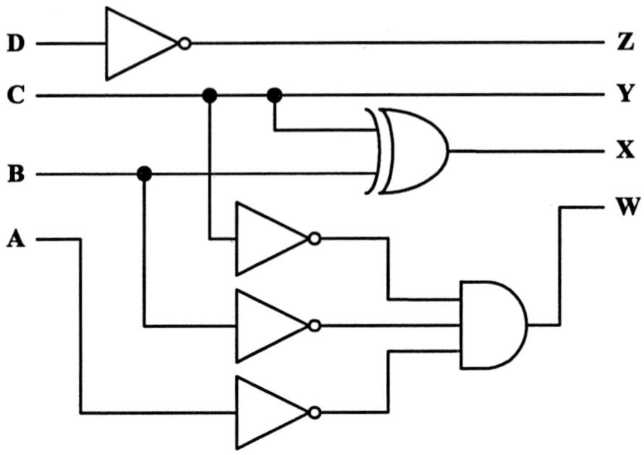

그림 7-5

표 7-3

A	B	C	D	W	X	Y	Z
0	0	0	0				
0	0	0	1				
0	0	1	0				
0	0	1	1				
0	1	0	0				
0	1	0	1				
0	1	1	0				
0	1	1	1				
1	0	0	0				
1	0	0	1				

(4) 예비보고서 (2)번의 회로를 설계하고 출력 상태를 측정하여 표 7-4에 기록한 후 실험 (1)번과 비교하시오.

표 7-4

x	y	B	D
0	0		
0	1		
1	0		
1	1		

6. 실험 결과 검토

(1) 그림 7-3의 회로를 실험하여 얻어진 표 7-1이 이론치와 일치하는지 확인하여 보자.

(2) 그림 7-4의 회로를 실험하여 얻어진 표 7-2가 이론치와 일치하는지 확인하여 보자.

(3) 그림 7-5의 9의 보수 회로를 실험하여 얻어진 표 7-3이 이론치와 일 치 하 는 지 확인하여 보자.

(4) 실험 (4)의 NAND 게이트만을 사용하여 설계한 반감산기 회로를 실험하여 얻어진 표 7-4가 실험 (1)의 결과와 일치하는지 확인하여 보자.

실험 8

멀티플렉서와 디멀티플렉서

1. 목적

멀티플렉서와 디멀티플렉서의 기본 원리와 특성을 이해하고 응용력을 기르도록 한다.

2. 이론

[1] 멀티플렉서(Multiplexer)

멀티플렉서는 소수의 채널(channel) 또는 선로(line)에 다수의 정보 단위를 전송함을 의미한다. 또한 멀티플렉서는 많은 입력 중의 하나를 선택하여 출력선에다 2진식 정보를 보내주기 때문에 데이터 선택기(data selector)라고도 한다.

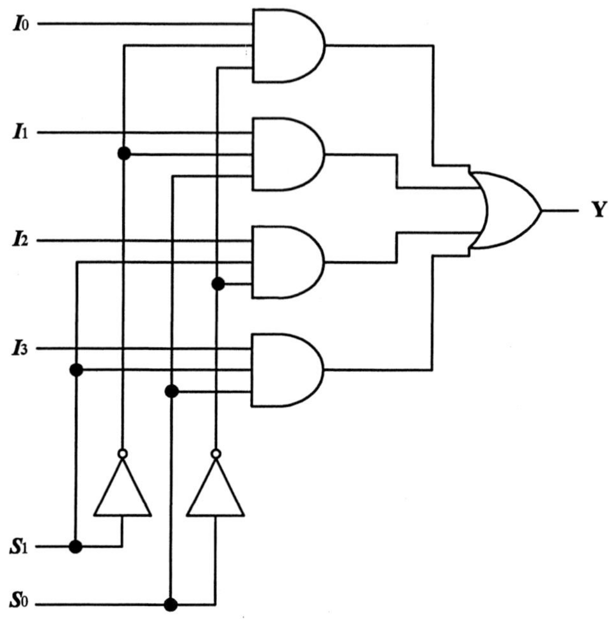

(a) 회로도

S_1	S_0	Y
0	0	I_0
0	1	I_1
1	0	I_2
1	1	I_3

(b) 함수표

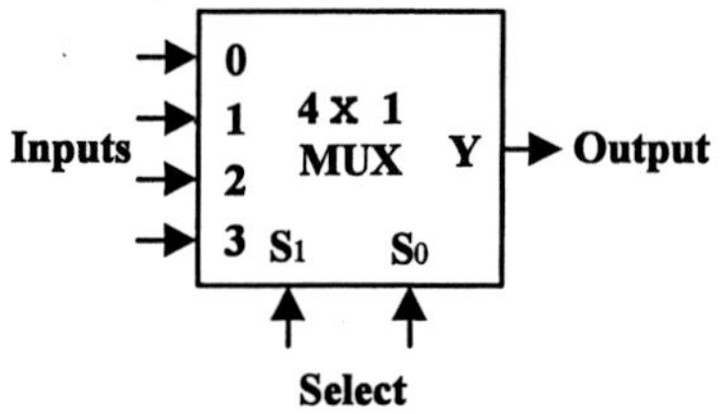

(c) 블럭도

그림 8-1 4-to-1 라인 멀티플렉서

선택 기능을 가진 제어선을 선택 제어선이라 하며 정상적인 경우 2^n개의 입력선과 n개의 선택선으로 되어 있다. 이 때 n 선택선들의 비트 조합에 따라서 입력선 중의 하나가 선택된다.

그림 8-1은 4-to-1 라인 멀티플렉서의 논리회로도이다. 입력 데이터 I_0-I_3 중에서 선택선 s_0, s_1에 의해서 지정되는 데이터 하나만 출력 Y로 선택된다. 즉, 선택 입력 s_1, s_0가 모두 0이면 출력 Y는 I_0를 선택하게 되고 선택입력 s_1, s_0가 각각 0, 1이면 출력 Y는 I_1을 선택하게 된다. 그리고 선택입력 s_1, s_0가 각각 1, 0이면 출력 Y는 I_2를 선택하게 되고 선택입력 s_1, s_0가 모두 1이면 출력 Y는 I_3를 선택하게 된다.

[2] 디멀티플렉서(Demultiplexer)

디멀티플렉서는 멀티플렉서와는 반대로 단일선으로 신호를 받아 이 정보를 2^n개의 가능한 출력선 중의 하나로 전송하는 회로이다. 따라서 데이터 분배기라고도 한다. 그림 8-2는 NOT 게이트와 NAND 게이트로 구성된 1-to-4 라인 디멀티플렉서이다. 인에이블 단자 E가 1이면 모든 입력에 상관없이 모든 NAND 게이트의 출력은 1이 된다. 인에이블 단자 E가 0이면 입력 A나 B의 값에 따라 보수로 표현된 출력이 선택된다. 예를 들어 E가 1이면 A나 B의 값에 관계없이 모든 출력은 1이고 E가 0일 때 비로서 A나 B값에 따라 출력선 중의 하나가 선택되어 선택된 출력은 0으로 되고 나머지는 1로 된다. 출력을 1로 하고 싶으면 각 NAND 게이트에 NOT 게이트를 연결해 주면 된다.

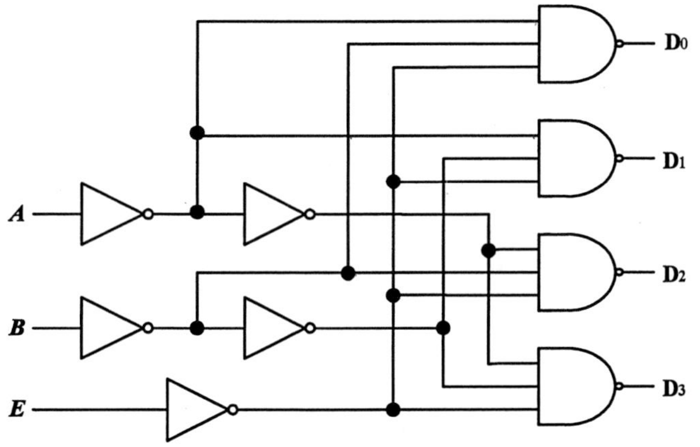

(a) 회로도

E	A	B	D_0	D_1	D_2	D_3
1	x	x	1	1	1	1
0	0	0	0	1	1	1
0	0	1	1	0	1	1
0	1	0	1	1	0	1
0	1	1	1	1	1	0

(b) 진리표

그림 8-2 1-to-4 라인 디멀티플렉서

3. 예비보고서

(1) 멀티플렉서와 디멀티플렉서를 비교 설명하시오.

(2) 그림 8-1의 4-to-1 라인 멀티플렉서의 논리식을 구하시오

4. 사용기기 및 부품

- □ IC 74 LS 04(NOT 게이트)
- □ IC 74 LS 08(AND 게이트)
- □ IC 74 LS 10(3 input NAND 게이트) 3개
- □ IC 74 LS 20(4 input NAND 게이트) 3개
- □ IC 74 LS 32(OR 게이트)
- □ 논리회로 실험장치
- □ 오실로스코프

5. 실험

(1) 그림 8-3과 같은 회로를 구성하고 출력 상태를 측정하여 표 8-1에 기록하시오.

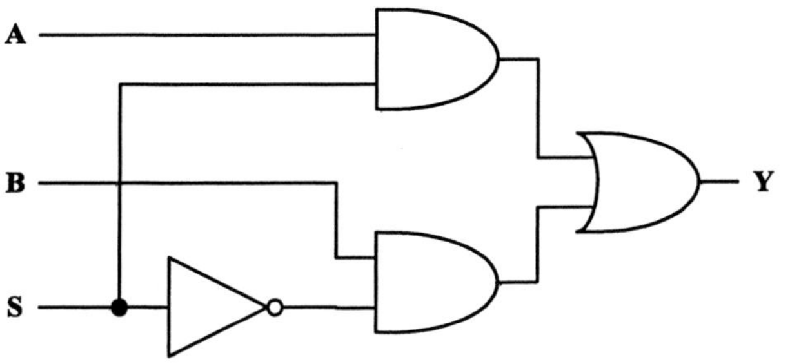

그림 8-3

표 8-1

S	A	B	Y	S	A	B	Y
0	0	0		1	0	0	
0	0	1		1	0	1	
0	1	0		1	1	0	
0	1	1		1	1	1	

(2) 그림 8-4와 같은 회로를 구성하고 출력 상태를 측정하여 표 8-2에 기록하시오.

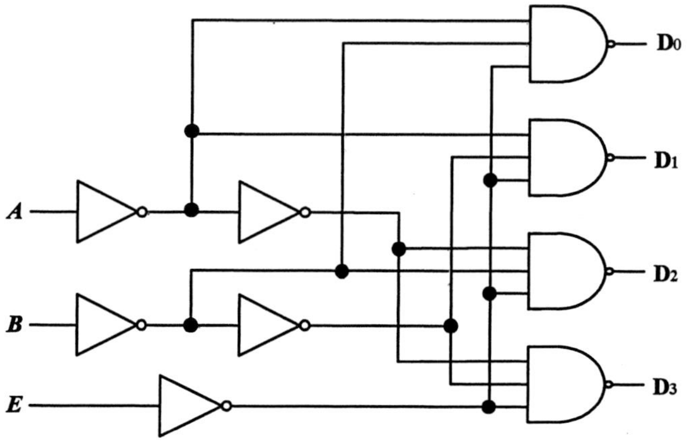

그림 8-4

표 8-2

E	A	B	D_0	D_1	D_2	D_3
1	X	X				
0	0	0				
0	0	1				
0	1	0				
0	1	1				

(3) 그림 8-5와 같은 회로를 구성하고 출력 상태를 측정하여 표 8-3에 기록하시오.

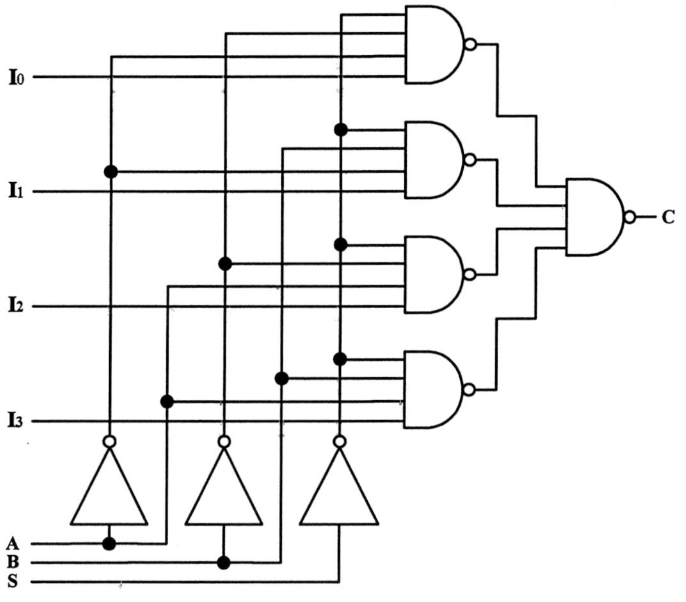

그림 8-5

표 8-3

A	B	S	I_0	I_1	I_2	I_3	C
x	x	1	x	x	x	x	
0	0	0	0	x	x	x	
0	0	0	1	x	x	x	
0	1	0	x	0	x	x	
0	1	0	x	1	x	x	
1	0	0	x	x	0	x	
1	0	0	x	x	1	x	
1	1	0	x	x	x	0	
1	1	0	x	x	x	1	

6. 실험 결과 검토

(1) 그림 8-3의 2입력 멀티플렉서 회로를 실험하여 얻어진 표 8-1이 이론치와 일치하는지 확인하여 보자.

(2) 그림 8-4의 1-to-4 라인 디멀티플렉서 회로를 실험하여 얻어진 표 8-2가 이론치와 일치하는지 확인하여 보자.

(3) 그림 8-5의 4-to-1 라인 멀티플렉서 회로를 실험하여 얻어진 표 8-3이 이론치와 일치하는지 확인하여 보자.

실험 9

인코더와 디코더

1. 목적

(1) 인코더와 디코더의 동작 원리를 이해한다.

(2) 인코더와 디코더의 특성을 확인하고 코드 변환기의 설계 방법을 익힌다.

2. 이론

[1] 인코더

인코더(encoder : 符號器)는 어떤 상태를 그에 상응한 2진수로 변환하는 것을 말하며 2^n개 이하의 입력과 n개의 출력선을 가진다. 일반적으로 논리회로는 처음부터 2진법으로 부호화된 신호를 발생하기 때문에 전용으로 IC화된 것은 드물다. 그러므로 필요에 따라 논리회로를 따로 구성하여 사용할 필요가 있다. 8-to-2진식 인코더를 구성하려면 8개 숫자 각각을 나타내는 8개의 입력과 그에 대응하는 2진수를 발생하는 3개의 출력이 있어야 한다. 인코더는 OR 게이트들로 구성되는데, 이 OR 게이트들의 입력은 진리표에서 구할 수 있다.

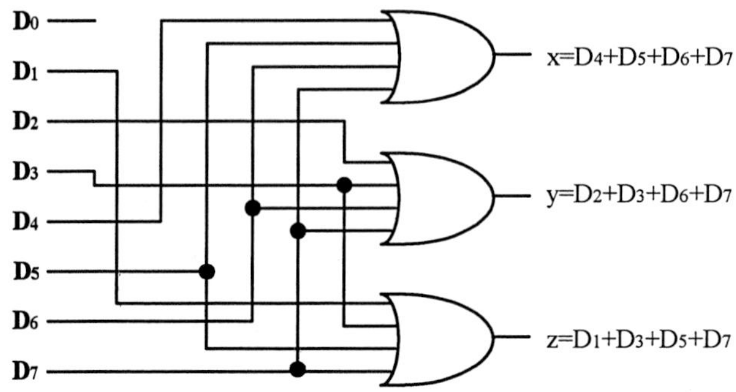

(a) 8-to-2진식 인코더

Inputs								Outputs		
D_0	D_1	D_2	D_3	D_4	D_5	D_6	D_7	x	y	z
1	0	0	0	0	0	0	0	0	0	0
0	1	0	0	0	0	0	0	0	0	1
0	0	1	0	0	0	0	0	0	1	0
0	0	0	1	0	0	0	0	0	1	1
0	0	0	0	1	0	0	0	1	0	0
0	0	0	0	0	1	0	0	1	0	1
0	0	0	0	0	0	1	0	1	1	0
0	0	0	0	0	0	0	1	1	1	1

(b) 진리표

그림 9-1 8-to-2진식 인코더와 진리표

그림 9-1의 논리회로와 진리표에서 출력 z는 입력측 8진수 숫자가 홀수이면 1이 된다. 출력 y는 8진수 숫자 2, 3, 6 또는 7에 대해서 1이 되고 x는 8진수 숫자 4, 5, 6 또는 7에 대해서 1이 된다. D_0는 어느 것하고도 연결되어 있지 않은데, 이 경우 2진 출력은 모두 0이 되어야 하기 때문이다. 0이 되는 조건은 이외에도 모든 입력들이 0일 때도 출력들은 전부 0이 된다. 이러한 모순은 모든 입력이 0이 아니라는 것을 알기 위해 별도의 출력을 하나 제공함으로써 해결할 수 있다. 또한 인코더는 두 입력이 동시에 1이 되었을 때 잘못된 결과를 출력한다. 이런 애매성을 해결하기 위해 우선순위를 세워 한 입력선만이 부호화 되도록 보장받아야 한다. 이러한 두 가지 문제점을 해결한 것이 우선순위 인코더(priority encoder) 회로이다. 이 회로를 그림 9-2에 나타내었고, 상위 비트에 우선순위를 주었다.

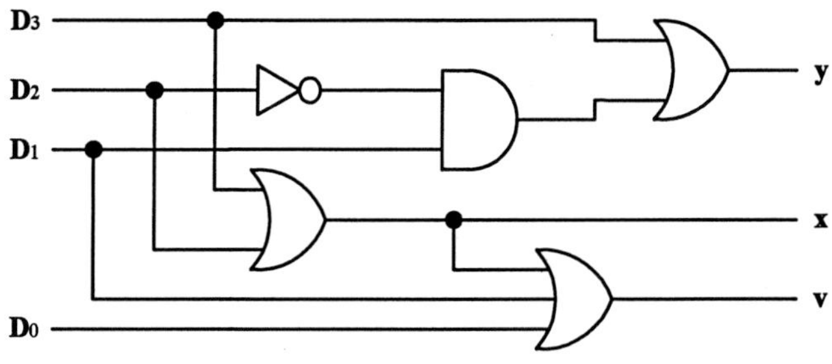

(a) 4입력 우선순위 인코더

Inputs				Outputs		
D_0	D_1	D_2	D_3	x	y	v
0	0	0	0	X	X	0
1	0	0	0	0	0	1
X	1	0	0	0	1	1
X	X	1	0	1	0	1
X	X	X	1	1	1	1

(b) 진리표

그림 9-2 4입력 우선순위 인코더와 진리표

[2] 디코더

디코더(decoder : 解讀器, 復號器)는 인코더와는 반대로 2진수를 원래의 상태로 변화시켜 주는 회로로 n개의 입력선으로부터의 2진식 정보를 최대 2^n개의 독자적인 서로 다른 출력선으로 변환하는 조합회로이다. 만일 n비트의 디코더 정보가 모두 사용되지 않거나 무정의의 조합을 가진다면 디코더의 출력수는 2^n개보다 적게 된다. n−to−m 디코더에서 $m \le 2^n$이고 n개의 입력 변수에 대해 n개 변수로 된 2^n개의 최소항을 만드는데 목적이 있다.

3−to−8 라인 디코더 회로와 진리표를 그림 9−3에 나타내었다.

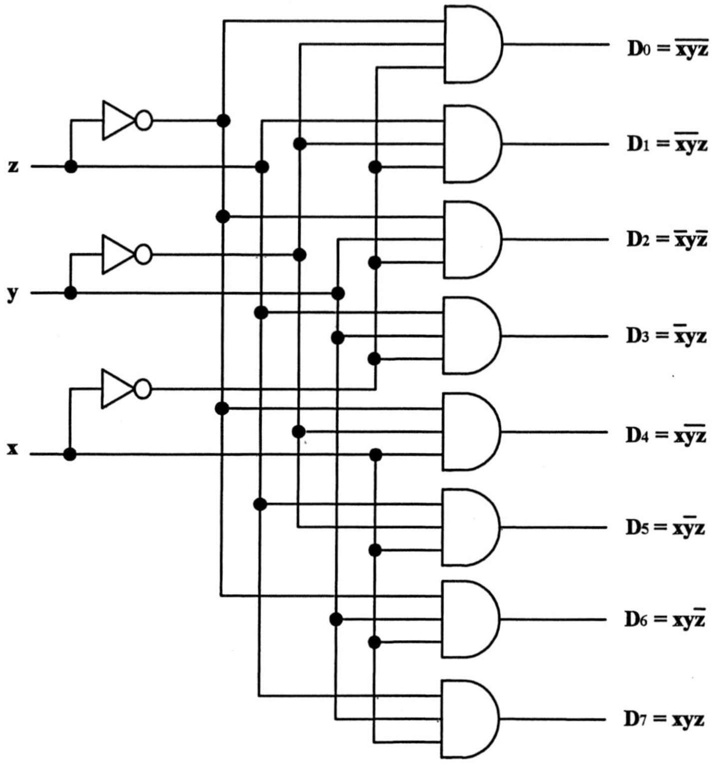

(a) 3–to–8 라인 디코더

Inputs			Outputs							
x	y	z	D_0	D_1	D_2	D_3	D_4	D_5	D_6	D_7
0	0	0	1	0	0	0	0	0	0	0
0	0	1	0	1	0	0	0	0	0	0
0	1	0	0	0	1	0	0	0	0	0
0	1	1	0	0	0	1	0	0	0	0
1	0	0	0	0	0	0	1	0	0	0
1	0	1	0	0	0	0	0	1	0	0
1	1	0	0	0	0	0	0	0	1	0
1	1	1	0	0	0	0	0	0	0	1

(b) 진리표

그림 9-3 3-to-8 라인 디코더와 진리표

이 회로에서 8개의 3진 입력은 3개의 NOT 게이트들은 입력들의 보수를 만들고 8개의 AND 게이트는 3변수의 최소항들 중의 하나를 선택할 수 있다. 이 회로는 2진수를 8진수로 변환하는데 사용될 수 있다.

[3] 코드(code) 변환

종종 한 시스템의 출력을 다른 것의 입력으로서 사용할 필요가 있다. 따라서 변환회로를 같은 정보에 대해 각기 다른 코드를 사용할 경우에는 그 두 시스템 사이에 삽입하여야 한다. 따라서 코드변환기는 각각 다른 2진식 코드를 사용하더라도 두 시스템이 양립할 수 있게 만드는 회로이다. 여기에서는 BCD 코드를 3초과 코드로 변환하는 방법에 대해 고찰하여 보자

BCD 코드는 0000에서 1001까지 사용하고 3초과 코드는 0011에서 1100만 사용하므로 어떤 변환회로를 사용하여 서로 상응하는 논리회로를 구성해야 된다.

표 9-1 BCD 코드와 3초과 코드의 진리표

Input BCD				Output Excess-3 Code			
A	B	C	D	w	x	y	z
0	0	0	0	0	0	1	1
0	0	0	1	0	1	0	0
0	0	1	0	0	1	0	1
0	0	1	1	0	1	1	0
0	1	0	0	0	1	1	1
0	1	0	1	1	0	0	0
0	1	1	0	1	0	0	1
0	1	1	1	1	0	1	0
1	0	0	0	1	0	1	1
1	0	0	1	1	1	0	0

BCD와 3초과 코드에 대한 비트 조합들이 표 9-1에 있다. 각 코드는 10진 디지트 하나를 나타내는데 4비트의 조합을 사용하므로 4개의 입력과 4개의 출력을 가져야 된다. 입력 변수들을 A, B, C, D로 표시하고 출력을 w, x, y, z라 하자. 4개의 출력을 구하는데 카르노 맵을 사용하면 간단히 구할 수 있다.

$$z = \overline{D}$$

$$y = CD + \overline{(C+D)}$$

$$x = \overline{B}(C+D) + B\overline{(C+D)}$$

$$w = A + B(C+D)$$

표 9-2 BCD-to-3 초과 코드 변환기에 대한 맵

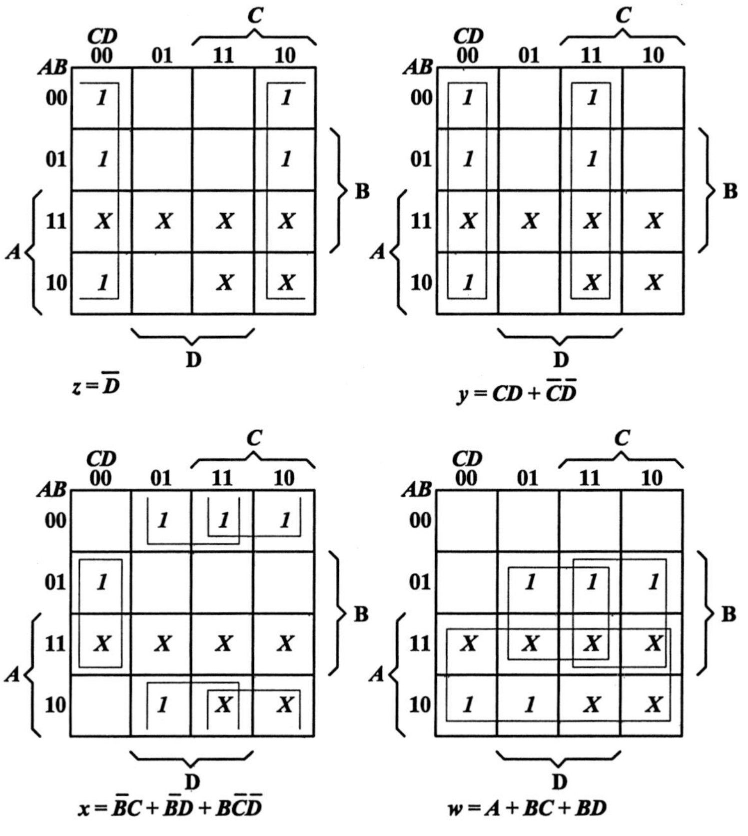

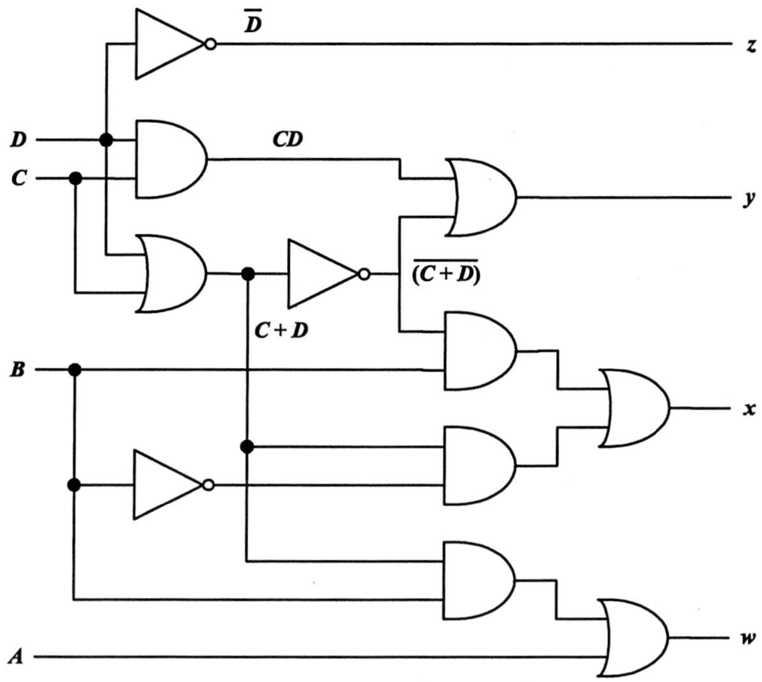

그림 9-4 BCD-to-3 초과 코드 변환기에 대한 논리도

3. 예비보고서

(1) 인코더와 디코더의 차이점을 간단히 기술하시오.

(2) 3초과 코드를 BCD 코드로 변환하는 회로를 그리시오.

(3) 2—to—4 라인 디코더를 구성하고 진리표를 작성하시오.

4. 사용기기 및 부품

☐ IC 74 LS 04(NOT게이트) 2개

☐ IC 74 LS 08(AND게이트)

☐ IC 74 LS 32(OR 게이트)

☐ 논리회로 실험장치

☐ 오실로스코프

5. 실험

(1) 그림 9−5과 같은 회로를 구성하고 주어진 입력에 따라 출력 상태를 측정하여 표 9−3에 기록하시오.

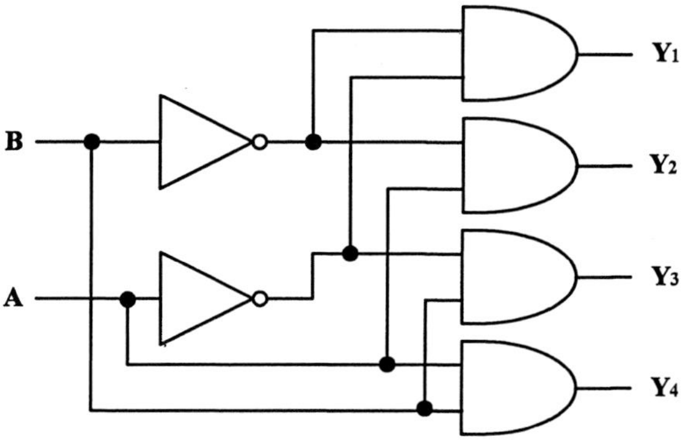

그림 9-5

표 9-3

B	A	Y_4	Y_3	Y_2	Y_1
0	0				
0	1				
1	0				
1	1				

(2) 그림 9−6과 같은 회로를 구성하고 출력 상태를 측정하여 표 9−4에 기록하시오.

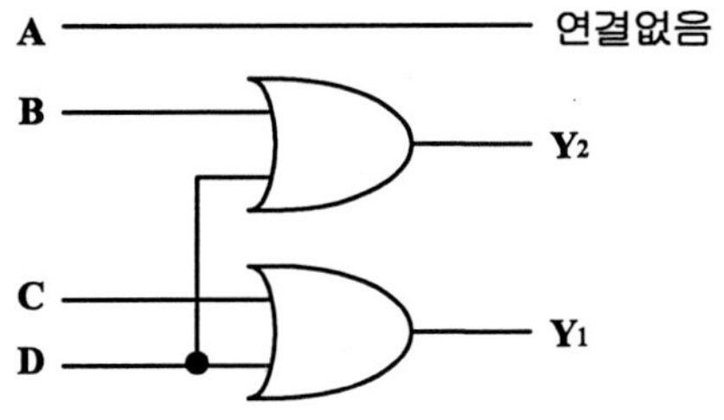

그림 9-6

표 9-4

A	B	C	D	Y_1	Y_2
0	0	0	1		
0	0	1	0		
0	1	0	0		
1	0	0	0		

(3) 그림 9-7은 BCD-to-3초과 코드 변환 회로이다. 주어진 입력 조건에 따라 출력 상태를 측정하여 표 9-5에 기록하고 진리표와 비교하여 보시오.

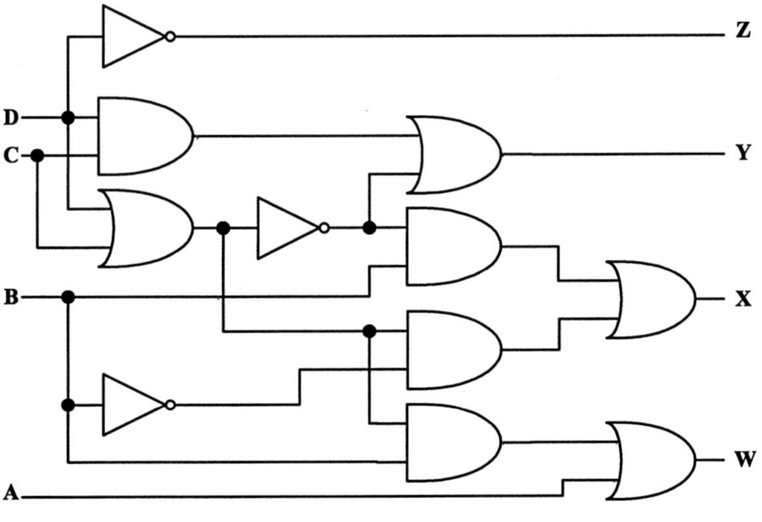

그림 9-7

표 9-5

A	B	C	D	W	X	Y	Z
0	0	0	0				
0	0	0	1				
0	0	1	0				
0	0	1	1				
0	1	0	0				
0	1	0	1				
0	1	1	0				
0	1	1	1				
1	0	0	0				
1	0	0	1				

(4) 그림 9-8은 4입력 우선순위 인코더 회로이다. 주어진 입력 조건에 따라 출력 상태를 측정하여 표 9-6에 기록하시오.

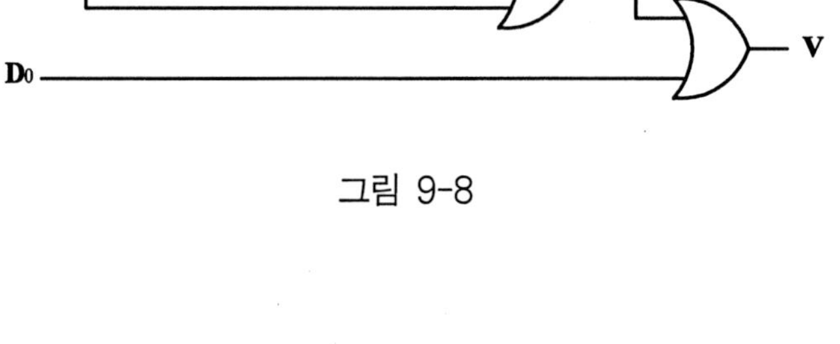

그림 9-8

표 9-6

D_0	D_1	D_2	D_3	x	y	V
0	0	0	0			
0	0	0	1			
0	0	1	0			
0	0	1	1			
0	1	0	0			
0	1	0	1			
0	1	1	0			
0	1	1	1			
1	0	0	0			
1	0	0	1			
1	0	1	0			
1	0	1	1			
1	1	0	0			
1	1	0	1			
1	1	1	0			
1	1	1	1			

6. 실험 결과 검토

(1) 그림 9—5의 2—to—4 라인 디코더 회로를 실험한 결과에서 얻어진 표 9—3이 이론치와 같은지 확인하여 보자.

(2) 그림 9—6의 4—to—2 라인 인코더 회로를 실험한 결과에서 얻어진 표 9—4가 이론치와 같은지 확인하여 보자.

(3) 그림 9—7의 BCD—to—3초과 코드변환회로를 실험한 결과에서 얻어진 표 9—5가 이론치와 같은지 확인하여 보자.

(4) 그림 9-8의 4입력 우선순위 회로를 실험한 결과에서 얻어진 표 9-6이 이론치와 같은지 확인하여 보자.

실험 10

BCD 덧셈기

1. 목적

BCD의 개념을 이해하고, 4 비트 2진 덧셈기를 이용해서 BCD 덧셈회로를 PCB 기판상에 납땜등을 이용해서 구성해 보므로써 실제적인 회로의 감을 익힌다.

2. 이론

[1] BCD(Binary Coded Decimal)

BCD는 2진수로 십진수를 표현하는 코드로서, 2진수 4비트를 사용하여 십진수 1자리의 숫자를 표기한다. 표 10-1은 십진수의 각 디지트에 대한 BCD 코드를 나타낸다.

표 10-1 BCD 코드표

10진수	BCD 코드
0	0000
1	0001
2	0010
3	0011
4	0100
5	0101
6	0110
7	0111
8	1000
9	1001

따라서 십진수를 BCD로 표기하기 위해서는 십진수의 각 디지트마다 4비트의 BCD 코드가 할당된다. 예를 들어 십진수 37을 BCD로 바꾸면 3과 7에 해당하는 BCD코드를 표 10-1에서 찾아 따로 표기하면 된다. 즉, 표 10-1에서 3 → 0011, 7 → 0111 이므로 다음과 같이 변환된다.

3 7 = 0011 0111

또한 BCD로 표기된 것을 십진수로 바꾸기 위해서는 BCD코드를 오른쪽 끝에서부터 4비트씩 묶어서 표 10-1에서 해당되는 십진수 1디지트씩 찾아서 역으로 변환하면 된다. 예를 들면 다음과 같다.

$$100101010010 = \underset{\displaystyle 9}{\underset{\downarrow}{\underline{1001}}} \;/\; \underset{\displaystyle 5}{\underset{\downarrow}{\underline{0101}}} \;/\; \underset{\displaystyle 2}{\underset{\downarrow}{\underline{0010}}} = 952$$

BCD의 덧셈은 4비트로 10개의 숫자를 표기하므로 정상적인 덧셈으로는 셈이 이루어지지 않으므로 다음과 같은 BCD의 덧셈을 위한 특별한 규칙이 필요하다.

◆ BCD 덧셈을 위한 규칙

① 정상적인 2진 덧셈을 수행한다.

② 덧셈의 결과 캐리가 발생하면 덧셈의 결과에 0110을 더한다.

③ 덧셈의 결과가 BCD코드에 없는 1010이상인 경우는 덧셈의 결과에 0110을 더한다.

④ 이 때 수정은 오른쪽부터하고 캐리발생시 앞의 디지트에 캐리를 넘겨준다.

이는 9 다음의 숫자가 정상적인 2진 덧셈에서는 1010인데 비해 BCD에서는 9 다음에 10을 표현하기 위해서 1001다음에 0001 0000으로 넘어가므로 6단계를 건너뛰게 된다. 따라서 캐리가 발생하거나 1010이상인 수에 대해서는 이러한 문제가 발생하여 올바른 결과를 얻기 위해서는 반드시 이를 보상해 주어야 한다.

$$\begin{array}{r} 87 \\ +\ 94 \\ \hline 181 \end{array} \quad \neq \quad \begin{array}{r} 1000\ 0111 \\ +\ 1001\ 0100 \\ \hline 1\ 0001\ 1011 \end{array}(\times) \quad \Rightarrow \quad \begin{array}{r} 1\ 0001\ 1011 \\ +\ 0110\ 0110 \\ \hline 1\ 1000\ 0001 \end{array} = 181\ (\bigcirc)$$

[2] 4비트 2진 덧셈기

실험 5에서 공부한 전가산기를 이용하면 4비트의 2진 가산기를 만들 수 있다. 그림 10-1(a)는 1비트 전가산기이고, (b)는 이를 블록화한 것이다.

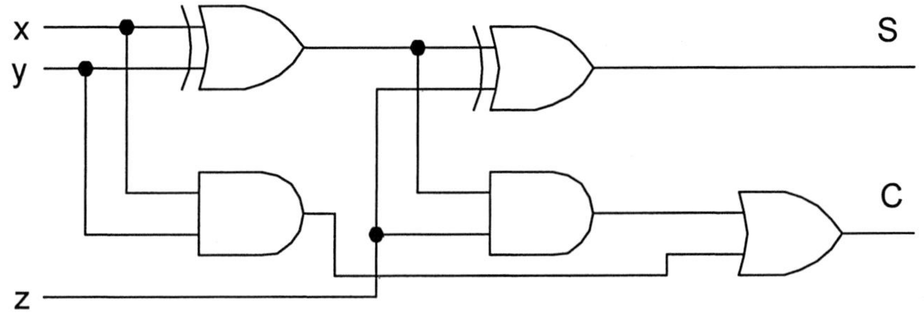

(a) 전가산기(Full Adder)

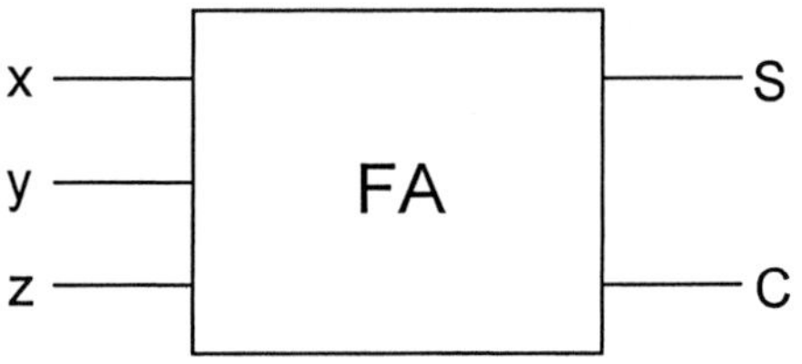

(b) 전가산기 블록도

그림 10-1 전가산기와 블록도

그림 10-1의 1비트 전가산기를 그림 10-2와 같이 조합하면 4비트 2진 덧셈기를 설계할 수 있다.

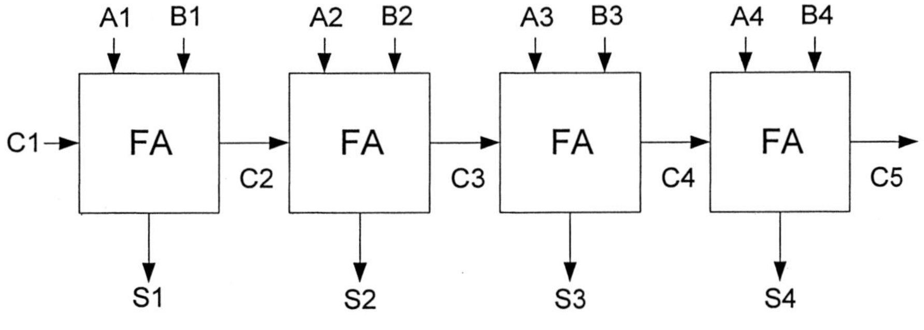

그림 10-2 4비트 2진 덧셈기

[3] BCD 덧셈기

BCD의 덧셈기의 설계를 위해 2진 덧셈과의 관계를 표로 나타내 보면 표 10−2와 같다.

표 10-2 BCD 가산기의 유도

십진수	2진덧셈					BCD 덧셈				
	K	Z_8	Z_4	Z_2	Z_1	C	S_8	S_4	S_2	S_1
0	0	0	0	0	0	0	0	0	0	0
1	0	0	0	0	1	0	0	0	0	1
2	0	0	0	1	0	0	0	0	1	0
3	0	0	0	1	1	0	0	0	1	1
4	0	0	1	0	0	0	0	1	0	0
5	0	0	1	0	1	0	0	1	0	1
6	0	0	1	1	0	0	0	1	1	0
7	0	0	1	1	1	0	0	1	1	1
8	0	1	0	0	0	0	1	0	0	0
9	0	1	0	0	1	0	1	0	0	1
10	0	1	0	1	0	1	0	0	0	0
11	0	1	0	1	1	1	0	0	0	1
12	0	1	1	0	0	1	0	0	1	0
13	0	1	1	0	1	1	0	0	1	1
14	0	1	1	1	0	1	0	1	0	0
15	0	1	1	1	1	1	0	1	0	1
16	1	0	0	0	0	1	0	1	1	0
17	1	0	0	0	1	1	0	1	1	1
18	1	0	0	1	0	1	1	0	0	0
19	1	0	0	1	1	1	1	0	0	1

표 10−2에서 보면 0~9까지의 경우는 정상적인 덧셈이 이루어지므로 2진 덧셈과 BCD덧셈이 동일하지만 10~19까지의 경우는 BCD 덧셈이 2진 덧셈에 0110이 더해진 결과임을 알 수 있다. 따라서 BCD 덧셈은 2진 덧셈의 결과가 10~19까지임을 검출하여 0110을 더해주면 얻을 수 있다. 10~19까지의 2진 덧셈에서는 K가 1일 경우와 Z_8과 Z_4의 곱이 1인 경우, Z_8과 Z_2의 곱이 1인 경우의 합으로 구별된다. 그러므로 이를 검출하기 위한 부울함수는 다음 식과 같이 정의된다.

$$C = K + Z_8 Z_4 + Z_8 Z_2$$

따라서 4비트 2진 덧셈기를 이용한 BCD 덧셈기는 그림 10-3과 같이 구성된다.

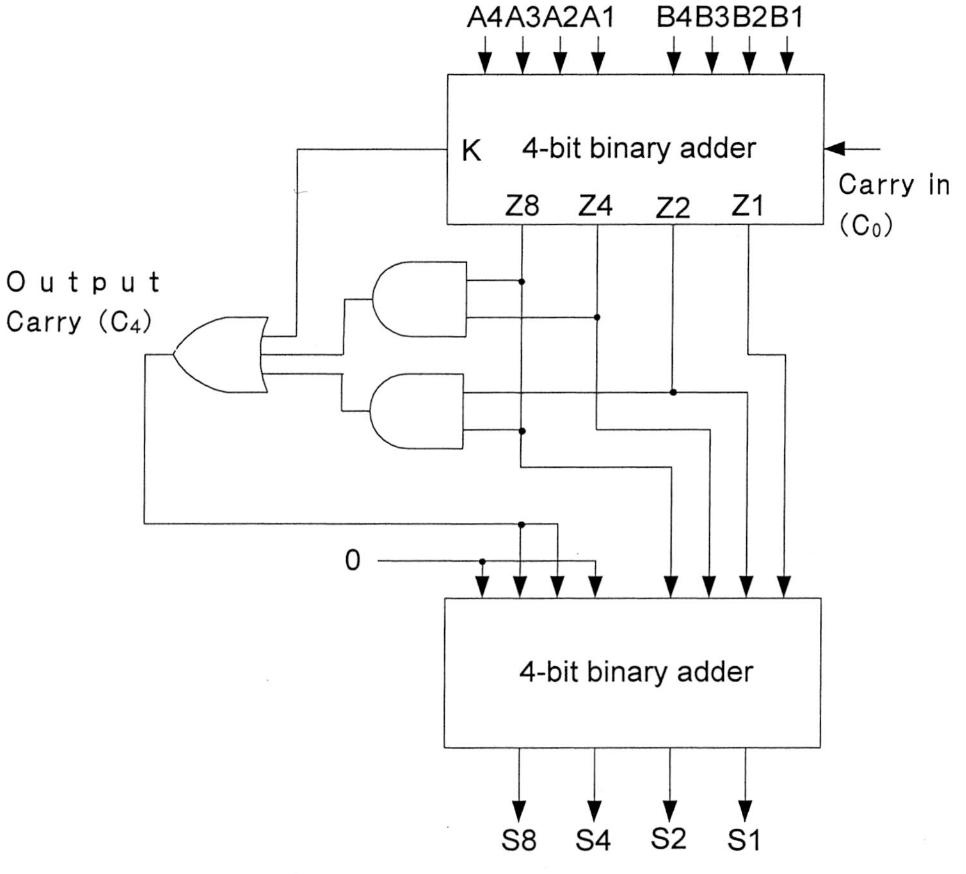

그림 10-3 4비트 2진 BCD 덧셈기 회로

3. 예비보고서

(1) 4비트 2진 덧셈기의 전체회로를 그려라.

(2) 7-segment의 구조와 동작 및 활용방법을 설명하라. (실험 19의 표시기의 종류와 활용의 이론편 참조)

4. 사용기기 및 부품

- ☐ 74LS83 (4−bit binary full adder)
- ☐ 74LS08 (AND 게이트)
- ☐ 74LS32 (OR 게이트)
- ☐ 논리회로실험장치
- ☐ 오실로스코프
- ☐ 7−segment Display
- ☐ 74LS47 (BCD decoder)
- ☐ 74LD86 (XOR 게이트)
- ☐ 저항 4.7[kΩ]
- ☐ 저항 330[Ω]
- ☐ LED
- ☐ DIP Switch

5. 실험

(1) 그림 10−3의 4비트 2진 덧셈기의 회로를 구성하고, 출력상태를 측정하여 표 10−3에 기록하시오.(C_0=0 가정)

표 10-3

A1 A2 A3 A4	B1 B2 B3 B4	C	S1	S2	S3	S4
0 0 0 0	0 0 0 0					
0 0 1 1	0 0 1 0					
1 0 1 0	1 1 1 0					
0 0 0 1	1 0 0 1					
1 0 0 0	0 1 1 1					
1 1 1 1	0 1 1 0					
1 1 0 0	1 0 1 0					
1 0 0 1	0 1 0 1					

(2) 그림 10-4의 회로도를 이용하여 BCD덧셈기를 구성하고 표 10-4에 기록하시오.

표 10-4

십진수		BCD								출력	
A	B	A4	A3	A2	A1	B4	B3	B2	B1	U16	U15
0	0	0	0	0	0	0	0	0	0		
3	2	0	0	1	1	0	0	1	0		
2	9	0	0	1	0	1	0	0	1		
1	9	0	0	0	1	1	0	0	1		
8	7	1	0	0	0	0	1	1	1		
5	6	0	1	0	1	0	1	1	0		
9	8	1	0	0	1	1	0	0	0		
9	5	1	0	0	1	0	1	0	1		

6. 실험결과 검토

(1) 실험 (1)에서 얻어진 회로의 동작을 설명하고, 이론적으로 얻어진 회로의 출력과 실제의 실험결과에 대해서 비교, 검토하라.

(2) 실험 (2)에서 얻어진 회로의 동작을 설명하고, 이론적으로 얻어진 회로의 출력과 실제의 실험결과에 대해서 비교, 검토한 후, 실험과정에서의 문제점 및 어려웠던 점들을 기술하라.

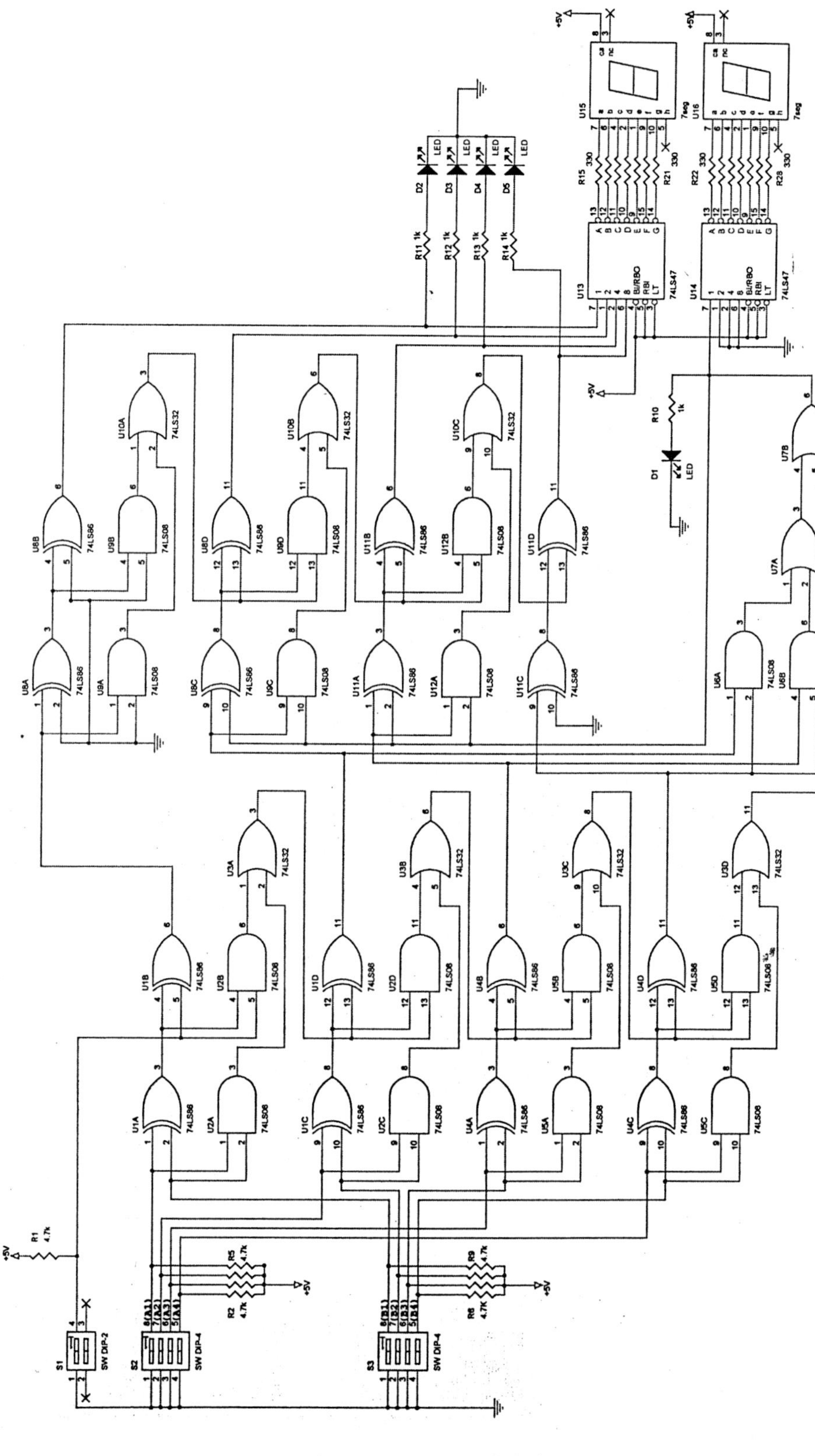

그림 10-4 BCD 덧셈기

실험 11

RS 래치와 RS 플립플롭

1. 목적

RS 래치와 RS 플립플롭의 구성 방법과 원리에 대하여 실험한다.

2. 이론

[1] RS 래치(RS-Latch)

리셋(reset)과 세트(set) 입력단자와 2개의 출력 Q와 $\overline{Q}$로 구성된 비동기형 순서회로를 RS 래치 또는 직결 RS 플립플롭이라 한다. 이 회로는 2개의 NAND 게이트나 NOR 게이트로 구성이 가능하며 한 게이트의 출력에서 다른 게이트의 입력으로 쌍으로 된 교차 접속선이 궤한되어 통로를 이룬다.

그림 11-1은 2개의 NOR 게이트로 구성된 RS 래치이다. NOR 게이트는 어떤 입력이 하나라도 1이면 출력이 0이 되고 모든 입력이 0일 때만 1이 되므로 먼저 S의 입력이 1이고 R 입력이 0이라고 가정하자. 2번 NOR gate의 입력 중 하나가 "1"이므로 Q는 "0"이다. 그러면 1번 게이트의 2개 입력이 모두 0이므로 Q는 1이 된다. 다음에 S 입력만을 0으로 바꾸면 출력 Q는 1로 남게 되고 2번 게이트의 한 입력이 1로 남아 있기 때문에 $\overline{Q}$는 0이 되며 1번 게이트의 2개 입력은 모두 0이 되고 Q는 1이 되어 출력 상태는 변함이 없다. 이와 같은 방법으로 S 입력은 그대로 두고 R 입력에 1을 가하면 Q는 0이 되고 $\overline{Q}$는 1이 된다. 다시 R 입력만을 0으로 바꾸면 출력은 원래의 상태를 유지한다. R과 S 입력에 모두 1을 가하면 Q와 $\overline{Q}$ 모두가 0이 되므로 이러한

조건은 Q와 $\overline{Q}$가 서로 보수관계라는 것을 위반하므로 이 조건은 피해야 된다.

여기서 두 입력이 동시에 1이었다가 0으로 변화하였다면 출력 상태는 정의되지 않는데, 2개의 입력 중 어떤 한 쪽의 입력이 0으로 되돌아가기 전에 더 오랫동안 1 상태로 남아 있느냐에 따라 오래 남아있는 쪽의 출력이 0으로 되기 때문이다.

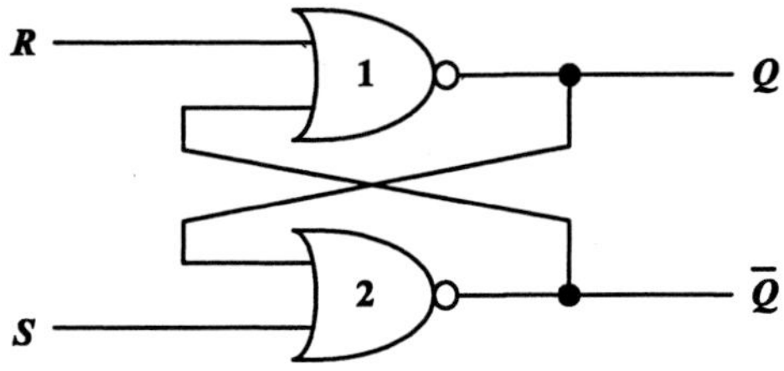

(a) 논리도

R	S	Q
0	0	불변
0	1	1
1	0	0
1	1	금지

(b) 진리표

그림 11-1 NOR 게이트를 이용한 기본적인 RS 래치

그림 11-2는 NAND 게이트를 이용한 RS 래치이다. NOR 게이트와는 반대로 두 입력이 모두 1이면 출력은 전 상태를 유지하고 순간적으로 세트 입력에 0을 가하면 Q는 1로, $\overline{Q}$는 0으로 된다. S를 1 상태로 한 뒤에 리셋 입력에 0을 가하면 플립플롭은 리셋(0 상태) 상태가 된다. 두 입력이 동시에 0으로 될 때는 출력 모두가 1이 되므로 피해야 된다.

NOR 게이트와 NAND 게이트를 이용해서 플립플롭을 구성할 경우 출력 상태가 서로 반대가 된다.

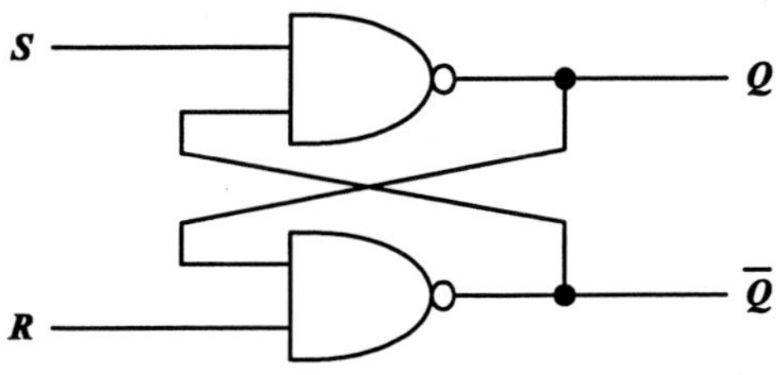

(a) 논리도

R	S	Q
0	0	금지
0	1	0
1	0	1
1	1	불변

(b) 진리표

그림 11-2 NAND 게이트를 이용한 기본적인 RS 래치

[2] 동기식 RS 플립플롭

어떤 주기적인 펄스열을 클럭(Clock)이라고 하는데, 이 클럭은 대개 구형파이고 플립플롭은 이 클럭이 0에서 1로 변하는 상승구간이나 1에서 0으로 변하는 하강구간에서 동작이 일어나도록 구성되어 있다. 비동기식 플립플롭은 두 입력이 변하면 출력도 바로 변하나, 이와 같이 클럭을 사용하면 입력이 변해도 클럭이 변하지 않으면 출력도 변하지 않고 두 입력과 클럭이 동기되었을 경우에만 출력이 변하는 것을 동기식 플립플롭이라 한다. 대개의 디지털회로는 동기식을 사용하는데, 그 이유는 클럭을 적절히 사용하므로 회로를 간단히 할 수 있고 오동작도 방지할 수 있기 때문이다.

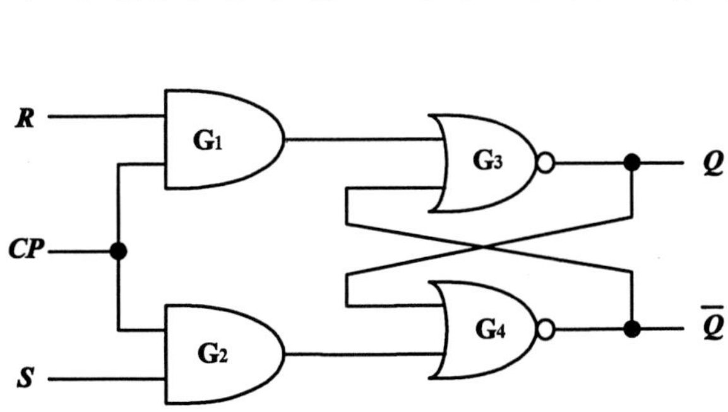

(a) 논리도

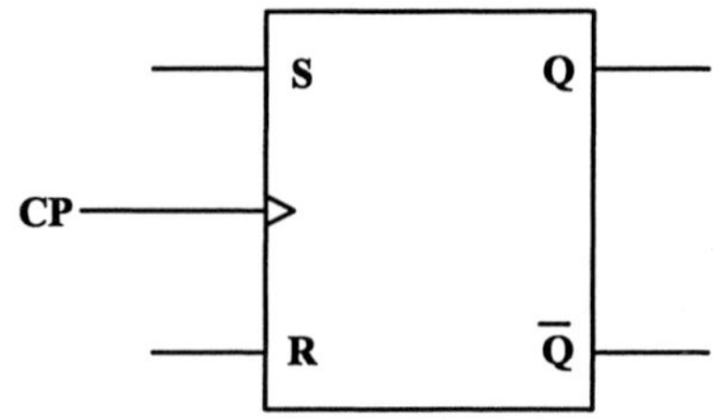

(b) 심볼

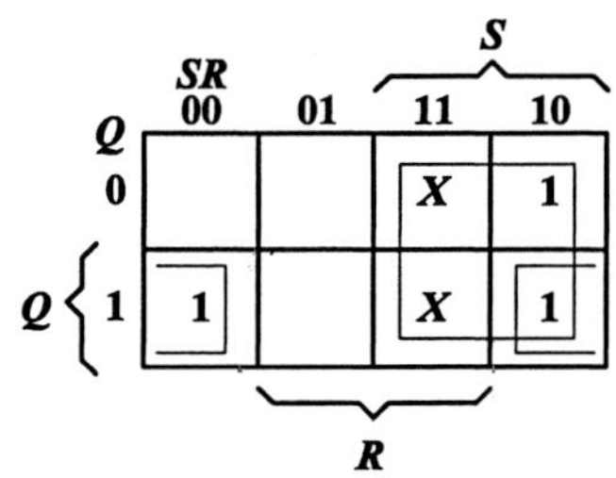

$$Q(t+1) = S + \overline{R}Q$$
$$SR = 0$$

(c) 특성식

Q(t)	S	R	Q(t+1)
0	0	0	0
0	0	1	0
0	1	0	1
0	1	1	금지
1	0	0	1
1	0	1	0
1	1	0	1
1	1	1	금지

(d) 특성표

그림 11-3 동기식 RS 플립플롭

그림 11-3의 동기식 RS 플립플롭은 NOR 게이트를 이용한 플립플롭과 2개의 AND 게이트로 구성되어 있다. 2개의 AND 게이트의 출력은 R과 S의 입력에 관계 없이 클럭 펄스가 0인 상태에서는 0으로 남아 있다가 클럭 펄스가 1로 된 기간만 R과 S값에 따라 출력 Q와 $\overline{Q}$ 상태가 변하도록 되어 있다. 즉, S=1, R=0, CP=1이면

세트 상태가 된다. S=1, R=1, CP=1이면 두 출력은 순간적으로 모두 0이 된다.

다음 순간 펄스가 제거되면 플립플롭의 출력 상태는 부정 상태로 된다. 즉, 펄스의 하강구간에서 NOR 게이트의 세트 입력과 리셋 입력 중 어느 것이 오랫동안 1로 남아 있느냐에 따라 출력 Q가 0이나 1로 되기 때문이다. 동기식RS 플립플롭의 기호는 그림 11-3과 같이 3개의 입력 R, S, CP를 갖고 있다. 기호의 사각형 내부에 그려진 조그마한 삼각형은 클럭 펄스가 0에서 1로 변할 때 플립플롭의 출력 상태가 변하는 것을 뜻한다. 만일 사각형 밖에 별도의 조그마한 원이 그려진다면 이것은 반대로 클럭 펄스가 1에서 0으로 변할 때 출력이 변한다.

3. 예비보고서

(1) 래치와 플립플롭의 차이점을 간단히 설명하시오.

(2) NOR 게이트를 이용한 RS 플립플롭에서 R=S=1인 경우 금지가 되는데, 그 이유는 무엇인가?

(3) NAND 게이트를 이용한 RS 플립플롭에서 R=S=0인 경우 금지가 되는데, 그 이유는 무엇인가?

(4) RS 플립플럽에서 R과 S의 입력이 다음과 같이 주어지는 경우 출력파형을 그리시오(단, 클럭펄스는 상승 에지 트리거형이다).

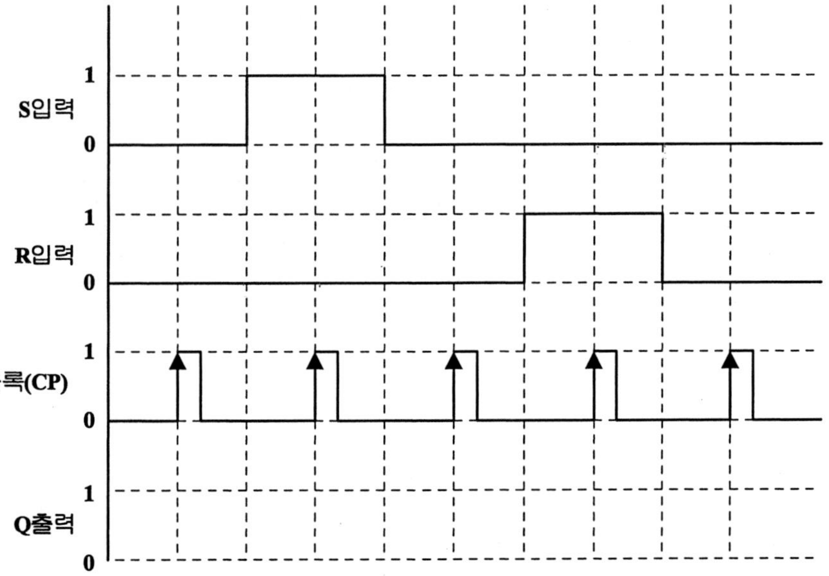

4. 사용기기 및 부품

- ☐ IC 74 LS 00(NAND 게이트)
- ☐ IC 74 LS 02(NOR 게이트)
- ☐ IC 74 LS 08(AND 게이트)
- ☐ 논리회로 실험장치
- ☐ 오실로스코프

5. 실험

(1) 그림 11-4와 같은 회로를 구성하고 출력 상태를 측정하여 표 11-1에 기록하시오.

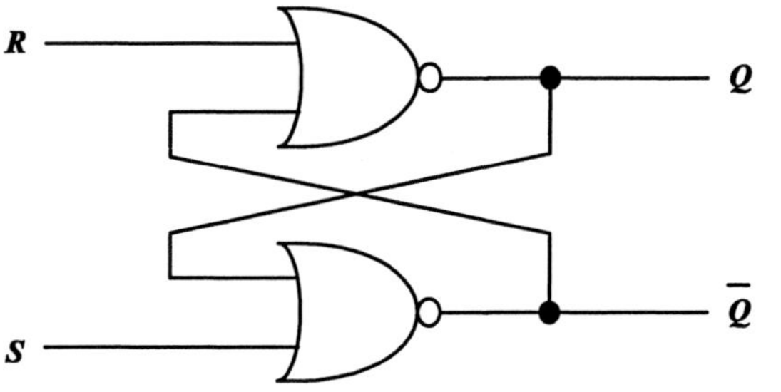

그림 11-4

표 11-1

R	S	Q	$\bar{Q}$
1	0		
0	0		
0	1		
0	0		

(2) 그림 11–5과 같은 회로를 구성하고 출력 상태를 측정하여 표 11–2에 기록하시오.

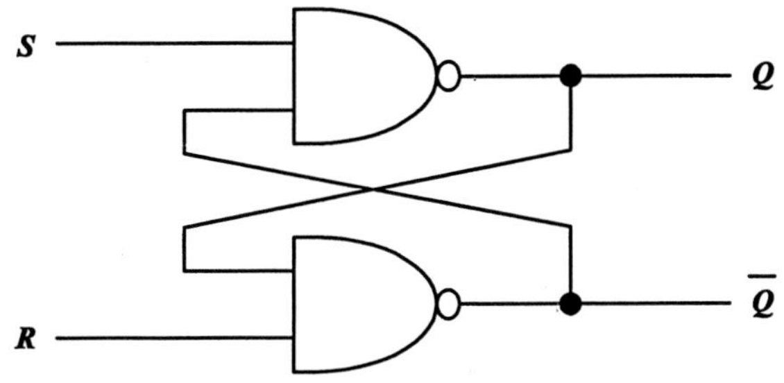

그림 11-5

표 11-2

R	S	Q	$\bar{Q}$
1	0		
1	1		
0	1		
1	1		

(3) 그림 11–6과 같은 회로를 구성하여 주어진 조건에 따라 출력 상태를 측정하여 표 11–3에 기록하시오(R과 S의 입력이 먼저 주어진 후 CP(상승 에지 트리거)를 동작시키시오).

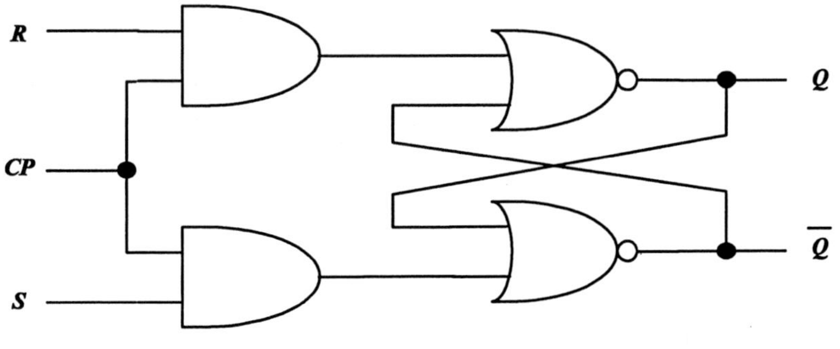

그림 11-6

표 11-3

CP	R	S	Q	$\bar{Q}$
0	0	1		
0	0	0		
0	1	0		
0	0	0		
0	1	1		
1	0	1		
1	0	0		
1	1	0		
1	0	0		
1	1	1		

· CP=0 : 클럭신호 없음
· CP=1 : 클럭신호 있음

(4) 그림 11-7과 같은 회로를 구성하고 출력 상태를 측정하여 표 11-4에 기록하시오(R과 S의 입력을 먼저 주고 CP(상승 에지 트리거)를 동작시키시오).

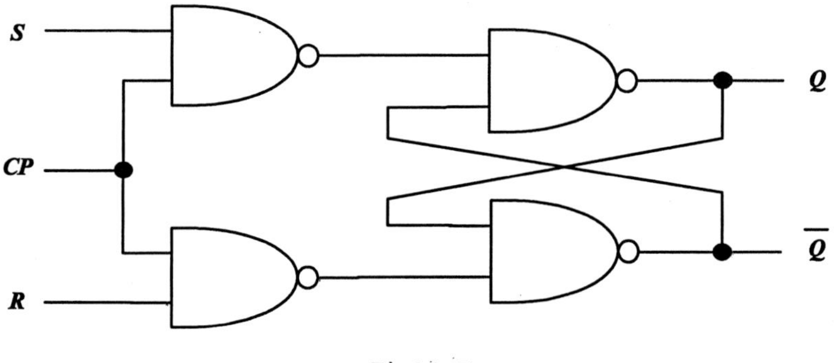

그림 11-7

표 11-4

CP	R	S	Q	$\bar{Q}$
0	0	1		
0	0	0		
0	1	0		
0	0	0		
0	1	1		
1	0	1		
1	0	0		
1	1	0		
1	0	0		
1	1	1		

6. 실험 결과 검토

(1) 그림 11-4의 NOR 게이트를 이용한 RS 래치 회로를 실험한 결과에서 얻어진 표 11-1이 이론치와 일치하는지 확인하여 보자.

(2) 그림 11-5의 NAND 게이트를 이용한 RS 래치 회로를 실험한 결과에서 얻어진 표 11-2가 이론치와 일치하는지 확인하여 보자.

(3) 그림 11-6의 NOR 게이트를 이용한 RS 플립플롭 회로를 실험한 결과에서 얻어진 표 11-3이 이론치와 일치하는지 확인하여 보자.

(4) 그림 11-7의 NAND 게이트를 이용한 RS 플립플롭 회로를 실험한 결과에서 얻어진 표 11-4가 이론치와 일치하는지 확인하여 보자.

실험 12

D 래치와 D 플립플롭

1. 목적

D 래치와 D 플립플롭의 구성 방법과 원리를 이해하고 응용력을 배양한다.

2. 이론

[1] D 래치(D-Latch)

D 래치의 D는 Data Transfer 또는 Delay라는 의미에서 첫 글자 D를 대표한 것이고 래치(Latch)는 버팀 또는 빗장이라는 뜻이다. D 래치를 구성하는 구성도는 RS 또는 JK로도 가능하다.

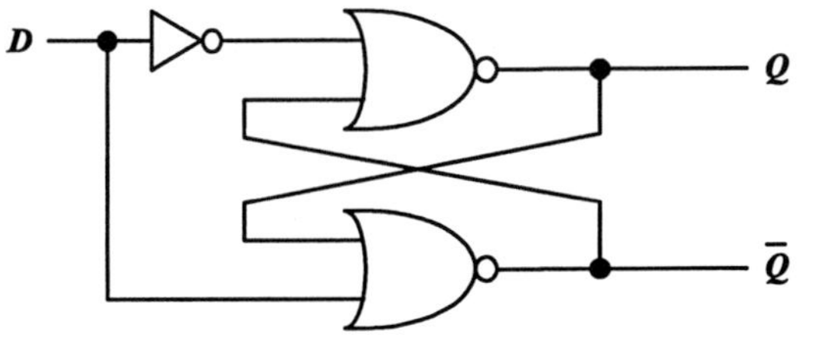

(a) 논리도

D	Q	$\bar{Q}$
0	0	1
1	1	0

(b) 진리표

그림 12-1 NOR 게이트를 이용한 D 래치

그림 12-1은 NOR 게이트를 이용한 D 래치를 나타낸 것이다. D 래치는 입력 상태가 그대로 출력에 전달된다. 즉, D=0이면 Q=0이고 D=1이면 Q=1이 된다. 그리고 NAND 게이트로도 D 래치를 구성할 수 있다. 래치는 어떤 입력레벨에 의해서 제어되는데, 이 경우에는 게이트 입력이 된다.

[2] D 플립플롭(D Flip-Flop)

D 플립플롭은 한 개의 데이터 입력 D와 클럭 입력만을 가지며 출력은 일반 플립플롭과 마찬가지로 Q와 $\bar{Q}$을 가진다. 또한 D 플립플롭은 먼저 입력된 상태를 다음 입력이 가해질 때까지 유지하는 동작을 한다. 그 때문에 1비트의 신호를 일시 저장하는 레지스터(register)로서 이용된다.

그림 12-2는 NAND 게이트로 구성된 동기식 D 플립플롭이다. NAND 게이트 1과 2는 기본 RS 플립플롭이고 3과 4는 R과 S의 입력을 결정해 주는 게이트이다. D 입력은 S 입력에 직접 연결되어 있고 R 입력은 D 입력에서 NOT 게이트를 통하여 연결되어 있다. 입력 D 값은 클럭 펄스 지속기간에만 받아 들여진다. 입력 D가 1이면 3번 게이트의 출력을 0으로 하여 플립플롭을 세트 상태로 하고 D가 0이면 4번 게이트의 출력이 0으로 되어 플립플롭을 리셋한다. D 플립플롭은 데이터의 전송이나 어떤 표시기의 깜박거림을 방지하는데 널리 사용된다.

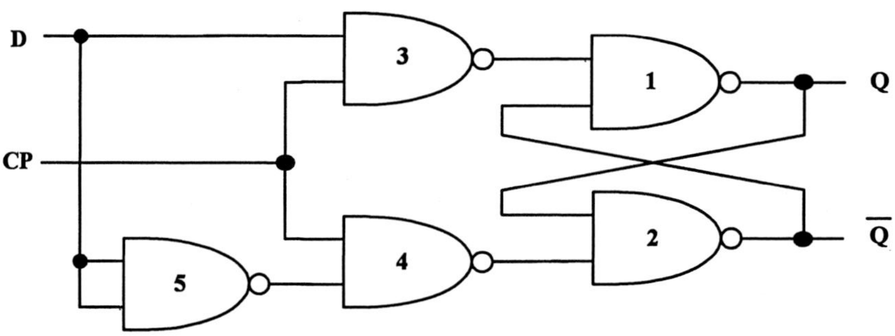

(a) NAND 게이트로 구성된 논리도

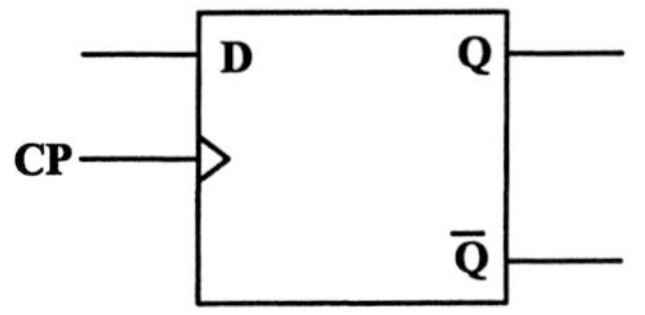

(b) 심볼

Q(t)	D	Q(t+1)
0	0	0
0	1	1
1	0	0
1	1	1

(c) 진리표

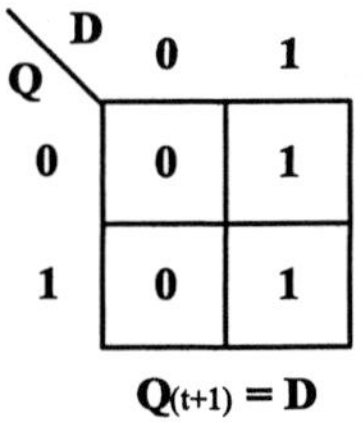

(d) 특성식

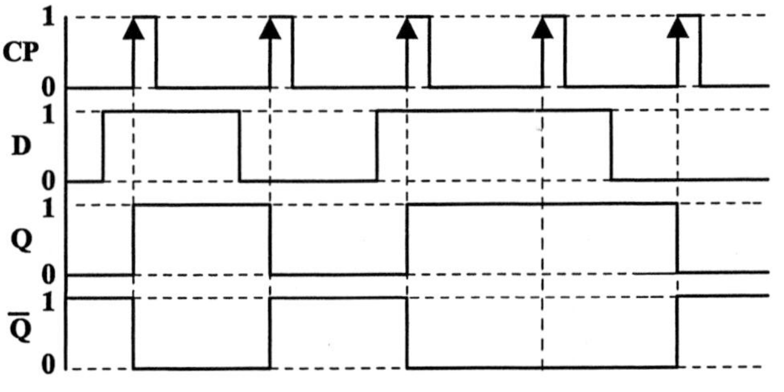

(e) 타이밍도

그림 12-2 동기식 D 플립플롭

그림 12-2(e)는 클럭 펄스의 상승시에 동작하는 상승 에지 트리거형 D 플립플롭의 타이밍도이다. 타이밍도를 설명하면 다음과 같다.

① 입력 D에 "1"이 가해지고 있는 상태에서 클럭 펄스를 가하면 그 펄스의 상승 에지에서 출력 Q는 "1"의 상태가 된다.

② 입력 D에 "0"이 가해지고 있는 상태에서 클럭 펄스를 가하면 그 펄스의 상승 에지에서 출력 Q는 "0"의 상태가 된다.

3. 예비보고서

(1) D 래치와 D 플립플롭을 비교 설명하시오.

(2) 플리플럽 중 1비트의 기억소자로서 가장 적합한 플립플롭은?

(3) 74LS74 상승 에지 트리거형 D 플립플롭에 그림과 같은 입력을 가하는 경우 출력 Q의 파형을 그려라.

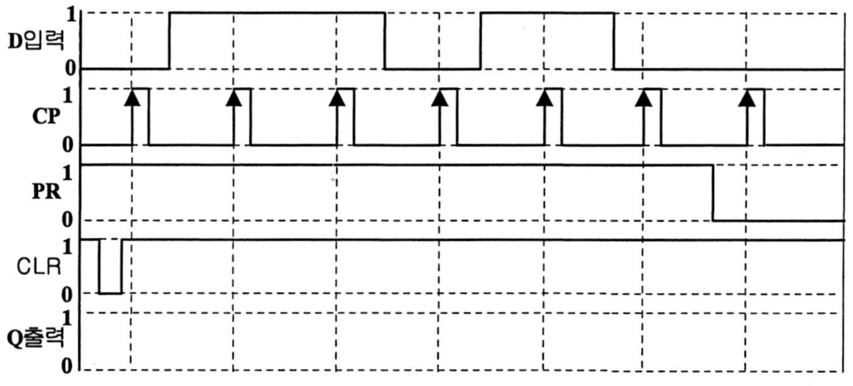

4. 사용기기 및 부품

☐ IC 74 LS 00(NAND 게이트) 2개
☐ IC 74 LS 02(NOR 게이트)
☐ IC 74 LS 04(NOT 게이트)
☐ IC 74 LS 74(Dual D 플립플롭)
☐ IC 74 LS 76(JK M/S 플립플롭)
☐ 논리회로 실험장치
☐ 오실로스코프

5. 실험

(1) 그림 12-3과 같은 회로를 구성하고 출력 상태를 측정하여 표 12-1에 기록하시오.

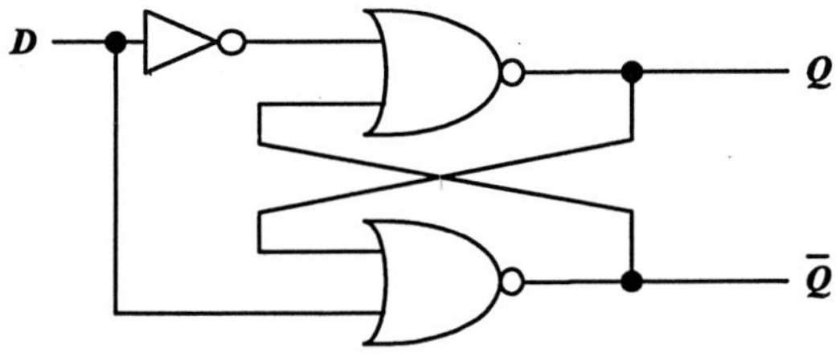

그림 12-3

표 12-1

D	Q	$\bar{Q}$
0		
1		

(2) 그림 12-4와 같은 회로를 구성하고 출력 상태를 측정하여 표 12-2에 기록하시오.

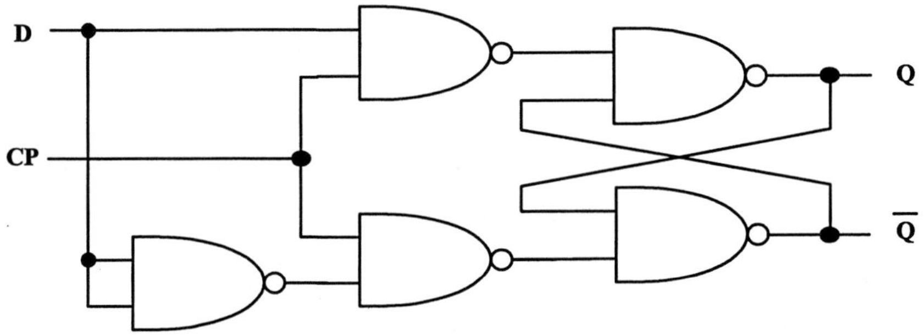

그림 12-4

표 12-2

CP	D	Q
0	0	
0	1	
1	0	
1	1	

(3) 그림 12-5와 같은 회로를 구성하고 출력 상태를 측정하여 표 12-3에 기록하시오.

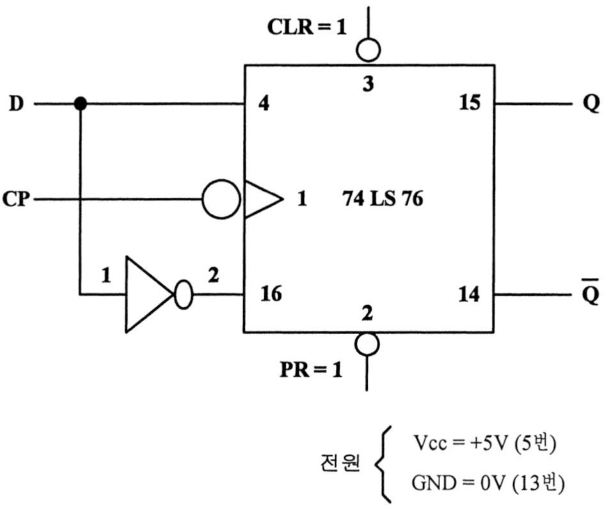

그림 12-5

표 12-3

CP	D	Q
0	0	
0	1	
1	0	
1	1	

(4) 그림 12-6과 같은 회로를 구성하고 출력 상태를 측정하여 표 12-4에 기록하고 그림 12-7의 타이밍도를 완성하시오.

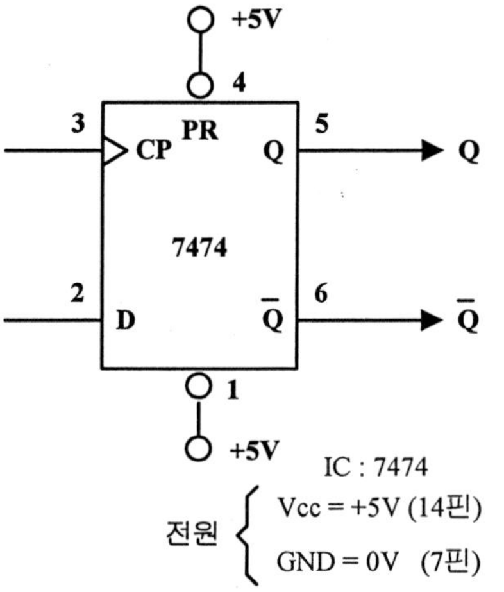

그림 12-6

표 12-4

CP	D	Q
0	0	
0	1	
1	0	
1	1	

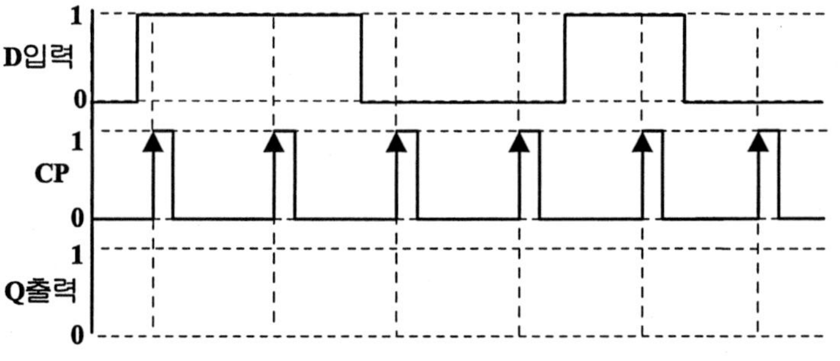

그림 12-7

6. 실험 결과 검토

(1) 그림 12-3의 NOR 게이트를 이용한 D 래치 회로를 실험한 결과에서 얻어진 표 12-1이 이론치와 일치하는지 확인하여 보자.

(2) 그림 12-4의 NAND 게이트를 이용한 D 플립플롭 회로를 실험한 결과에서 얻어진 표 12-2가 이론치와 일치하는지 확인하여 보자.

(3) 그림 12-5의 JK 플립플롭을 이용한 네거티브 에지 트리거형 D 플립플롭 회로를 실험한 결과에서 얻어진 표 12-3이 이론치와 일치하는지 확인하여 보자.

(4) 그림 12-6의 상승 에지 트리거형 D 플립플롭 회로를 실험한 결과에서 얻어진 표 12-4가 이론치와 일치하는지 확인하여 보자.

실험 13

JK 플립플롭과 T 플립플롭

1. 목적

JK 및 T 플립플롭의 구성 방법과 기본 원리를 이해하고 응용력을 배양한다.

2. 이론

[1] JK 플립플롭

동기식 RS 플립플롭의 결점은 R=1, S=1일 때 출력이 정의되지 않는다는 것이다. 이것은 경우에 따라 사용하는데 불편하므로 입력의 모든 조합에 대하여 출력이 정의되는 플립플롭이 요구되는데 JK 플립플롭은 이러한 결점을 개선시킨 것이다. 입력 J와 K는 입력 S와 R처럼 플립플롭을 세트하고 리셋시킨다. J와 K에 동시에 1을 가하고 클럭 펄스를 가하면 한 클럭 펄스 뒤에는 현재 상태의 보수를 취한다. 즉, Q(t)=0이면 Q(t+1)=1이고 Q(t)=1이면 Q(t+1)=0이 된다.

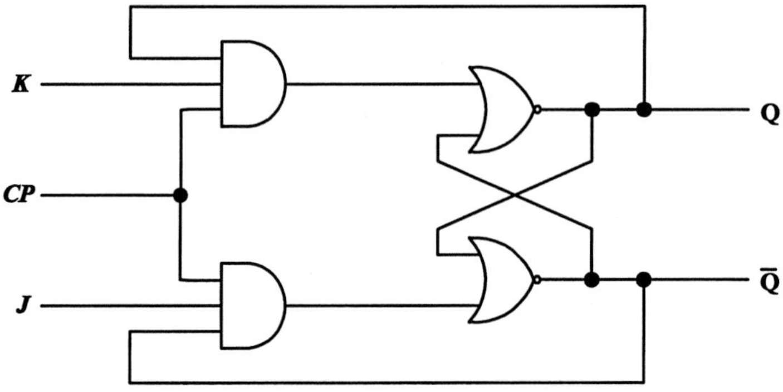

(a) 논리도

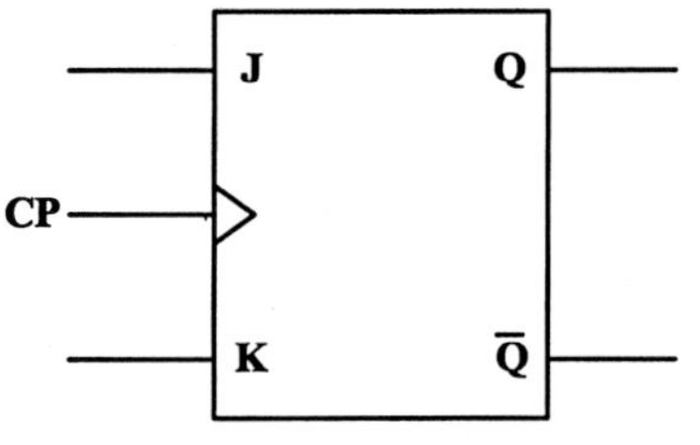

(b) 심볼

Q(t)	J	K	Q(t+1)
0	0	0	0
0	0	1	0
0	1	0	1
0	1	1	1
1	0	0	1
1	0	1	0
1	1	0	1
1	1	1	0

(c) 특성표

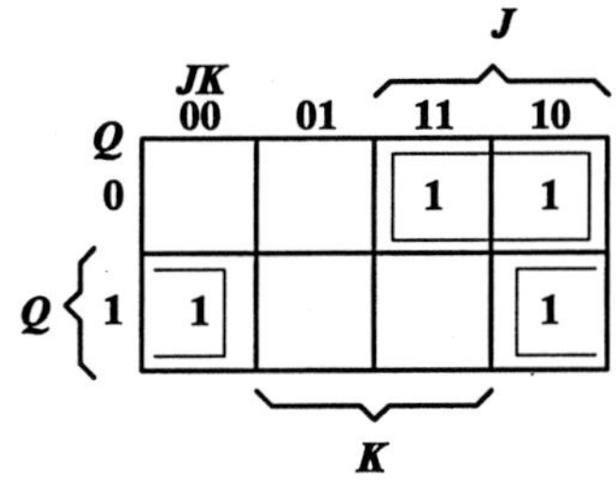

$$Q(t+1) = J\overline{Q} + \overline{K}Q$$

(d) 특성식

그림 13-1 JK 플립플롭

그림 13-1은 동기식 JK 플립플롭이다. 이것은 2개의 AND 게이트와 교차된 쌍 NOR 게이트로 구성되어 있다. 출력 Q는 K 및 CP 입력으로 AND 처리되어 이전에 Q=1인 경우에만 플립플롭이 클럭 펄스 동안에 리셋 상태가 된다. 비슷한 방법으로 출력 $\overline{Q}$는 J 및 CP 입력으로 AND 처리되어 이전에 $\overline{Q}$=1인 경우에만 클럭 펄스와 더불어 플립플롭은 세트 상태로 된다. 다시 말하면 K=1, J=0, Q=1에서 클럭 펄스 CP=1로 되면 플립플롭은 리셋되고 K=0, J=1, Q=1에서 클럭 펄스 CP=1에서 플립플롭은 세트된다. K=0, J=0에서는 출력 상태나 클럭에 상관없이 AND 게이트의 모든 출력이 0이 되므로 출력은 변하지 않는다.

JK 플립플롭의 결점은 JK플립플롭의 궤한 연결 때문에 J=K=1일 때 출력이 보수가 취해진 후에도 클럭 펄스 CP가 계속 1 상태를 유지하면 출력을 다시 반전시킬 것이고 그 펄스가 0으로 되돌아갈 때까지 반전 동작을 반복할 것이다. 이와 같은 원하지 않는 동작을 피하기 위해서는 클럭 펄스의 펄스폭이 플립플롭의 전파 지연 시간보다 짧아야 된다. 이것은 회로의 동작이 펄스폭에 달려 있기 때문에 매우 제한적인 요소가 된다. 따라서 이러한 제한적인 요소를 제거하기 위하여 주종 또는 에지 트리거 플립플롭을 사용해야 한다.

[2] 주종 플립플롭(Master-Slave Flip-Flop)

주종 플립플롭은 2개의 플립플롭으로 구성되어 있다. 앞의 플립플롭은 주인(Master) 역할을 하고 뒤의 것은 종(Slave) 역할을 한다.

그림 13-2는 RS 주종 플립플롭의 논리도와 타이밍도이다. 이 회로는 주의 플립플롭, 종의 플립플롭 그리고 인버터로 구성되어 있다. 클럭 펄스가 0이면 종의 플립플

롭의 클럭 입력이 1이 되기 때문에 종의 플립플롭이 작동해서 출력 Q는 Y가 되고 $\overline{Q}$는 $\overline{Y}$가 된다. 주의 플립플롭은 클럭이 0이기 때문에 작동할 수 없다. 그러나 클럭 펄스가 1이 되면 종의 플립플롭은 인버터 출력이 0이 되어 고립된다. 다시 클럭 펄스가 0으로 되돌아가면 주의 플립플롭이 고립되어 외부의 입력 신호의 영향을 받지 못한다. 이렇게 하여 종의 플립플롭이 주의 플립플롭과 동일한 상태로 된다.

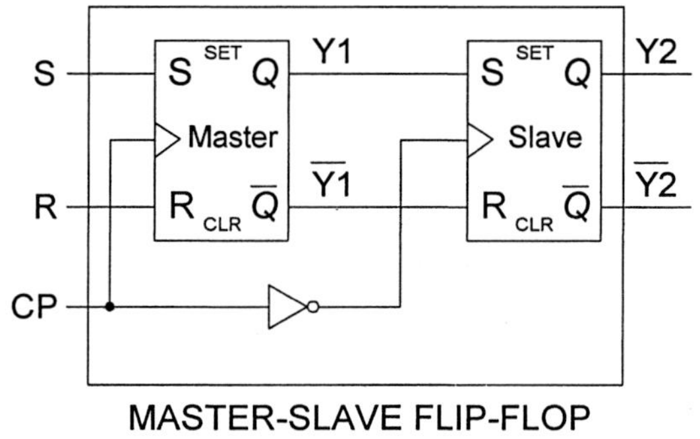

(a) 논리도

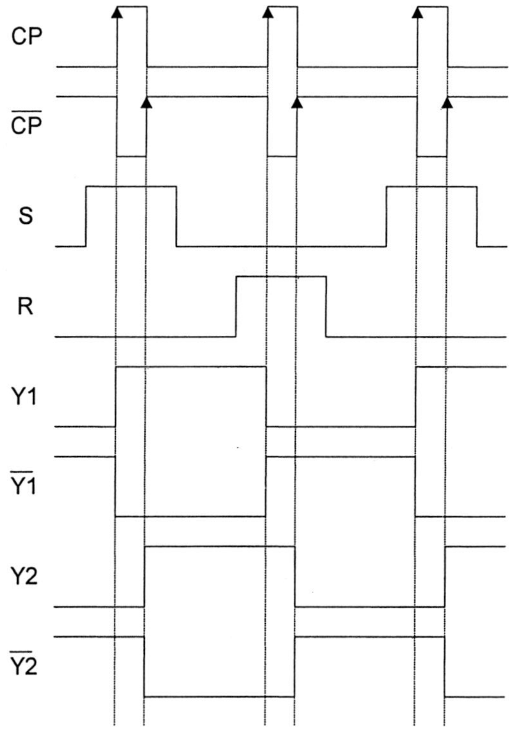

(b) 타이밍도

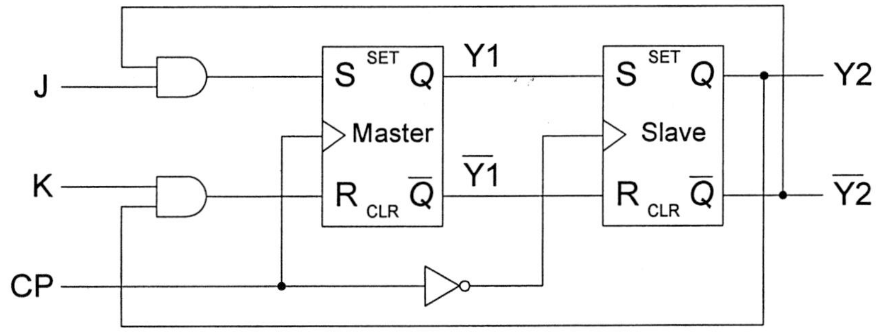

(c) 마스터 슬레이브 플립플롭을 이용한 J-K 플립플롭(심볼그림)

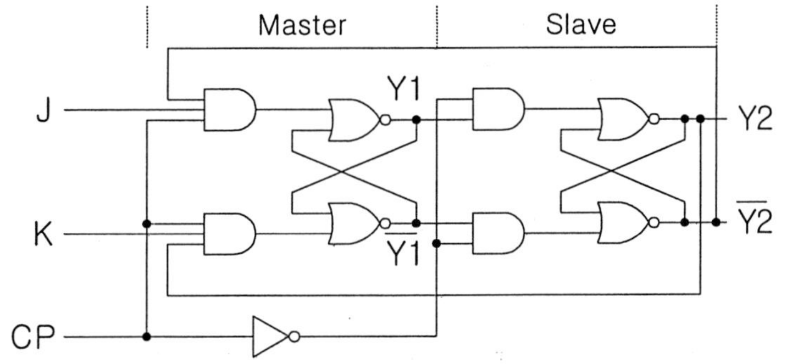

(d) 마스터 슬레이브 플립플롭을 이용한 J-K 플립플롭(논리도)

그림 13-2 RS 주종 플립플롭

주종 플립플롭에서 일어나는 동작 순서가 그림 13-2(b)에 표시되어 있다. 플립플롭이 초기에 리셋 상태에 있다고 하면 Y=0이고 Q=0이다. S=1, R=0인 입력 상태에 있으면 다음의 클럭 펄스를 받아서 Q=1인 세트 상태로 변화될 것이다. 클럭 펄스가 0에서 1로 변화하는 동안 주 플립플롭은 세트 상태로 되고 Y는 1로 변한다. 종의 플립플롭은 클럭 펄스가 0이므로 영향을 받지 못한다. 주 플립플롭은 내부 회로이므로 Y의 상태 변화는 출력 Q에서 나타나지 않으면 알 수 없다. 클럭 펄스가 다시 0으로 돌아가게 되면 주 플립플롭의 출력 신호는 종 플립플롭으로 전송되어 외부 출력 Q가 1이 된다.

그림 13-2(c)와 (d)는 마스터 슬레이브 플립플롭을 이용한 J-K 플립플롭의 그림을 나타낸 것이다. 이 경우 그림 13-1의 경우의 J=K=1일 때 궤환연결 때문에 발생하는 레이스(race) 현상을 방지할 수 있다. 즉, 그림 13-1의 경우, 출력 Y1이 입력으로 궤환연결되므로 J=K=1일 때 첫 번째 출력 Y1이 보수가 되어 바뀐 상태에서

클럭이 계속 1을 유지하면 다시 출력 Y1을 보수로 바꾸고 또 그 바뀐 Y1이 궤환되어 입력으로 들어가므로 보수로 바뀌는 동작이 클럭이 1일 동안 반복된다.

그러나 그림 13-2와 같이 마스터 슬레이브 플립플롭을 이용해 J-K 플립플롭을 구성하면, 슬레이브의 출력 Y2가 궤환 연결되어 있으므로 마스터의 출력 Y1이 보수로 바뀐 뒤 클럭이 계속 1을 유지하더라도 마스터의 출력 Y1이 입력에 영향을 미치지 못하므로 마스터의 출력 Y1은 보수가 단 한 번 취해진 상태에서 유지된다. 그 후 클럭이 0으로 떨어지면서 슬레이브의 출력 Y2가 보수로 바뀌어 입력에 궤환되지만 마스터의 클럭은 이미 0으로 된 상태이므로 마스터의 출력 Y1은 그래도 유지되고 슬레이브의 출력 Y2도 Y1과 같아진 상태로 유지된다.

[3] T 플립플롭

T 플립플롭은 토글(Toggle) 플립플롭이라 하며 현재 상태에 관계없이 입력 T가 논리 1인 동안에서 클럭 펄스가 발생하면 출력 상태가 반전한다. 즉, T=0일 때 $Q(t+1)=Q(t)$, 다시 말해서 차기 상태는 현재 상태와 같으며 아무 변화도 발생하지 않는다. T=1일 때 $Q(t+1)=\overline{Q}(t)$이며 플립플롭의 상태는 반전된다. 입력 T에 펄스를 가하면 출력은 입력에 따라 반전하는데, 2개의 입력이 들어올 때마다 1개의 출력이 발생하므로 T 플립플롭은 입력 주파수를 반분하고 있다. 그림 13-3과 같이 JK 플립플롭의 입력을 함께 묶으면 T 플립플롭이 된다.

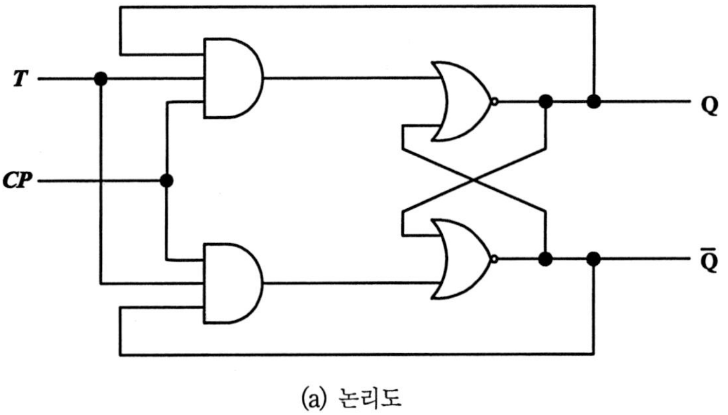

(a) 논리도

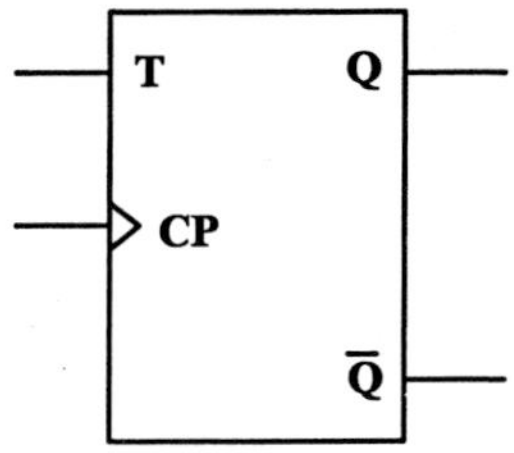

(b) 심볼

Q(t)	T	Q(t+1)
0	0	0
0	1	1
1	0	1
1	1	0

(c) 특성표

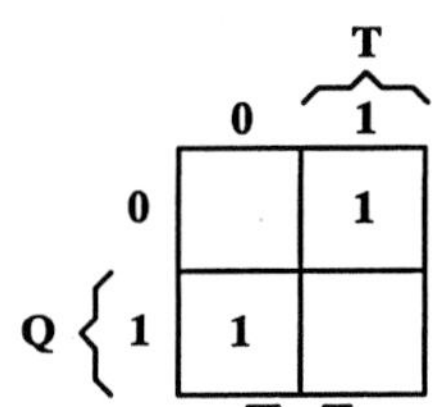

$$Q_{(t+1)} = T\overline{Q} + \overline{T}Q$$

(d) 특성식

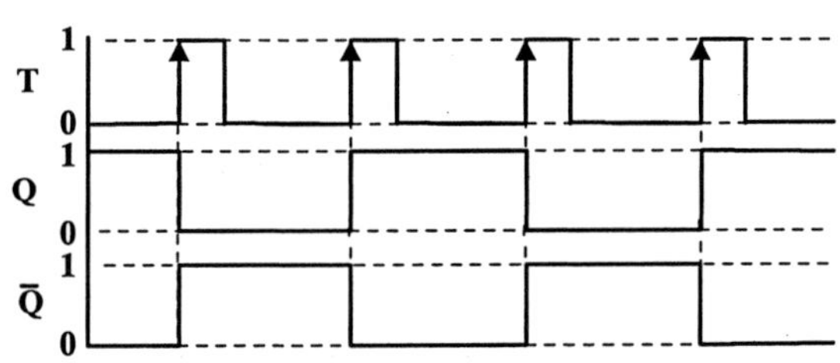

(e) 타이밍도

그림 13-3 동기식 T 플립플롭

3. 예비보고서

(1) JK 플립플롭에 J=K=1을 가하면 일어나는 현상을 설명하시오.

(2) JK 플립플롭을 이용하여 D 플립플롭 회로를 구성하시오.

(3) 74LS76 JK 플립플롭에 그림과 같이 입력을 가하는 경우 출력 Q의 파형을 그리시오

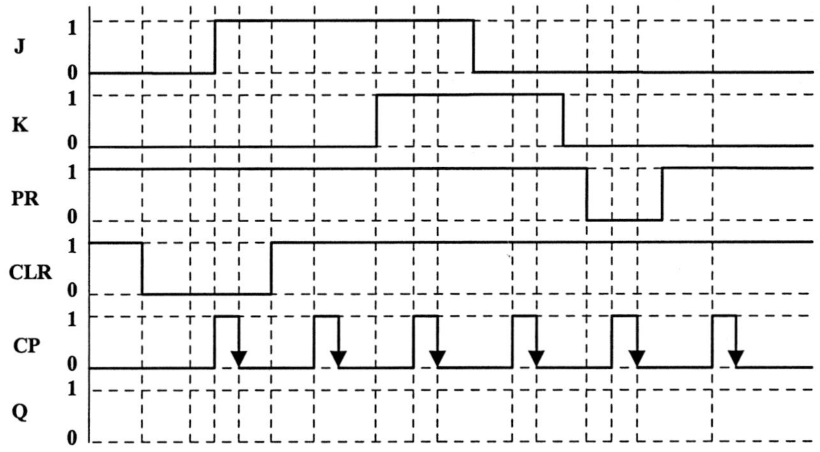

4. 사용기기 및 부품

- □ IC 74 LS 00(NAND 게이트) 2개
- □ IC 74 LS 02(NOR 게이트)
- □ IC 74 LS 04(NOT 게이트)
- □ IC 74 LS 11(3 input AND 게이트)
- □ IC 74 LS 76(Dual JK Flip Flop)
- □ 논리회로 실험장치
- □ 오실로스코프

5. 실험

(1) 그림 13−4과 같은 회로를 구성하고 출력 상태를 측정하여 표 13−1에 기록하시오(JK 입력을 먼저 주고 클럭 펄스을 인가한다).

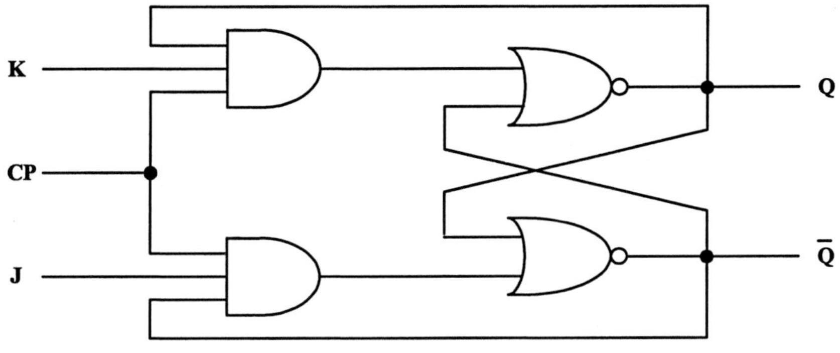

그림 13-4

표 13-1

CP	J	K	Q
0	0	0	
1	0	0	
0	0	1	
1	0	1	
0	1	0	
1	1	0	
0	1	1	
1	1	1	

(2) 그림 13−5−1과 같은 회로를 구성하고 출력 상태를 측정하여 표 13−2에 기록하고 그림 13−5−2의 타이밍도를 완성하시오.

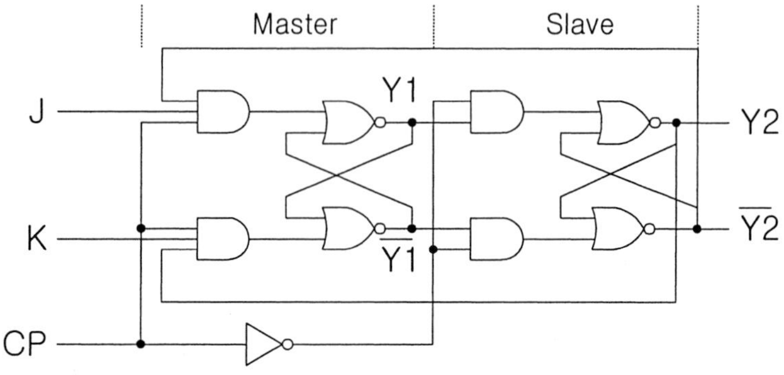

그림 13-5-1

표 13-2

CP	J	K	Y1	Y2
0	0	1		
1	0	1		
0	1	0		
1	1	0		
0	1	1		
1	1	1		
0	1	0		
1	0	1		

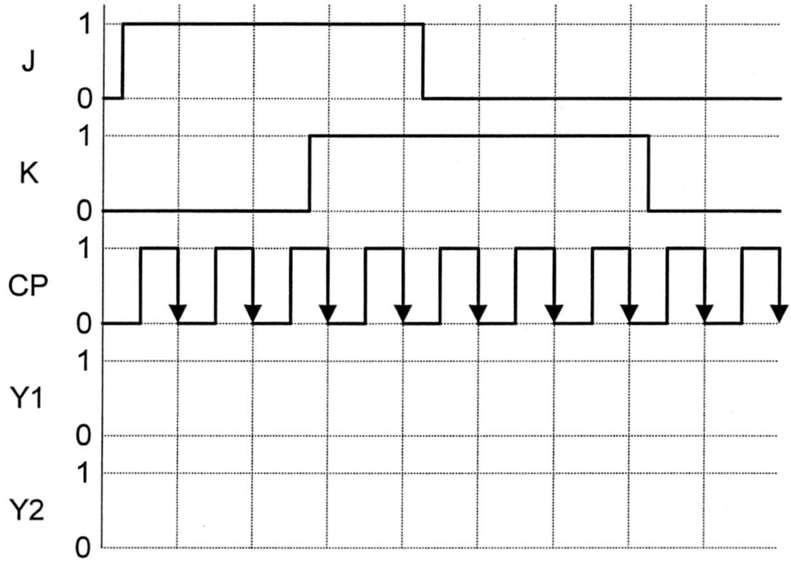

그림 13-5-2

(3) 그림 13-6과 같은 회로를 구성하고 출력 상태를 측정하여 표 13-3에 기록하시오.

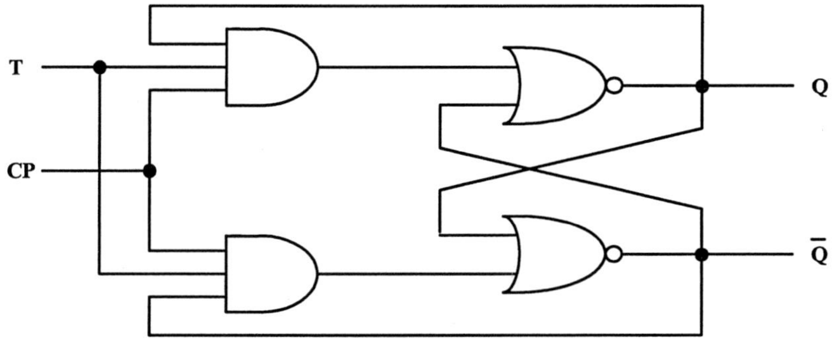

그림 13-6

표 13-3

CP	T	Q
0	0	
0	1	
1	0	
1	1	

(4) 그림 13-7과 같은 회로를 구성하고 출력 상태를 측정하여 표 13-4에 기록하고 그림 13-8의 타이밍도를 완성하시오.

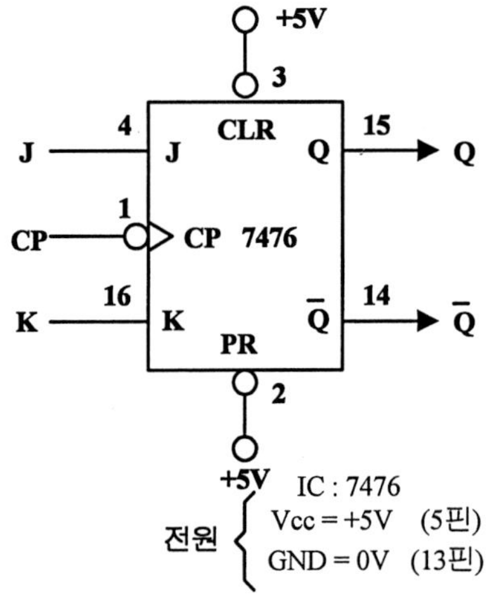

그림 13-7

표 13-4

CP	J	K	Q
1	0	1	
0	0	1	
1	1	0	
0	1	0	
1	1	1	
0	1	1	
1	1	0	
0	0	1	

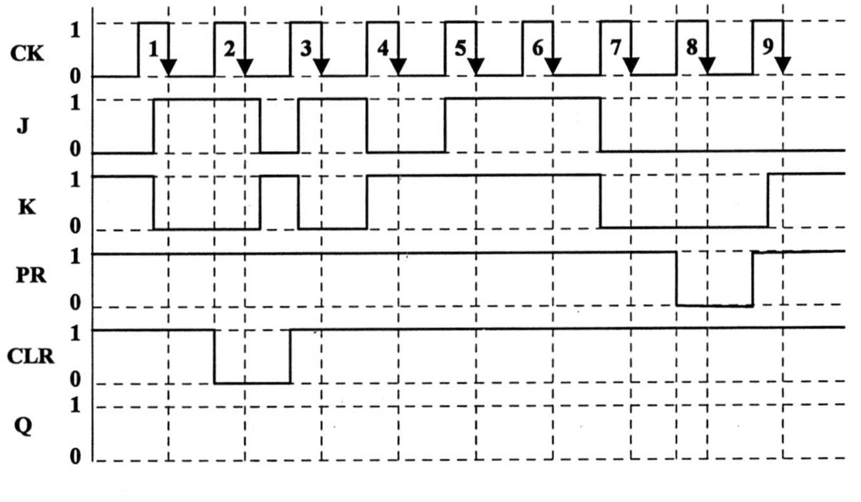

그림 13-8

(5) 그림 13-9와 같은 회로를 구성하고 출력 상태를 측정하여 표 13-5에 기록하고 그림 13-10의 타이밍도를 완성하시오(PRESET=CLEAR=1).

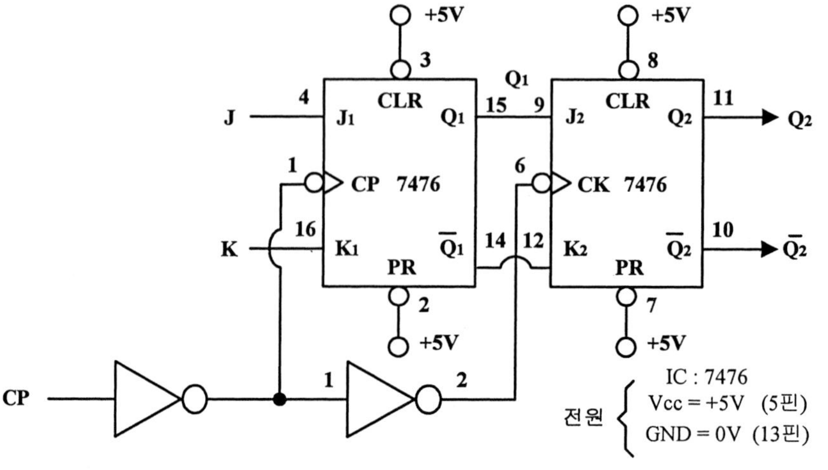

그림 13-9

표 13-5

CP	J	K	Q_1	Q_2
1	0	1		
0	0	1		
1	1	0		
0	1	0		
1	1	1		
0	1	1		
1	1	0		
0	0	1		

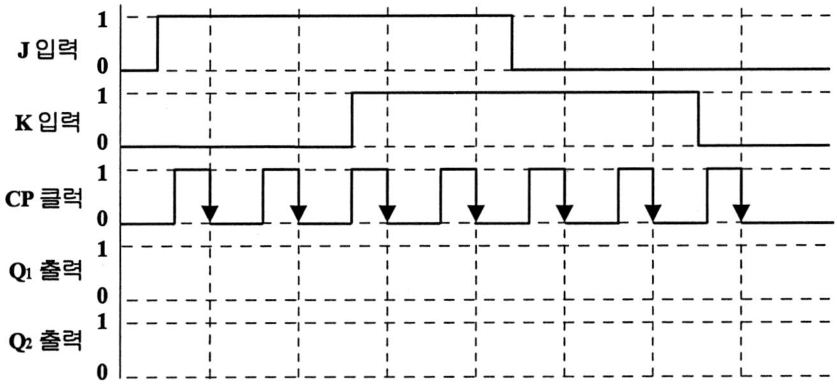

그림 13-10

6. 실험 결과 검토

(1) 그림 13-4의 JK 플립플롭 회로를 실험한 결과에서 얻어진 표 13-1이 이론치와 일치하는지 확인하여 보자.

(2) 그림 13-5의 JK 플립플롭 회로를 실험한 결과에서 얻어진 표 13-2가 이론치와 일치하는지 확인하여 보자.

(3) 그림 13-6의 T 플립플롭 회로를 실험한 결과에서 얻어진 표 13-3이 이론치와 일치하는지 확인하여 보자.

(4) 그림 13-7의 네거티브 에지 트리거형 JK 플립플롭 회로를 실험한 결과에서 얻어진 표 13-4가 이론치와 일치하는지 확인하여 보자.

(5) 그림 13-9의 주종 JK 플립플롭 회로를 실험한 결과에서 얻어진 표 13-5가 이론치와 일치하는지 확인하여 보자.

실험 14

비동기식 계수기

1. 목적

비동기 계수기의 기본 동작과 원리를 이해하고 응용력을 기르도록 한다.

2. 이론

[1] 비동기 계수기

비동기 계수기는 JK 또는 T 플립플롭을 이용하여 만들 수 있다. 계수기가 계수할 수 있는 독립된 총수는 플립플롭의 수가 n개이면 2^n개로 주어진다. 예를 들면 3개의 플립플럽을 사용하면 8진수 0에서 7까지 계수할 수 있고 4개의 플립플롭을 사용하면 16진수 0에서 F까지 계수할 수 있다. 그림 14-1처럼 플립플롭을 여러 개 접속해서 클럭 펄스를 직렬로 가하는 방식을 비동기식 또는 리플(ripple) 카운터라고 한다.

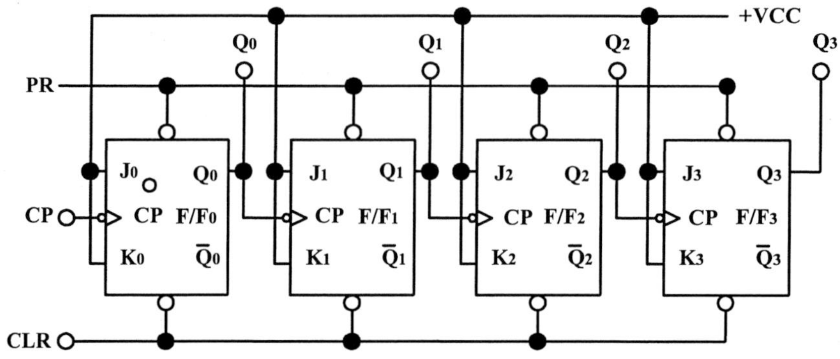

그림 14-1 4단 비동기식 계수기

[2] 비동기식 16진 가산(Count-Up) 계수기

가산 계수기는 입력 펄스의 수를 세어 올라가는 것으로 그림 14-2는 비동기식 가산 계수 회로를 나타내었고 그림 14-3은 이 회로의 출력 파형을 나타내었다

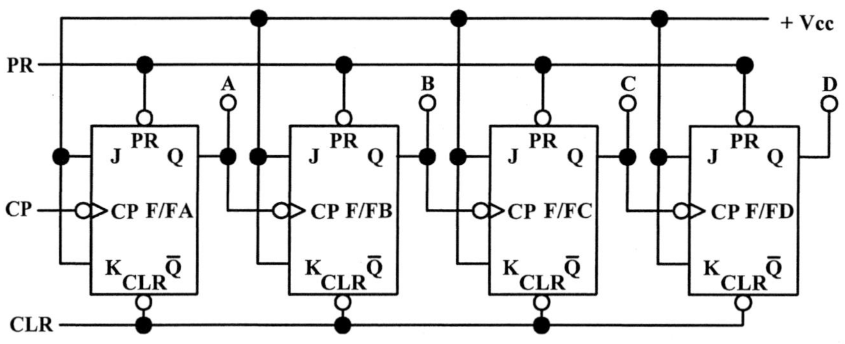

그림 14-2 비동기식 가산 계수기 회로

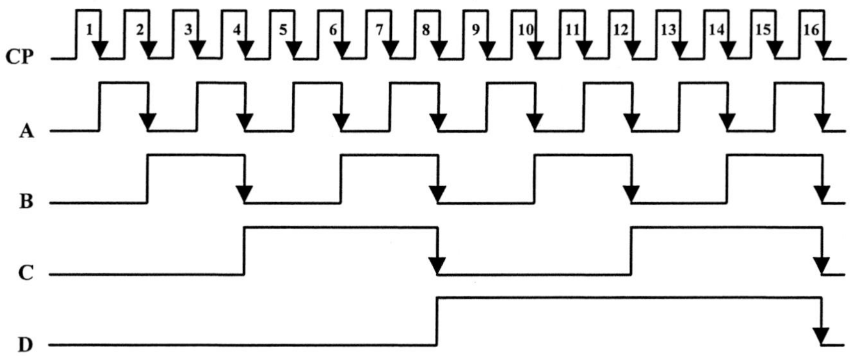

그림 14-3 비동기식 가산 계수기의 출력 파형

표 14-1

클럭 펄스	D	C	B	A
0	0	0	0	0
1	0	0	0	1
2	0	0	1	0
3	0	0	1	1
4	0	1	0	0
5	0	1	0	1
6	0	1	1	0
7	0	1	1	1
8	1	0	0	0
9	1	0	0	1
10	1	0	1	0
11	1	0	1	1
12	1	1	0	0
13	1	1	0	1
14	1	1	1	0
15	1	1	1	1
16	0	0	0	0

회로에서 알 수 있듯이 비동기식 가산 계수기는 앞단의 출력 Q가 뒷단의 클럭 펄스 입력으로 사용된다. 또한 출력 파형에서 알 수 있듯이 비동기식 가산 계수기의 플립플롭들은 네거티브 에지에서 동작하고 있으며 클럭 펄스가 들어오기 전에 모든 플

립플롭들을 0으로 클리어시켜 둔다. 앞단 플립플롭에 두 개의 클럭 펄스가 들어갈 때마다 뒷단에는 한 개의 클럭 펄스가 들어가게 된다. 따라서 맨 왼쪽 플립플롭이 아랫자리수(LSB)이고 맨 오른쪽 플립플롭이 윗자리수(MSB)를 나타낸다. 표 14-1은 비동기식 가산 계수기의 계수 동작표를 나타내고 있다.

[3] 비동기식 16진 감산(Count-Down) 계수기

감산 계수기는 입력 펄스의 수를 세어 내려가는 것으로 그림 14-4는 비동기식 16진 감산 계수 회로를, 그림 14-5는 이 회로의 출력 파형을 나타내었다.

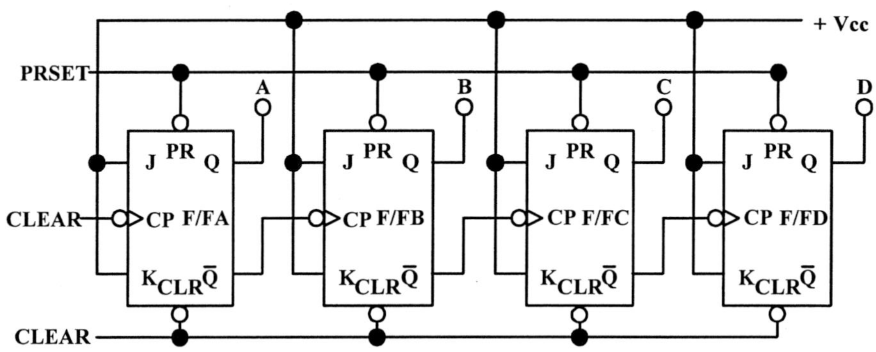

그림 14-4 비동기식 16진 감산 계수기 회로

비동기식 감산 계수 회로가 가산 계수 회로와 다른 점은 앞단 플립플롭의 출력 $\overline{Q}$가 다음 단의 클럭 펄스 입력으로 사용된다는 것이다. 또한 그림 14-4에서 보는 바와 같이 비동기식 16진 감산 계수 회로에서는 클럭 펄스가 들어오기 전에 모든 플립플롭들을 1로 preset(PR) 시켜 두고 1개의 클럭 펄스가 들어올 때마다 출력은 하나씩 감소 하게 된다. 이것을 표로 나타내면 표 14-2와 같다.

표 14-2

클럭 펄스	D	C	B	A
0	1	1	1	1
1	1	1	1	0
2	1	1	0	1
3	1	1	0	0
4	1	0	1	1
5	1	0	1	0
6	1	0	0	1
7	1	0	0	0
8	0	1	1	1
9	0	1	1	0
10	0	1	0	1
11	0	1	0	0
12	0	0	1	1
13	0	0	1	0
14	0	0	0	1
15	0	0	0	0
16	1	1	1	1

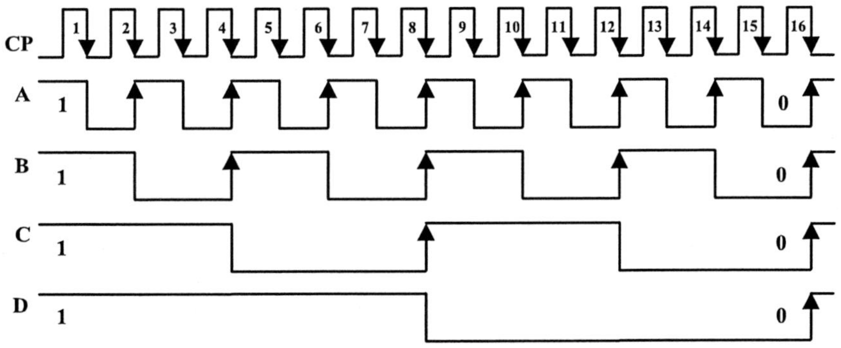

그림 14-5 비동기식 16진 감산 계수기의 출력 파형

3. 예비보고서

(1) 비동기식 16진 카운터를 처음 클리어시키고 클럭 펄스를 10번 인가시키면 4비트 출력은?

(2) 비동기식 카운터에 대하여 간단히 설명하시오.

4. 사용기기 및 부품

□ IC 74 LS 76(Dual JK FLIP−FLOP)

□ 논리회로 실험장치

□ 점퍼선

□ 오실로스코프

5. 실험

(1) 그림 14−6 같은 회로를 구성하고 출력 상태를 측정하여 표 14−3에 기록하고 그림 14−7의 타이밍도를 완성하시오(PRESET=1로 두고, CLEAR=0으로 한 뒤에 1 상태로 둔다).

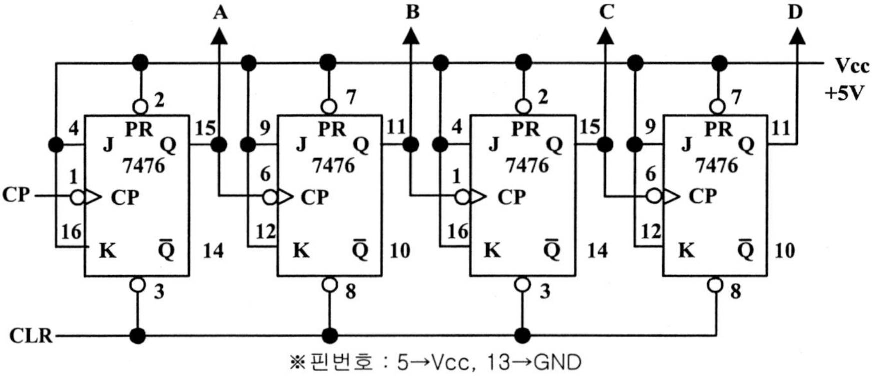

그림 14-6

표 14-3

클럭 펄스	D	C	B	A
0				
1				
2				
3				
4				
5				
6				
7				
8				
9				
10				
11				
12				
13				
14				
15				
16				

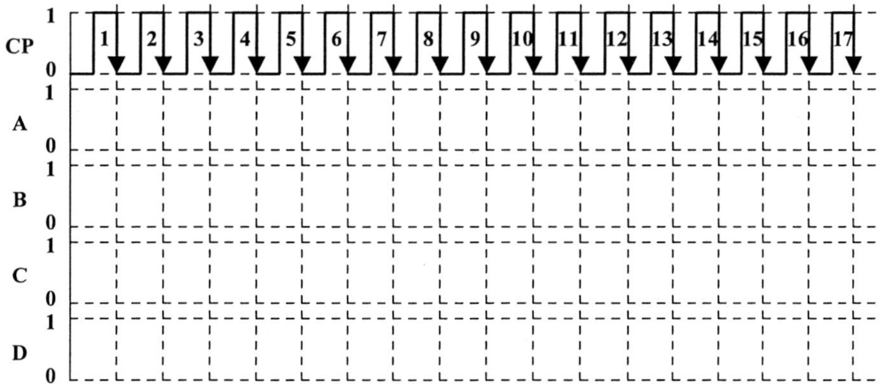

그림 14-7

(2) 그림 14-8과 같은 회로를 구성하고 출력 상태를 측정하여 표 14-4에 기록하고 그림 14-9의 타이밍도를 완성하시오(PRESET=1로 두고, CLEAR=0으로 한 뒤에 1 상태로 둔다).

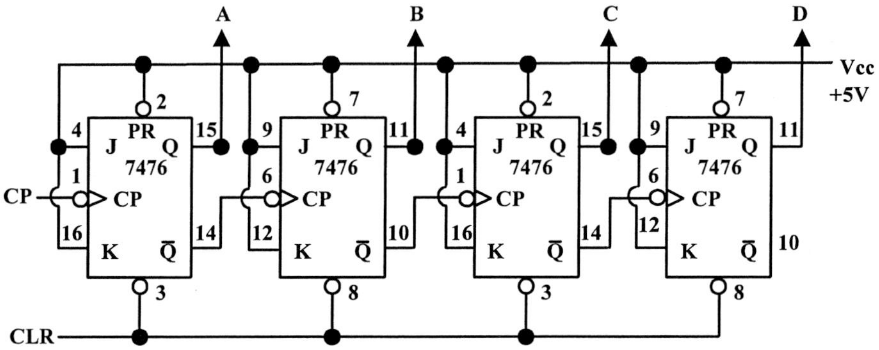

그림 14-8

표 14-4

클럭 펄스	D	C	B	A
0				
1				
2				
3				
4				
5				
6				
7				
8				
9				
10				
11				
12				
13				
14				
15				
16				

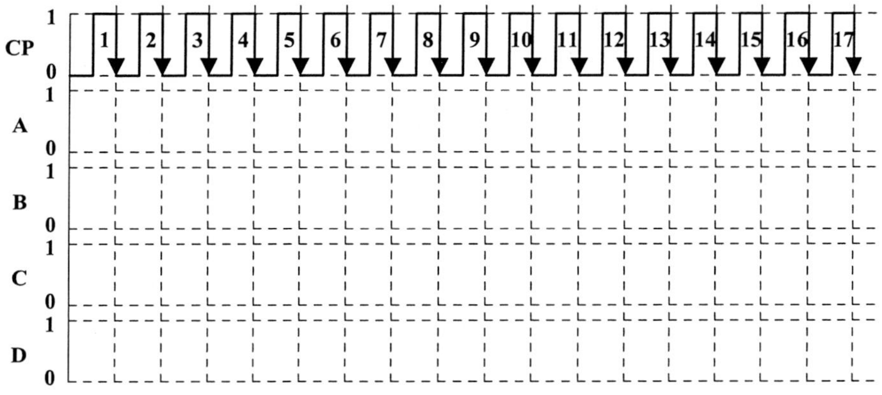

그림 14-9

6. 실험 결과 검토

(1) 그림 14-6의 비동기식 16진 가산 계수 회로를 실험한 결과에서 얻어진 표 14-3이 이론치와 일치하는지 확인하여 보자.

(2) 그림 14-8의 비동기식 16진 감산 계수 회로를 실험한 결과에서 얻어진 표 14-4가 이론치와 일치하는지 확인하여 보자.

실험 15

비동기식 N진 계수기

1. 목적

비동기식 Modulus N 계수기의 기본 동작과 원리를 이해하고 응용력을 기른다.

2. 이론

[1] 비동기식 3진 가산 계수기

비동기식 3진 계수기는 3을 모듈러스(Modulus)로 하는 Modulus 3 계수기이다. 2개의 플립플롭을 직렬로 연결하면 4가지 출력 상태가 생기게 되는데, 3진 계수기는 여기에 궤환(Feedback)을 가함으로써 3개의 출력 상태만이 반복되도록 한 것이다.

그림 15-1은 비동기식 3진 가산 계수기를 나타내고 있다. 이 회로에서 3번째 클럭 펄스가 들어오면 원래 출력은 011이 되어야 하는데, 이 때 NAND 게이트의 출력이 0으로 바뀌게 되므로 이것이 궤환되어 모든 플립플롭을 클리어시켜 맨 처음의 상태인 000으로 되돌아가게 된다. 이것을 표 15-1에 나타내었다.

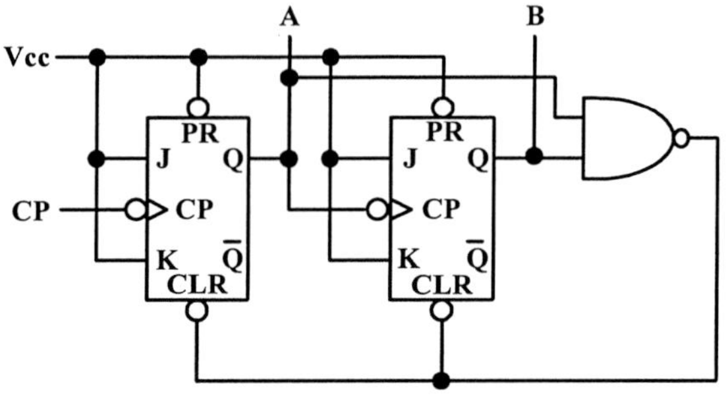

그림 15-1 비동기식 3진 가산 계수회로

표 15-1 비동기식 3진 가산 계수기의 동작표

클럭 펄스	B	A
0	0	0
1	0	1
2	1	0
3	0	0

[2] 비동기식 10진 가산 계수기

비동기식 10진 가산 계수기는 10을 모듈러스(Modulus)로 하는 Modulus 10 계수기이다. 4개의 플립플롭을 직렬로 연결하면 16가지의 출력 상태가 생기게 되는데, 10진 계수기는 여기에 궤환(Feedback)을 가함으로써 10개의 출력 상태만이 반복되도록 한 것이다.

그림 15-2는 비동기식 10진 가산 계수기를 나타내고 있다. 이 회로에서 10번째 클럭 펄스가 들어오면 원래 출력은 1010이 되어야 하는데, 이 때 NAND 게이트의 출력이 0으로 바뀌게 되므로 이것이 궤환되어 모든 플립플롭을 클리어시켜 맨 처음 상태인 0000으로 되돌아가게 된다. 이것을 표 15-2에 나타내었다.

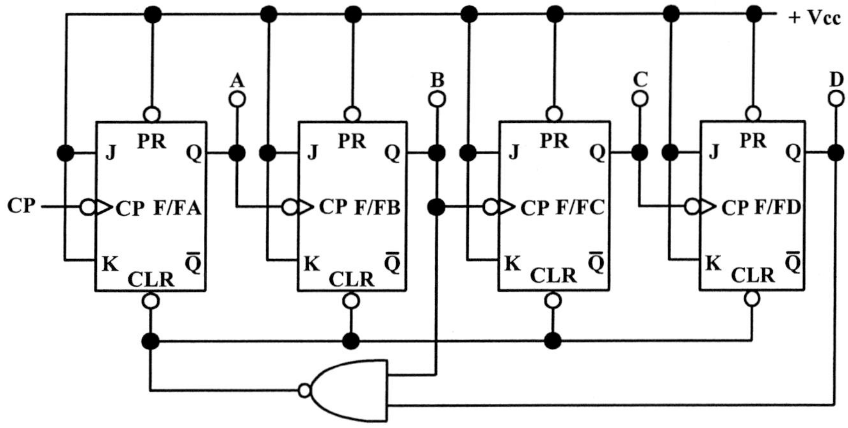

그림 15-2 비동기식 10진 가산 계수기 회로

표 15-2 비동기식 10진 가산 계수기의 동작표

클럭 펄스	D	C	B	A
0	0	0	0	0
1	0	0	0	1
2	0	0	1	0
3	0	0	1	1
4	0	1	0	0
5	0	1	0	1
6	0	1	1	0
7	0	1	1	1
8	1	0	0	0
9	1	0	0	1
10	0	0	0	0

3. 예비보고서

(1) 비동기식 5진 가산 계수기를 설계하시오.(JK플립플럽 사용)

(2) 비동기식 5진 감산 계수기를 설계하시오.(JK플립플럽 사용)

(3) 비동기식 7진 감산 계수기를 설계하시오.(JK플립플럽 사용)

(4) 비동기식 10진 감산 계수기를 설계하시오.(JK플립플럽 사용)

(5) 비동기식 6진 가산 계수기를 설계하시오.(JK플립플럽 사용)
(6) 비동기식 14진 감산 계수기를 설계하시오.(JK플립플럽 사용)
(7) 비동기식 15진 가산 계수기를 설계하시오.(JK플립플럽 사용)

4. 사용기기 및 부품

□ IC 74 LS 00(NAND 게이트)
□ IC 74 LS 76(DUAL JK Flip−Flop)
□ 논리회로 실험장치
□ 오실로스코프

5. 실험

(1) 그림 15−3와 같은 회로를 구성하고 출력 상태를 측정하여 표 15−3에 기록하고 그림 15−4의 타이밍도를 완성하시오.

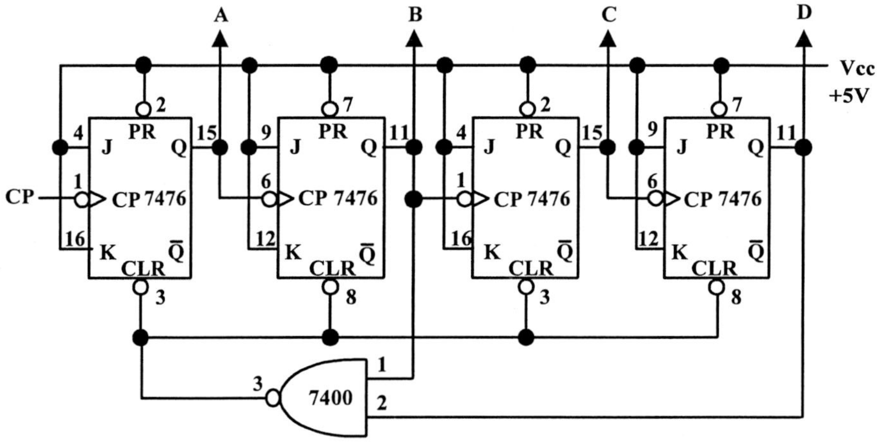

그림 15-3

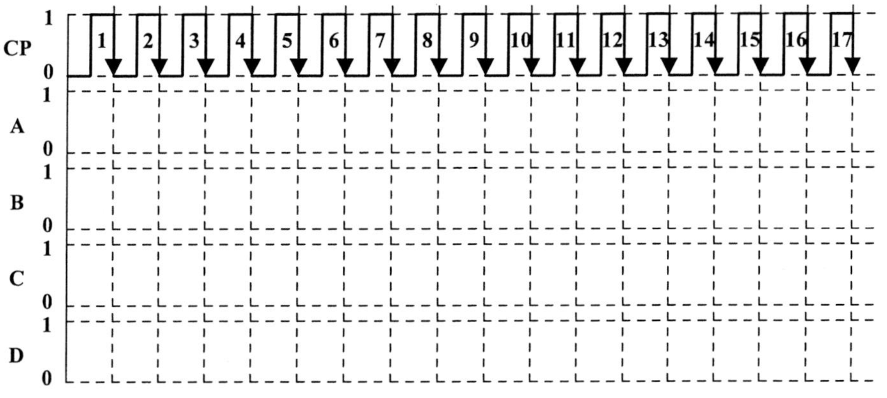

그림 15-4

표 15-3

클럭 펄스	D	C	B	A
0				
1				
2				
3				
4				
5				
6				
7				
8				
9				
10				
11				
12				

(2) 그림 15-5와 같은 회로를 구성하고 출력 상태를 측정하여 표 15-4에 기록하고 그림 15-6의 타이밍도를 완성하시오.

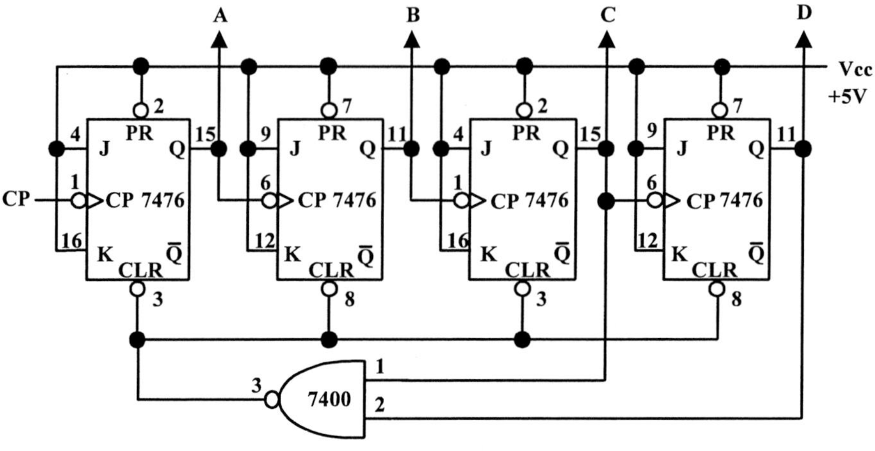

그림 15-5

표 15-4

클럭 펄스	D	C	B	A
0				
1				
2				
3				
4				
5				
6				
7				
8				
9				
10				
11				
12				

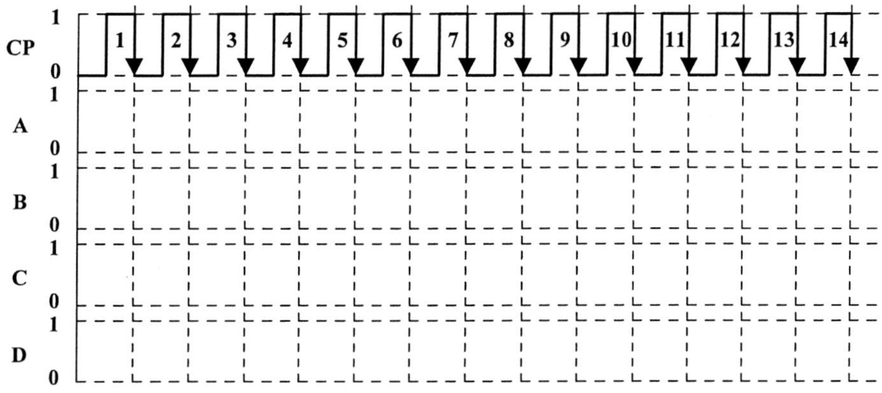

그림 15-6

6. 실험 결과 검토

(1) 그림 15-3의 비동기식 10진 가산 계수 회로를 실험한 결과에서 얻어진 표 15-3이 이론치와 일치하는지 확인하여 보자.

(2) 그림 15-5의 비동기식 12진 가산 계수 회로를 실험한 결과에서 얻어진 표 15-4가 이론치와 일치하는지 확인하여 보자.

실험 16

동기식 계수기

1. 목적

동기 계수기의 기본 동작과 원리를 이해하고 응용력을 기르도록 한다.

2. 이론

[1] 동기 계수기

비동기 계수기는 간단하지만, 동작 주파수가 한정되어 있고 잡음에 약하다는 결점이 있다. 이러한 속도 제약은 동기식 계수기(병렬 계수기)에 의해 해결할 수 있다. 비동기식 계수기와 동기식 계수기의 주된 차이점은 비동기식 계수기에서는 앞단의 출력이 뒷 단의 클럭을 작동시키나, 동기식에서는 모든 플립플롭이 클럭 펄스에 의해 동시에 작동한다는 것이다. 따라서 동기식 계수기는 비동기식 계수기에 비해 입력 신호의 전달 지연시간이 훨씬 짧아진다. 그러나 구조상으로 회로가 복잡하다는 점에서 비동기식 계수기보다 불리하다는 단점이 있다.

[2] 동기식 16진 가산(Count-Up) 계수기

동기식 가산 계수기는 모든 플립플롭들이 동일한 클럭 펄스에 의해서 동시에 동작한다는 점을 제외하고는 비동기식 가산 계수기와 동일하다. 가산 계수기는 입력 펄스의 수를 세어 올라가는 것으로 그림 16−1은 동기식 16진 가산 계수 회로를 나타내었고 그림 16−2는 이 회로의 출력 파형을 나타내었다.

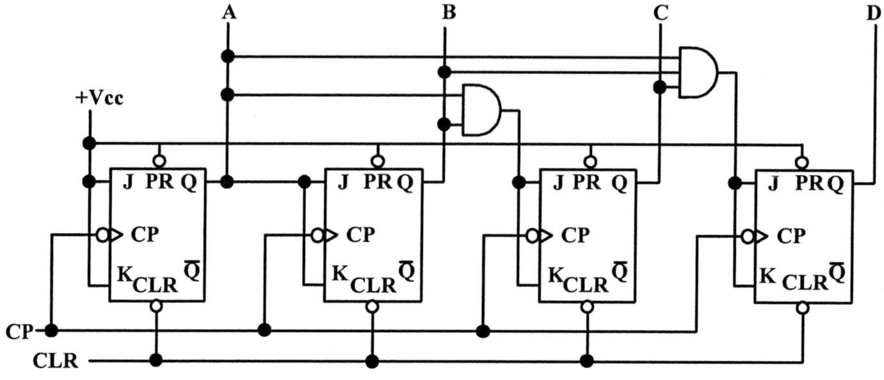

그림 16-1 동기식 16진 가산 계수기 회로

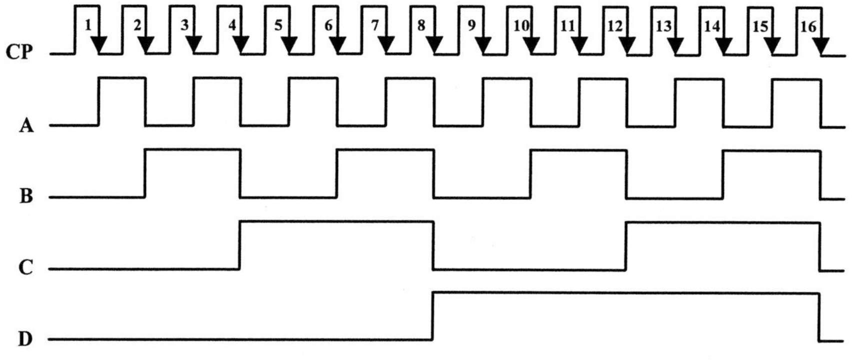

그림 16-2 동기식 16진 가산 계수기의 출력 파형

회로에서 알 수 있듯이 동기식 가산 계수기는 앞단의 출력 Q를 모아 AND 게이트로 묶어서 다음 단의 J와 K 입력에 동시에 연결하고 모든 플립플롭에 클럭 펄스를 접속시켜 구성한다. 또한 출력 파형에서 알 수 있듯이 동기식 가산 계수기의 플립플롭들은 네거티브 에지에서 동작하고 있으며 클럭 펄스가 들어오기 전에 모든 플립플롭들을 0으로 클리어시켜 둔다. 동기식 가산 계수기의 계수 동작표를 표 16-1에 나타내었다.

표 16-1

클럭 펄스	D	C	B	A
0	0	0	0	0
1	0	0	0	1
2	0	0	1	0
3	0	0	1	1
4	0	1	0	0
5	0	1	0	1
6	0	1	1	0
7	0	1	1	1
8	1	0	0	0
9	1	0	0	1
10	1	0	1	0
11	1	0	1	1
12	1	1	0	0
13	1	1	0	1
14	1	1	1	0
15	1	1	1	1
16	0	0	0	0

[3] 동기식 16진 감산(Count-Down) 계수기

동기식 감산 계수기는 모든 플립플롭들이 동일한 클럭 펄스에 의해서 동시에 동작한다는 점을 제외하고는 비동기식 감산 계수기와 동일하다. 감산 계수기는 입력 펄스의 수를 세어 내려가는 것으로 그림 16-3은 동기식 16진 감산 계수 회로를 나타내었고 그림 16-4는 이 회로의 출력 파형을 나타내었다.

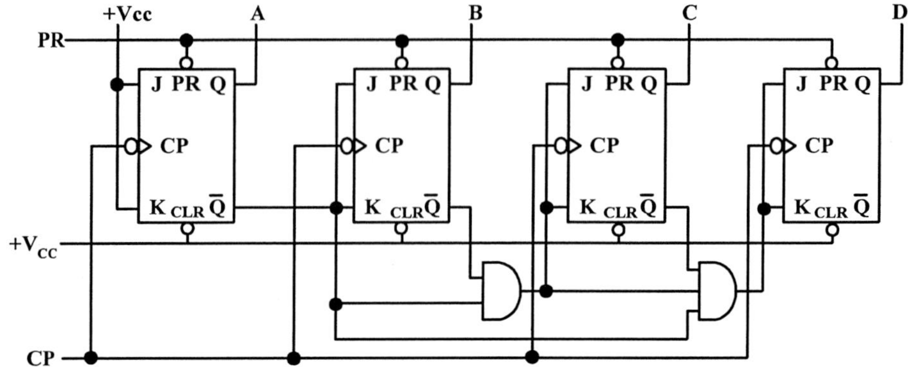

그림 16-3 동기식 16진 감산 계수기 회로

회로에서 알 수 있듯이 동기식 감산 계수기는 앞단의 출력 Q를 모아 AND 게이트로 묶어서 다음 단의 J와 K 입력에 동시에 연결하고 모든 플립플롭에 클럭 펄스를 접속시켜 구성한다. 또한 출력 파형에서 알 수 있듯이 동기식 감산 계수기의 플립플롭들은 네거티브 에지에서 동작하고 있으며 클럭 펄스가 들어오기 전에 모든 플립플롭들을 1로 프리셋 시켜 둔다. 동기식 감산 계수기의 계수 동작표를 표 16-1에 나타내었다.

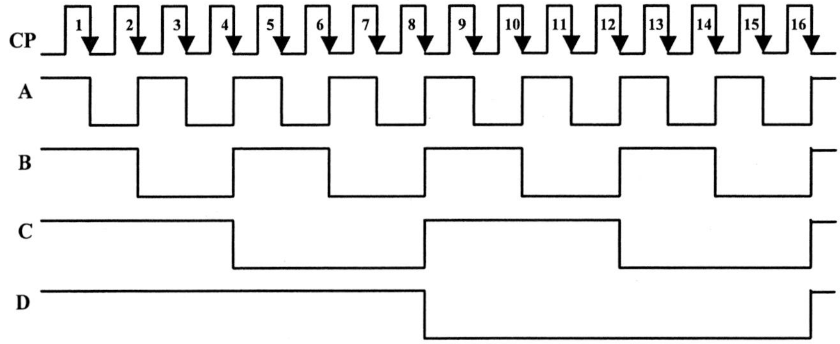

그림 16-4 동기식 16진 감산 계수기의 출력 파형

표 16-2

클럭 펄스	D	C	B	A
0	1	1	1	1
1	1	1	1	0
2	1	1	0	1
3	1	1	0	0
4	1	0	1	1
5	1	0	1	0
6	1	0	0	1
7	1	0	0	0
8	0	1	1	1
9	0	1	1	0
10	0	1	0	1
11	0	1	0	0
12	0	0	1	1
13	0	0	1	0
14	0	0	0	1
15	0	0	0	0
16	1	1	1	1

3. 예비보고서

(1) 가산 계수기와 감산 계수기의 차이점을 간단히 설명하시오.

(2) 동기식 카운터에 대하여 간단히 설명하시오.

(3) 동기식 4진 가산 계수기를 설계하시오.(JK플립플럽 사용)

(4) 동기식 4진 감산 계수기를 설계하시오.(JK플립플럽 사용)

(5) 동기식 8진 가산 계수기를 설계하시오.(JK플립플럽 사용)

(6) 동기식 8진 감산 계수기를 설계하시오.(JK플립플럽 사용)

4. 사용기기 및 부품

- ☐ IC 74 LS 08(2입력 AND 게이트)
- ☐ IC 74 LS 11(3입력 AND 게이트)
- ☐ IC 74 LS 76(Dual JK Flip Flop)
- ☐ 논리회로 실험장치
- ☐ 오실로스코프

5. 실험

(1) 그림 16−5와 같은 회로를 구성하고 출력 상태를 측정하여 표 16−3에 기록하고 그림 16−6의 타이밍도를 완성하시오(PRESET=1로 두고, CLEAR=0으로 한 뒤에 1 상태로 둔다).

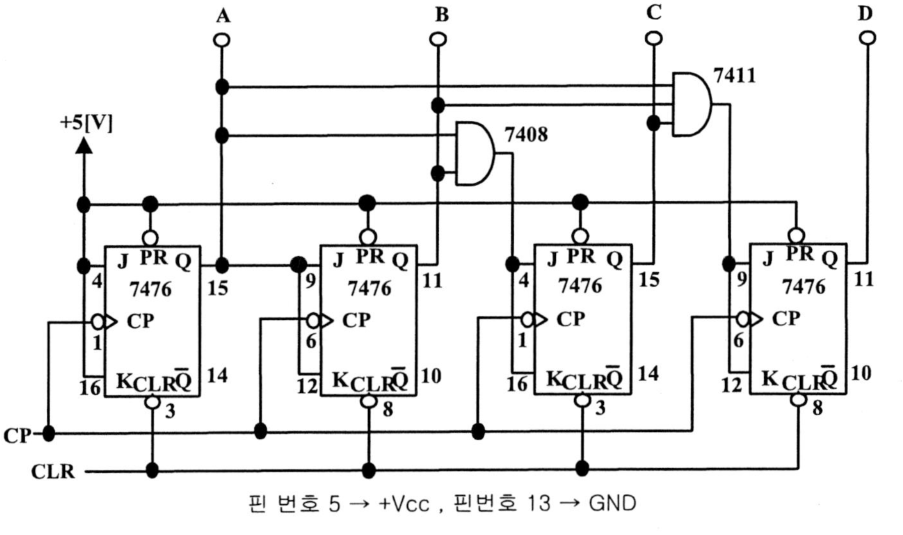

그림 16-5

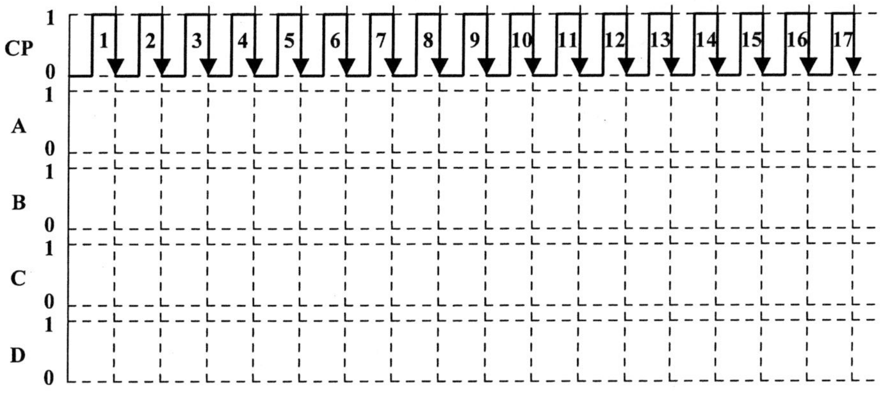

그림 16-6

표 16-3

클럭 펄스	D	C	B	A
0				
1				
2				
3				
4				
5				
6				
7				
8				
9				
10				
11				
12				
13				
14				
15				
16				

(2) 그림 16-7과 같은 회로를 구성하고 출력 상태를 측정하여 표 16-4에 기록하고 그림 16-8의 타이밍도를 완성하시오(CLEAR=1로 두고, PRESET=0으로 한 뒤에 1 상태로 둔다).

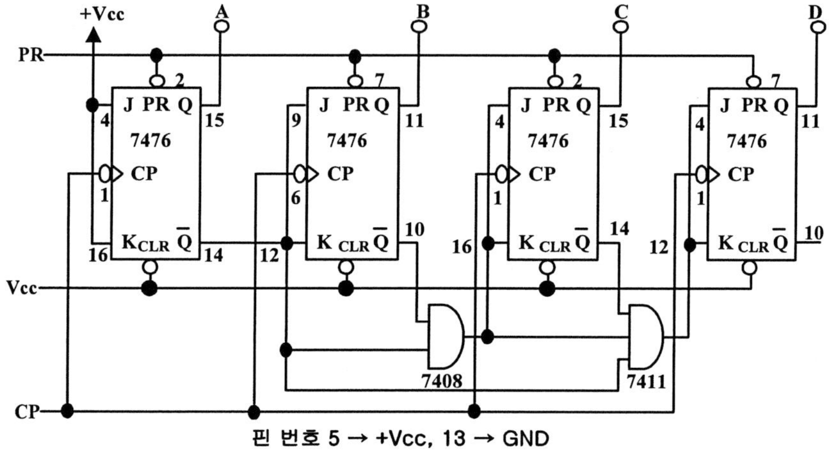

그림 16-7

표 16-4

클럭 펄스	D	C	B	A
0				
1				
2				
3				
4				
5				
6				
7				
8				
9				
10				
11				
12				
13				
14				
15				
16				

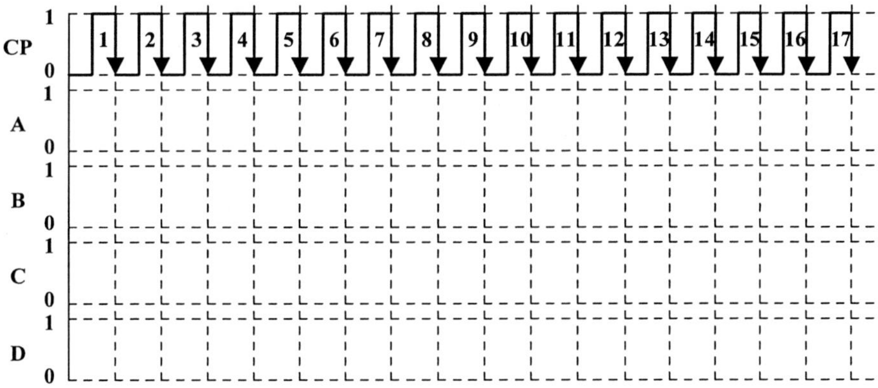

그림 16-8

6. 실험 결과 검토

(1) 그림 16—5의 동기식 16진 가산 계수 회로를 실험한 결과에서 얻어진 표 16—3이 이론치과 일치하는지 확인하여 보자.

(2) 그림 16—7의 동기식 16진 감산 계수 회로를 실험한 결과에서 얻어진 표 16—4가 이론치과 일치하는지 확인하여 보자.

실험 17

동기식 N진 계수기

1. 목적

동기식 Modulus N 계수기의 기본 동작과 원리를 이해하고 응용력을 기른다.

2. 이론

[1] 동기식 6진 가산 계수기

N개의 서로 다른 출력 상태를 갖는 계수기를 Modulus N 계수기라고 한다. 즉, N개의 서로 다른 출력 상태를 나타낸 후 다시 원래의 상태로 돌아가서 다시 N개의 출력 상태를 반복하게 되어 있다. 동기식 6진 계수기는 6을 모듈러스(Modulus)로 하는 Modulus 6 계수기이다. 6진 계수기는 3비트를 표시하기 때문에 3개의 플립플롭이 필요하다. 그림 17-1은 동기식 6진 가산 계수기를 나타내고 있으며 이것의 출력 상태는 표 17-1에 나타내었다.

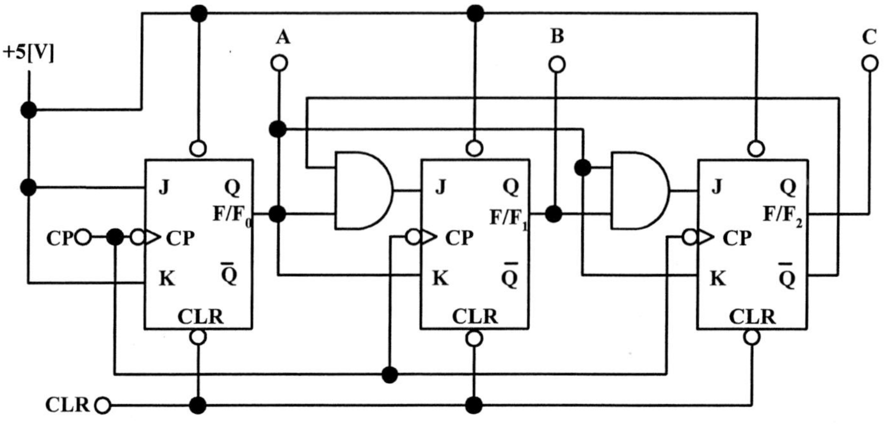

그림 17-1 동기식 6진 가산 계수 회로

표 17-1 동기식 6진 가산 계수기의 동작표

클럭 펄스	C	B	A
0	0	0	0
1	0	0	1
2	0	1	0
3	0	1	1
4	1	0	0
5	1	0	1
6	0	0	0

[2] 동기식 7진 가산 계수기

동기식 7진 계수기는 7을 모듈러스(Modulus)로 하는 Modulus 7 계수기이다. 7진 계수기는 3비트를 표시하기 때문에 3개의 플립플롭이 필요하다. 그림 17-2는 동기식 7진 가산 계수기를 나타내고 있으며 이것의 출력 상태는 표 17-2에 나타내었다.

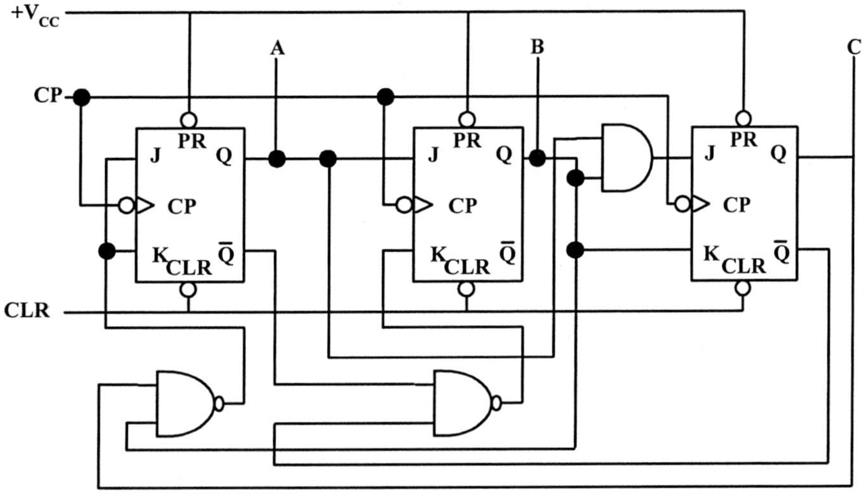

그림 17-2 동기식 7진 가산 계수 회로

표 17-2 동기식 7진 가산 계수기의 동작표

클럭 펄스	C	B	A
0	0	0	0
1	0	0	1
2	0	1	0
3	0	1	1
4	1	0	0
5	1	0	1
6	1	1	0
7	0	0	0

3. 예비보고서

(1) 동기식 5진 가산 계수기를 처음 클리어 시키고 클럭 펄스를 7번 인가하면 출력 논리값은?

(2) 동기식 3진 가산 계수기를 설계하시오.

(3) 동기식 5진 가산 계수기를 설계하시오.(JK플립플럽 사용)

(4) 동기식 6진 가산 계수기를 설계하시오.(JK플립플럽 사용)

(5) 동기식 7진 가산 계수기를 설계하시오.(JK플립플럽 사용)

(6) 동기식 10진 가산 계수기를 설계하시오.(JK플립플럽 사용)

4. 사용기기 및 부품

- □ IC 74 LS 08(AND 게이트)
- □ IC 74 LS 76(Dual JK flip flop)
- □ 논리회로 실험장치
- □ 오실로스코프

5. 실험

(1) 그림 17-3 같은 회로를 구성하고 출력 상태를 측정하여 표 17-3에 기록하고 그림 17-4의 타이밍도를 완성하시오(PRESET=1로 두고, CLEAR=0으로 한 후 1 상태로 둔다).

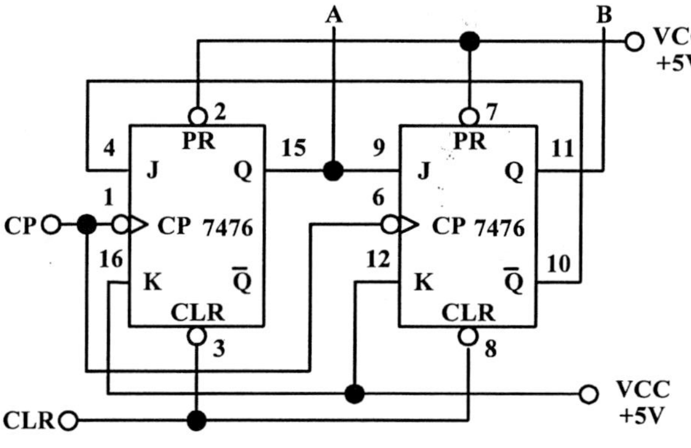

그림 17-3

표 17-3

클럭 펄스	B	A
0		
1		
2		
3		

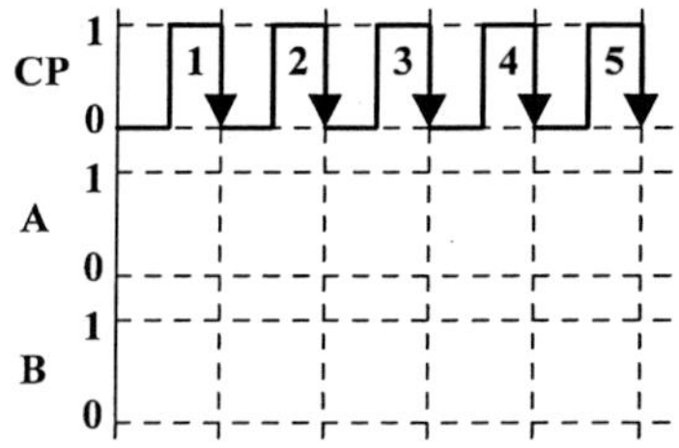

그림 17-4

(2) 그림 17-5와 같은 회로를 구성하고 출력 상태를 측정하여 표 17-4에 기록하고 그림 17-6의 타이밍도를 완성하시오(PRESET=1로 두고, CLEAR=0으로 한 후에 1 상태로 둔다).

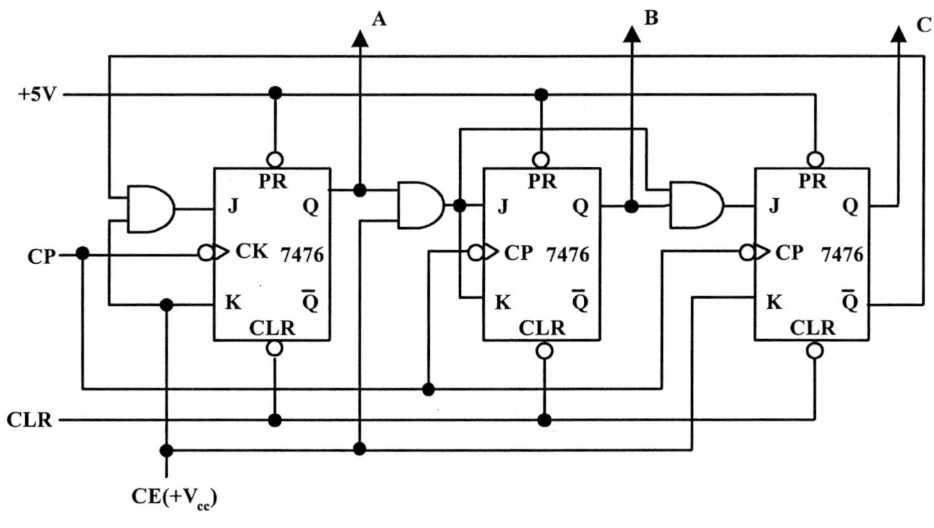

그림 17-5

표 17-4

클럭 펄스	C	B	A
0			
1			
2			
3			
4			
5			
6			
7			

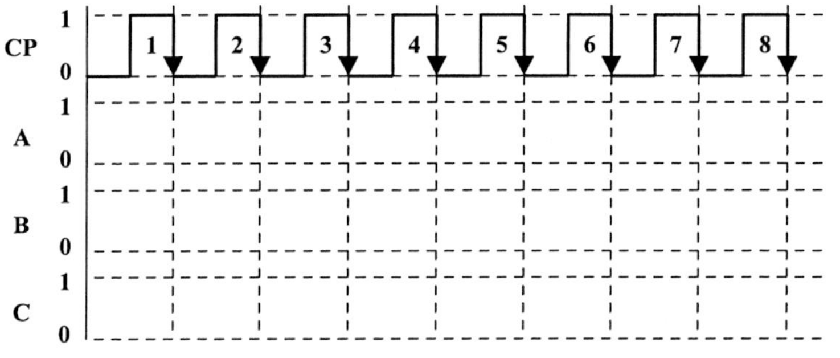

그림 17-6

(3) 그림 17-7과 같은 회로를 구성하고 출력 상태를 측정하여 표 17-5에 기록하고 그림 17-8의 타이밍도를 완성하시오(PRESET=1로 두고, CLEAR=0으로 한 후 1 상태로 둔다).

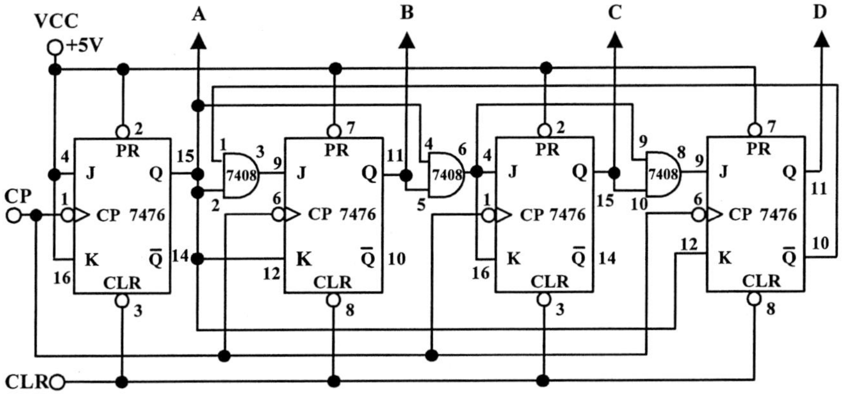

그림 17-7

표 17-5

클럭 펄스	D	C	B	A
0				
1				
2				
3				
4				
5				
6				
7				
8				
9				
10				
11				

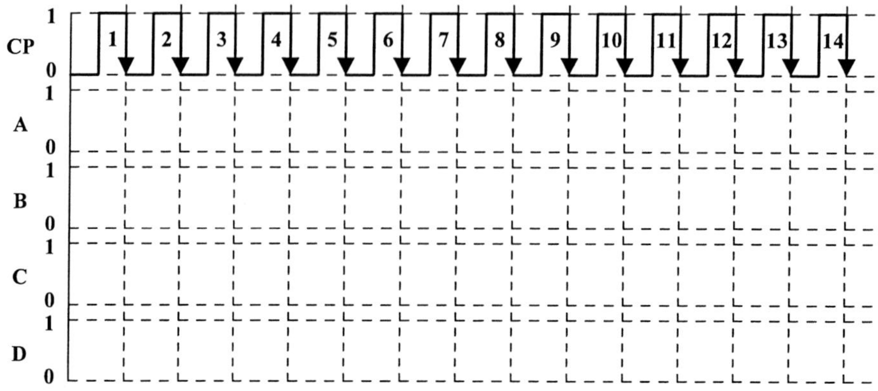

그림 17-8

6. 실험 결과 검토

(1) 그림 17—3의 동기식 3진 가산 계수 회로를 실험한 결과에서 얻어진 표 17—3이 이론치와 일치하는지 확인하여 보자.

(2) 그림 17—5의 동기식 5진 가산 계수 회로를 실험한 결과에서 얻어진 표 17—4가 이론치와 일치하는지 확인하여 보자.

(3) 그림 17—7의 동기식 10진 가산 계수 회로를 실험한 결과에서 얻어진 표 17—5가 이론치와 일치하는지 확인하여 보자.

실험 18

쉬프트 계수기

1. 목적

쉬프트 계수기인 링 계수기와 존슨 계수기의 기본 동작과 원리를 이해한다.

2. 이론

[1] 링 계수기(Ring Counter)

링 계수기는 쉬프트 레지스터를 응용한 가장 간단한 계수기로서 임의의 특정된 시간에 하나의 플립플롭만 세트되고 나머지 플립플롭은 모두 클리어된 상태로 동작하는 순환식(circular) 쉬프트 레지스터이다. 그림 18-1은 링 계수기로 결선된 4비트의 쉬프트 레지스터를 나타내고 있다. 이 레지스터는 항상 첫 번째 플립플롭의 출력 Q_0를 1로, 나머지 플립플롭의 출력은 0이 되게 preset과 clear를 걸어준다. 그렇게 함으로써 클럭 펄스 입력이 인가됨에 따라 Q_1, Q_2, Q_3에 논리 1이 쉬프트된다. 이렇게 됨에 따라 5번째 클럭 펄스 입력에 대해서는 다시 처음 상태로 되돌아가서 Q_0, Q_1, Q_2, Q_3가 1000으로 되므로 링 계수기는 4까지 셀 수 있는 계수기인 셈이다.

일반적으로 N개의 플립플롭으로 구성된 링 계수기는 N가지의 출력 상태가 나오며 BCD 2진 계수기가 2^N가지임에 반해 링 계수기는 극히 비효율적이나 복호기(decoder)가 별도로 필요하지 않다는 장점을 가지고 있다. 링 계수기의 출력 상태는 표 18-1에 나타내었으며 타이밍도는 그림 18-2에 나타내었다. 일반적으로 N개의 플립플롭으로 구성된 링 계수기의 출력 주파수는 다음과 같다.

출력 주파수 $f_0 = \frac{f_i}{N}$

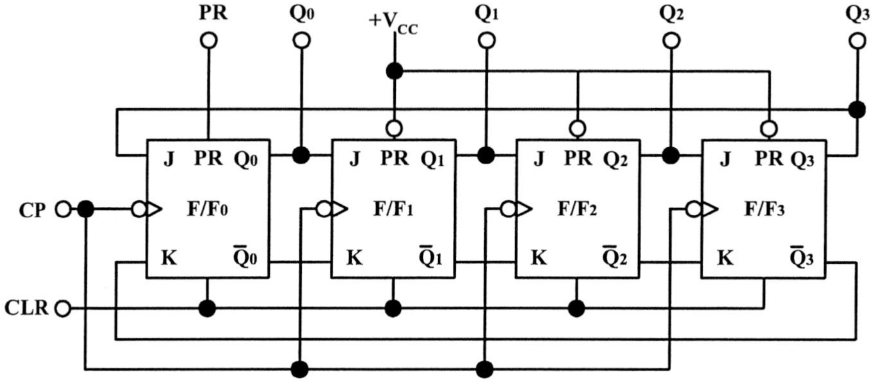

그림 18-1 링 계수기의 회로

표 18-1 링 계수기의 동작표

클럭 펄스	Q_0	Q_1	Q_2	Q_3
0	1	0	0	0
1	0	1	0	0
2	0	0	1	0
3	0	0	0	1
4	1	0	0	0

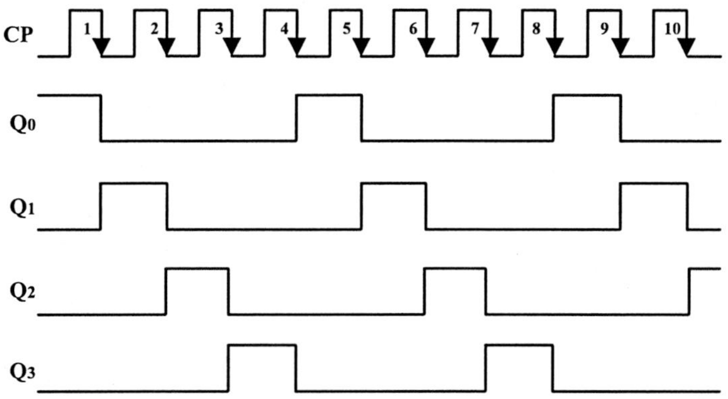

그림 18-2 링 계수기의 타이밍도

[2] 존슨 계수기(Johnson Counter)

존슨 계수기는 일명 트위스트(twist) 링 계수기, 워킹(walking) 링 계수기 또는 꼬리 바꿈식(switch−tail) 링 계수기라고도 한다. 만약 쉬프트 레지스터가 꼬리 바꿈식 링 계수기로 연결된다면 상태의 수는 배(倍)로 될 수 있다. 그림 18−3과 같이 존슨 계수기는 마지막 플립플롭의 보수화된 출력(Q)을 첫 플립플롭의 입력에 연결시킨 순환 쉬프트 레지스터이다. 존슨 계수기의 출력 상태는 표 18−2에 나타내었으며 타이밍도는 그림 18−4에 나타내었다. 일반적으로 N개의 플립플롭으로 구성된 존슨 계수기 출력 주파수는 다음과 같다.

$$출력\ 주파수\ f_0 = \frac{f_i}{2N}$$

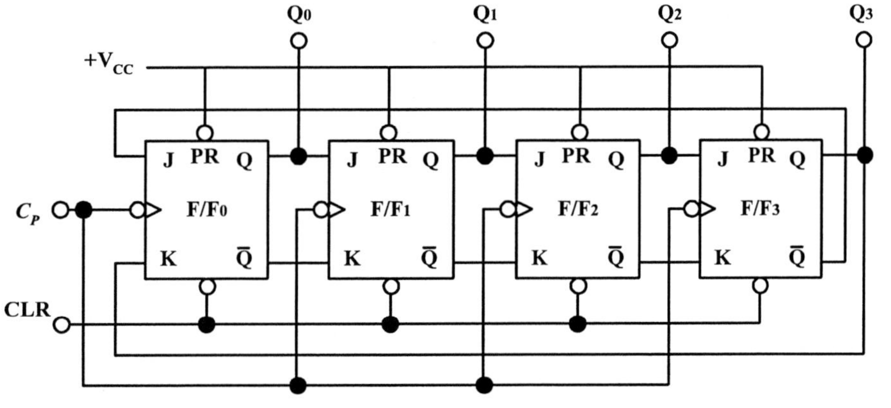

그림 18-3 존슨 계수기의 회로

표 18-2 존슨 계수기의 동작표

클럭 펄스	Q_0	Q_1	Q_2	Q_3
0	0	0	0	0
1	1	0	0	0
2	1	1	0	0
3	1	1	1	0
4	1	1	1	1
5	0	1	1	1
6	0	0	1	1
7	0	0	0	1
8	0	0	0	0

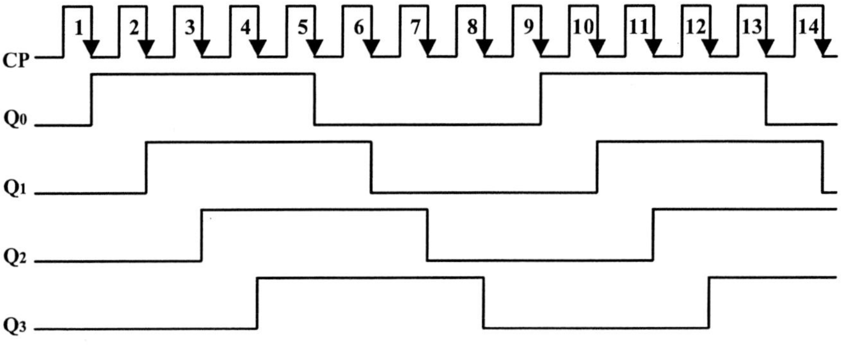

그림 18-4 존슨 계수기의 타이밍도

3. 예비보고서

(1) 링 계수기에 관하여 간단히 설명하시오.

(2) 존슨 계수기에 관하여 간단히 설명하시오.

(3) 4단 링 계수기에서 클럭 펄스가 10[kHz]일 때 출력 주파수는 얼마인가?

(4) 4단 존슨 계수기에서 클럭 펄스가 10[kHz]일 때 출력 주파수는 얼마인가?

4. 사용기기 및 부품

- □ IC 74 LS 76(Dual JK Flip Flop)
- □ 논리회로 실험장치
- □ 오실로스코프

5. 실험

(1) 그림 18-5와 같은 회로를 구성하고 출력 상태를 측정하여 표 18-3에 기록하고 그림 18-6의 타이밍도를 완성하시오.(CLEAR=1상태, B, C 및 D 플립플럽의 PRESET=1상태로 둔다. A 플립플럽의 PRESET=0으로 한 후 1 상태로 둔다.)

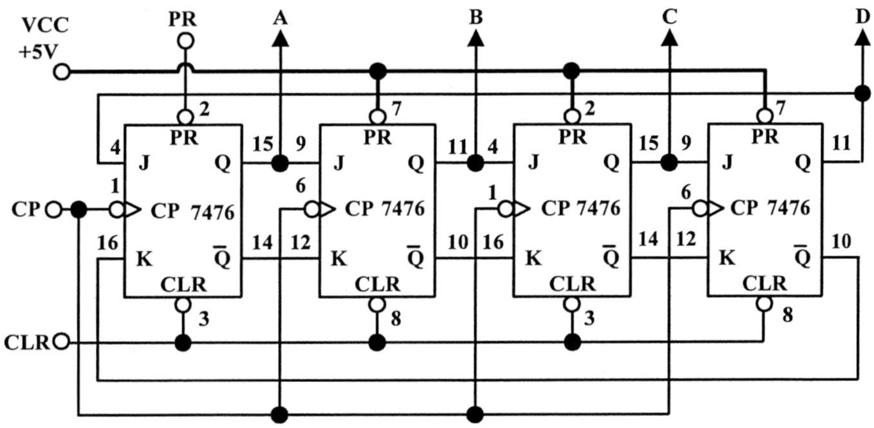

그림 18-5

표 18-3

클럭 펄스	A	B	C	D
0				
1				
2				
3				
4				

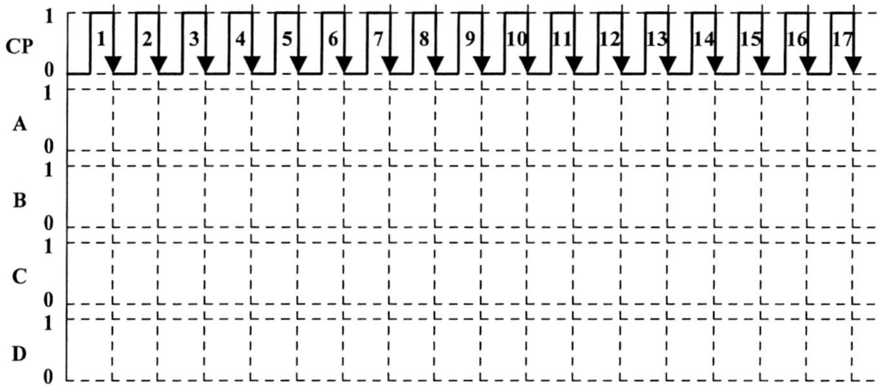

그림 18-6

(2) 그림 18-7과 같은 회로를 구성하고 출력 상태를 측정하여 표 18-4에 기록하고 그림 18-8의 타이밍도를 완성하시오.(PRESET=1로 두고, CLEAR=0으로 한 후 1 상태로 둔다).

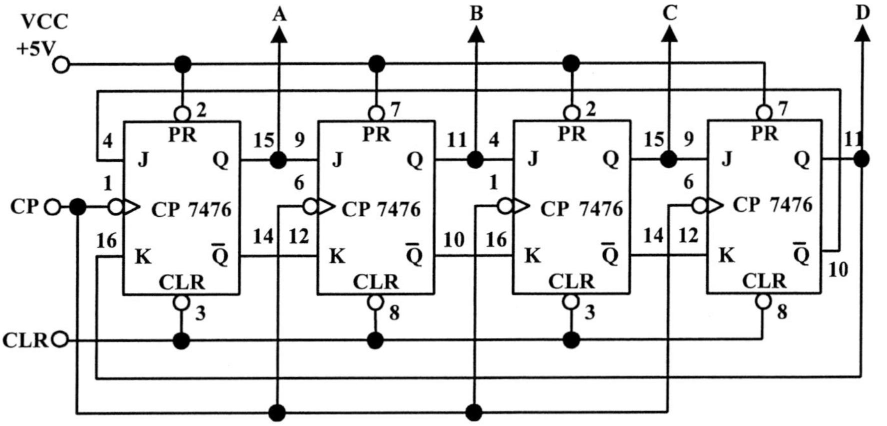

그림 18-7

표 18-4

클럭 펄스	A	B	C	D
0				
1				
2				
3				
4				
5				
6				
7				
8				

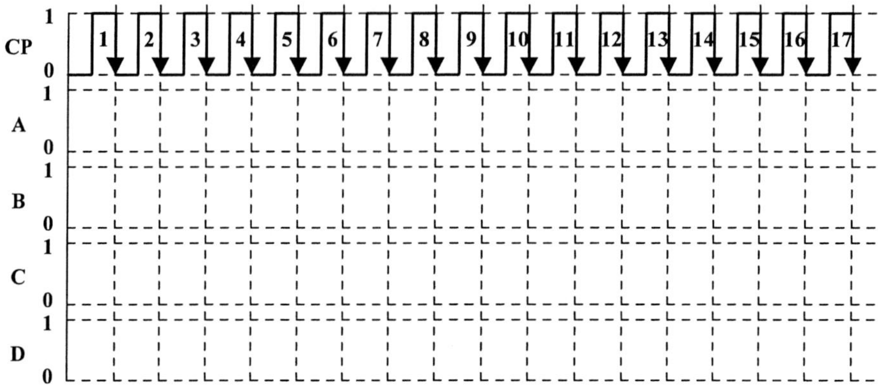

그림 18-8

6. 실험 결과 검토

(1) 그림 18−5의 링 계수기 회로를 실험한 결과에서 얻어진 표 18−3이 이론치와 일치하는지 확인하여 보자.

(2) 그림 18−7의 존슨 계수기 회로를 실험한 결과에서 얻어진 표 18−4가 이론치와 일치하는지 확인하여 보자.

실험 19

표시기와 계수기의 활용

1. 목적

계수기를 이용한 디코우더 방법과 표시기의 활용법을 실험한다.

2. 이론

[1] 표시기의 종류 및 특징

계수기가 계수한 결과값은 2진수로 표시되므로 그대로 사용하기 불편하다. 따라서 이를 인간의 눈으로 직접 판독하기 위해서는 전자회로와 인간과의 어떤 연결장치가 있어야만 되는데, 이 때 사용되는 표시기라는 것이 있다. 디지털회로에서 가장 사용하기 편리하고 간단한 표시기에는 LED 표시기가 있다. LED 표시기는 발광 다이오드(LED)를 여러 개 모아 어떤 문자나 숫자를 표시할 수 있도록 되어 있으며 직·교류에 상관없이 사용할 수 있고 액정(LCD)처럼 야간에도 보조 발광기구가 필요치 않고 수명이 반영구적이고 사용이 간편하다는 등 여러 가지 장점이 있다. 그러나 필요한 발광을 얻기 위해서는 상당한 양의 전류가 필요하다는 단점이 있다. 발광 다이오드는 전류 동작이므로 충분한 양의 전류를 흘려주어야 되는데, 보통 5[mA] 내지 25[mA]에서 필요한 발광을 얻을 수 있고 최대 30[mA] 정도까지 견딜 수 있다. LED 표시기는 다이오드이므로 애노우드를 공통(CA)으로 한 것과 캐소우드를 공통(CC)으로 한 것이 있다. 일반적으로 TTL에서는 애노우드 공통형을 많이 사용한다. 이 표시기를 사용할 때는 반드시 전류 제한 저항을 연결해야만 되며 이 저항이 없으면 과전류도 인하여 LED가 파괴될 수 있다. 그림 19-1은 LED의 구조와 LED에서 필요한 전류와 저항값을 계산하는 방법이다.

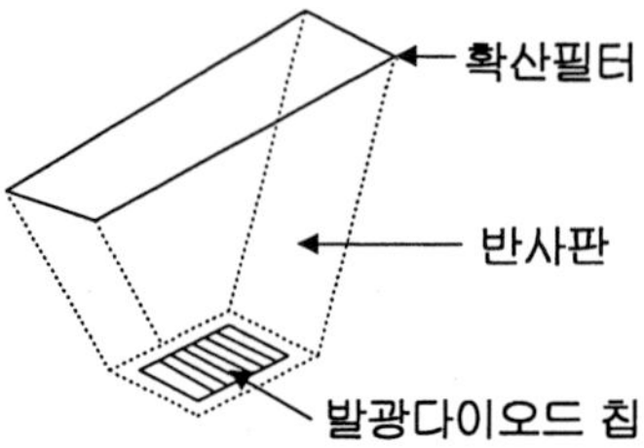

(a) LED의 구조

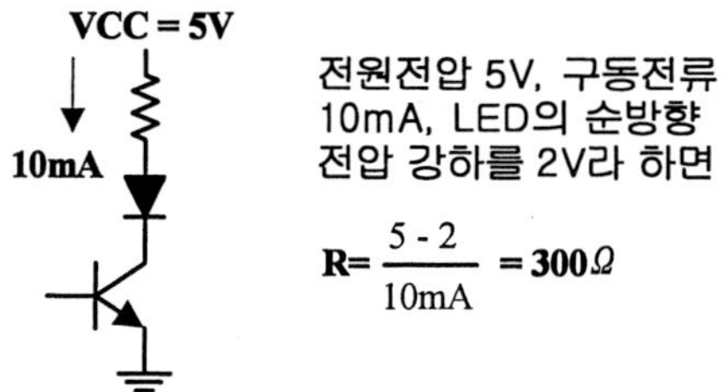

(b) LED의 저항값 구하는 법

그림 19-1 LED의 구조와 저항값 구하는 법

그림 19-2는 LED 표시기의 배열과 접속 방법을 나타내고 있다. a에서 g까지의 명칭을 세그멘트라고 하는데, 세그멘트가 7개이므로 7-세그멘트(seven-segment)라 부르기도 한다. 세그멘트의 배열에는 몇 가지가 있으며 이것은 숫자나 문자를 좀 더 자연스럽게 표현하고자 한 것이다. 세그멘트를 조합하여 표현하는 형태를 호·매트라 하며 이것을 사용하는 디코우더에 따라 다르다. 이외에도 dp라는 소수점을 나타낼 수 있는 세그멘트가 있다. LED의 동작 속도는 10^{-6}에서 10^{-8}[sec]로 빠르며 색깔은 적색이 많이 사용되고 그외에는 가격이나 색상면에서는 잘 사용하지 않는다.

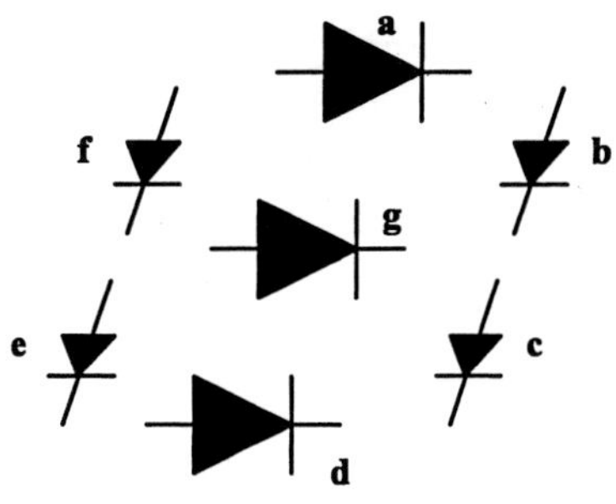

(a) 세그멘트 배열과 호칭

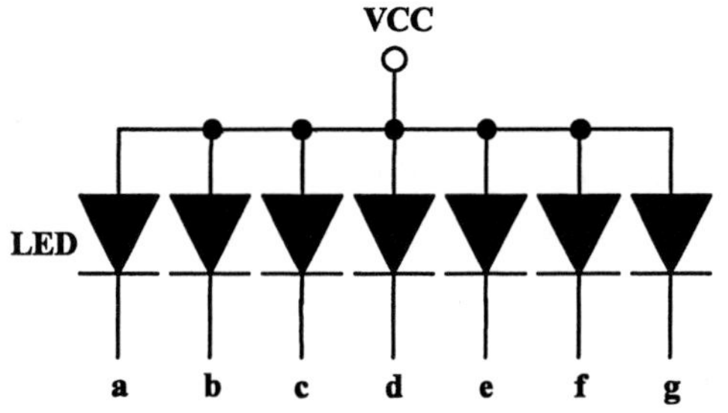

(b) 애노우드 공통

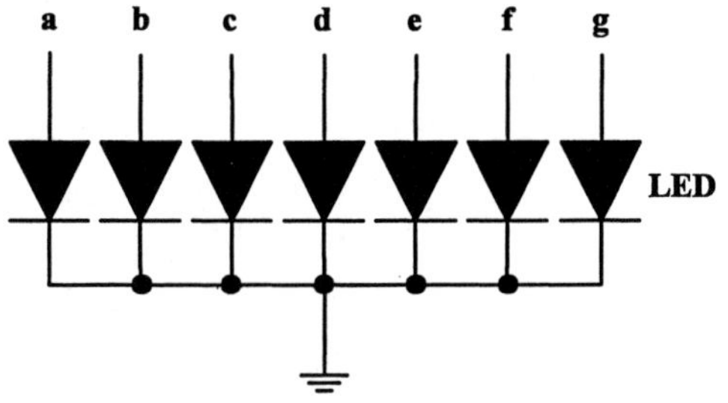

(c) 캐소우드 공통

그림 19-2 LED 표시기의 배열과 접속 방법

그림 19-3은 LED와 디코우더의 접속 방법을 나타내고 있다.

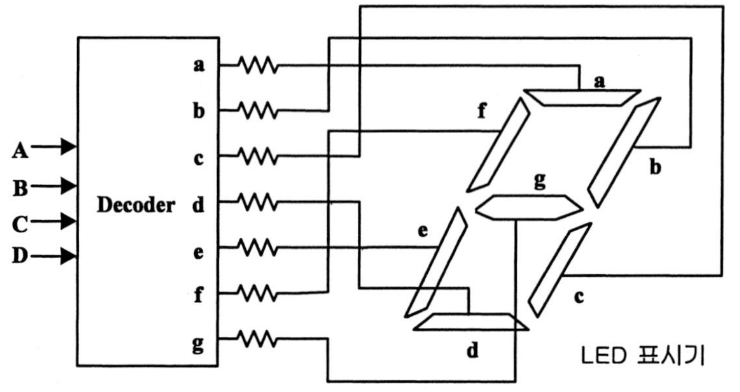

그림 19-3 LED 표시기와 디코우더의 접속 방법

형광 표시관은 3극 진공관과 비슷한 형태로 되어 있으나, 세그멘트로 이용되는 플레이트판이 7개 따로 나와 있다. 이 표시기의 구조는 그림 19-4와 같으며 이 가속된 전자가 (+)로 대전된 플레이트에 충돌하면 플레이트판에 칠해진 형광물질이 발광하는 원리를 이용한 것이다.

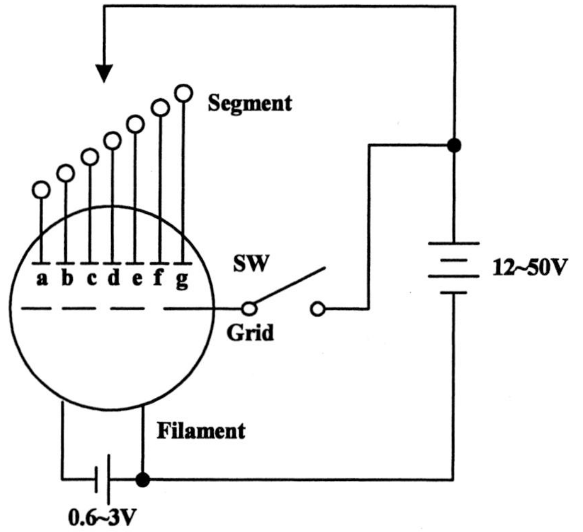

그림 19-4 형광 표시관

그리드가 0 또는 (−)이면 전자가 플레이트에 도달하지 못해 발광하지 않는다. 그리드는 표시하려는 숫자 형태로 구멍이 뚫려 있고 내부에서 콘트롤 그리드와 연결되어 있다. 동작 전압은 제품에 따라 다른데, 12 내지 50[V]를 필요로 하고 별도의 필라멘트 전원으로 3[V] 정도가 필요하다. 형광 표시관은 필라멘트 전원이 필요하고 동작 전압이 높다는 등 사용하기 까다로운 점이 있으나, 발광색이 보기 좋고, 밝고, 표시형이 자유롭다는 특징이 있다. 각 세그멘트에 필요한 전류가 수 [mA] 이하로 적으므로 LSI로 직접 구동할 수 있다. 수명은 10만여 시간이며 형광체의 발광색은 녹색이며 휴대용 계산기나 시계 등에 널리 쓰인다.

[2] 계수기와 표시기의 접속 방법

계수기와 표시기의 접속에는 디코우더가 필수적이며 이 디코우더가 없는 경우에 계수 상태는 0과 1만을 표시하므로 해독하기에 어려움이 있다. 그림 19-5은 계수회로와 표시기의 접속 방법을 나타내고 있다.

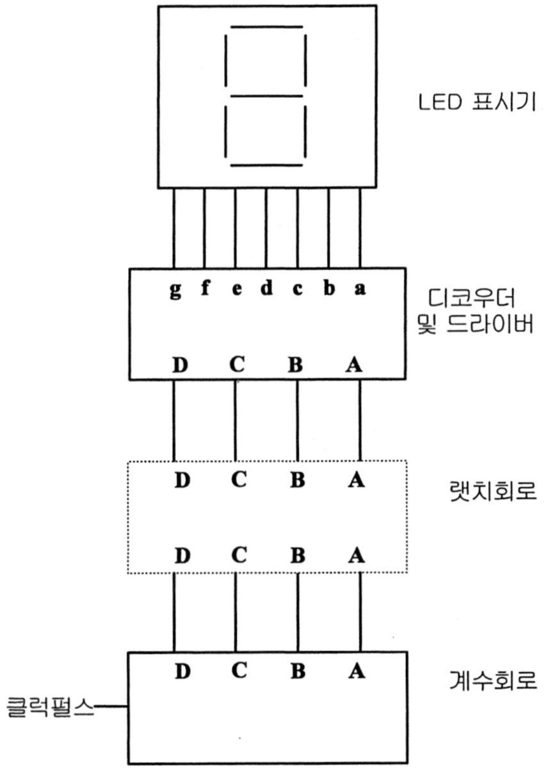

그림 19-5 계수회로와 표시기의 접속 방법

이 회로는 계수기와 디코우더 및 표시기로 구성되어 있는데, 계수기의 출력이 4비트로 그 조합은 0에서 15(F)까지이다. 디코우더는 계수기의 출력을 받아 표시기를 구동시키나, 비록 계수기가 0에서 15(F)까지 계수한다 해도 이 디코우더에서 그것을 받아들일 수 없다면 표시는 어느 한정값 밖에 되지 않는다. 표시기는 디코우더의 논리회로에 따라 다르며 TTL인 경우에 애노우드 공통 LED 표시기를 사용할 수 있다. 표시기의 깜박거림을 방지하고 싶은 경우는 계수기와 디코우더 사이에 랫치회로를 삽입하면 된다.

그림 19-6은 디코우더 입력과 표시기의 표시를 나타내고 있다. 표시기의 표시란을 보면 입력 D, C, B, A가 1010일 때 표시는 10을 해야 되나, 이 회로가 1디지트이므로 10은 표시할 수 없어 A가 표시되도록 디코우더 회로가 구성되어 있고 1011일 때는 대문자 B가 표시되어야 하나 이것은 숫자 8과 같으므로 소문자로 표시하였고 1101 역시 0과 같으므로 소문자 d로 표시하였다.

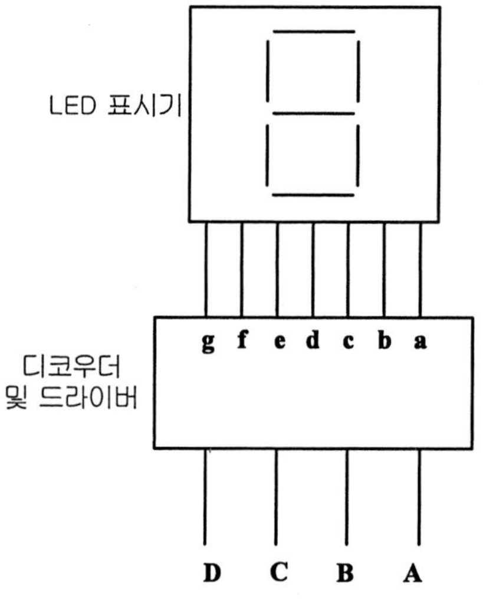

D	C	B	A	표시
0	0	0	0	0
0	0	0	1	1
0	0	1	0	2
0	0	1	1	3
0	1	0	0	4
0	1	0	1	5
0	1	1	0	6
0	1	1	1	7
1	0	0	0	8
1	0	0	1	9
1	0	1	0	A
1	0	1	1	B
1	1	0	0	C
1	1	0	1	D
1	1	1	0	E
1	1	1	1	F

그림 19-6 디코우더의 입력과 표시기의 표시

3. 예비보고서

(1) LED에 관하여 간단히 설명하시오

(2) 그림 19−1(b)에서 전원 전압이 100[V]라면 저항값은 얼마가 되는가?

4. 사용기기 및 부품

□ IC 74 LS 42(BCD to 1 of−10 Decoder)

□ IC 74 LS 47(BCD to 7−Segment Decoder−Driver)

□ IC 74 LS 90(Decade Counter)

□ IC 74 LS 93(4 Bit binary Counter)

□ LED 표시기(애노우드 공통)

□ LED 10개

□ 스위치(ON−OFF) 5개

□ 고정 저항 300Ω 7개

□ 논리회로 실험장치

※ LED 5301(Common Anode) 핀번호

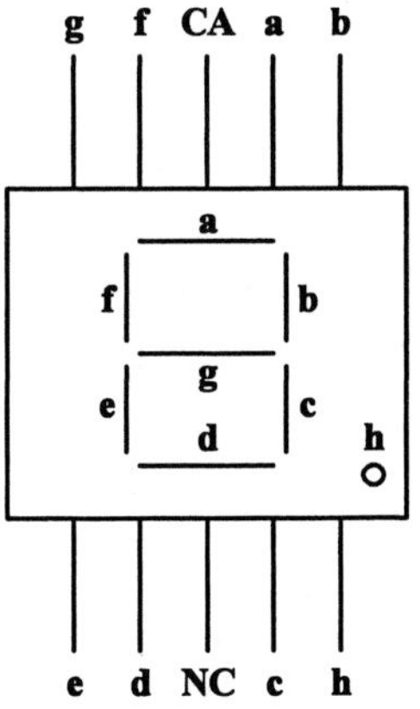

5. 실험

(1) 그림 19-7과 같은 회로를 구성하고 입력 조건에 따른 출력 상태를 측정하여 표 19-1에 기록하시오.

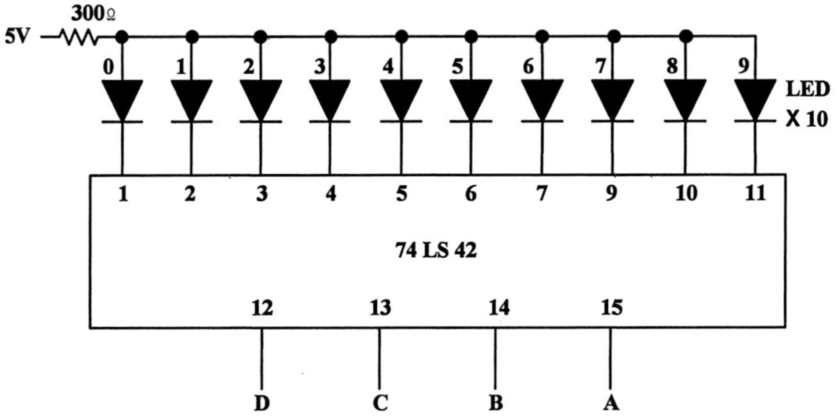

그림 19-7

표 19-1

D	C	B	A	0	1	2	3	4	5	6	7	8	9
0	0	0	0										
0	0	0	1										
0	0	1	0										
0	0	1	1										
0	1	0	0										
0	1	0	1										
0	1	1	0										
0	1	1	1										
1	0	0	0										
1	0	0	1										

(2) 그림 19-8과 같은 회로를 구성하고 입력 조건에 따른 출력 상태를 측정하여 표 19-2에 기록하시오.

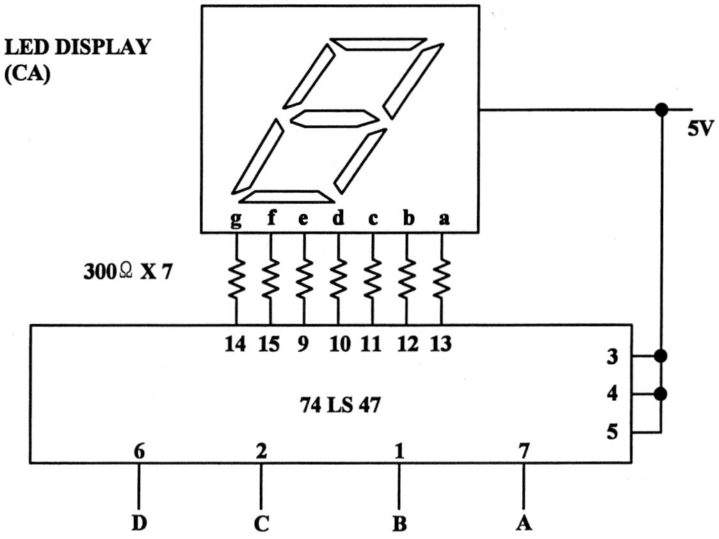

그림 19-8

표 19-2

D	C	B	A	표시 숫자
0	0	0	0	
0	0	0	1	
0	0	1	0	
0	0	1	1	
0	1	0	0	
0	1	0	1	
0	1	1	0	
0	1	1	1	
1	0	0	0	
1	0	0	1	

(3) 그림 19-9처럼 회로를 구성, 출력 상태를 측정하여 표 19-3에 기록하시오.

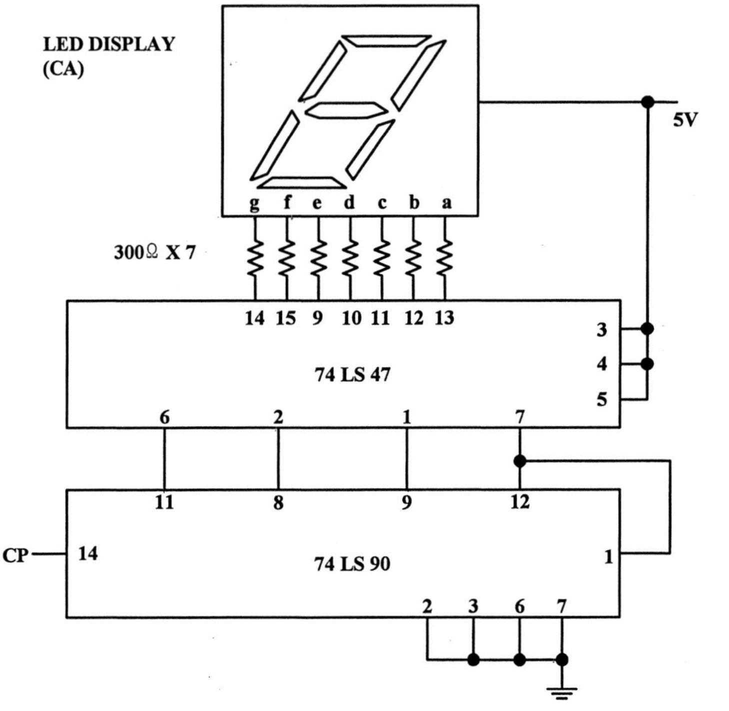

그림 19-9

표 19-3

CP	표시 숫자
0	
1	
2	
3	
4	
5	
6	
7	
8	
9	

(4) 그림 19-10처럼 회로를 구성, 출력 상태를 측정하여 표 19-4에 기록하시오.

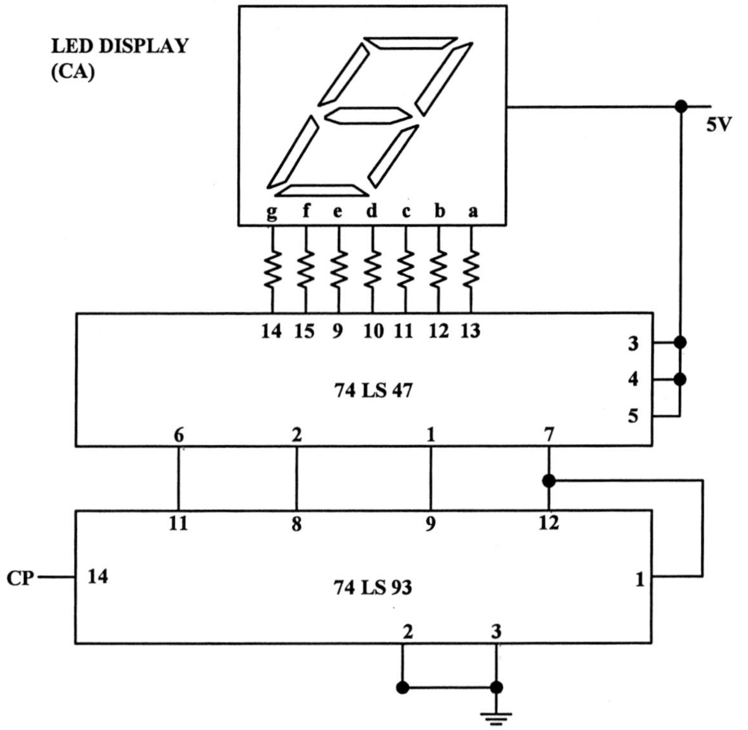

그림 19-10

표 19-4

CP	표시 숫자	CP	표시 숫자
0		9	
1		10	
2		11	
3		12	
4		13	
5		14	
6		15	
7		16	
8		17	

6. 실험 결과 검토

(1) 그림 19-7의 회로를 실험하여 얻어진 표 19-1이 이론치와 일치하는지 확인하여 보자.

(2) 그림 19-8의 회로를 실험하여 얻어진 표 19-2가 이론치와 일치하는지 확인하여 보자.

(3) 그림 19-9의 회로를 실험하여 얻어진 표 19-3이 이론치와 일치하는지 확인하여 보자.

(4) 그림 19-10의 회로를 실험하여 얻어진 표 19-4가 이론치와 일치하는지 확인하여 보자.

실험 20

전원 공급 장치

1. 목적

110/220[V] AC 전원에서 DC 전원을 출력하는 전원회로를 통하여 교류 전원을 직류 전원으로 변환하는 전원 공급 장치의 원리를 습득한다.

2. 이론

110/220[V] AC 전원에 의한 DC 전원 변환회로는 그림 20-1과 같다.

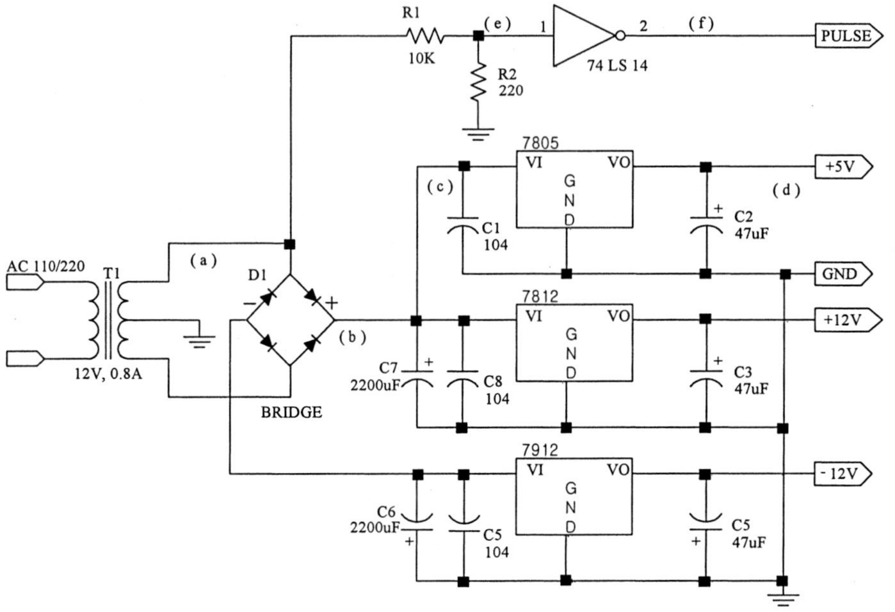

그림 20-1 전원회로

그림 20-1에서 AC 전압 110/220[V]로부터 DC 전압 5[V]로 변환하는 과정은 다음과 같다.

먼저 트랜스포머에 의한 2차 전압은 (필요한 전압+3)[V]로 하여 트랜스포머를 결정한다. 트랜스포머의 2차 전압은 1차 전압을 전압 강하한 sine 파형이 출력된다(그림 20-2(a)). 그리고 트랜스포머에서 2차 출력된 sine 파형을 정류용 다이오드인 브리지 다이오드를 거쳐서 전파 정류된 전파 정류 파형을 얻는다(그림 20-2(b)). 정류된 파형을 평활화 캐패시터(C1) 2200[μF]에 의해서 평활화 하고(그림 20-2(c)) 평활화 캐패시터에 의해서 평활화된 전원 파형을 전압 레귤레이터(7805)를 거치면 안정화된 직류 전압을 얻을 수 있다(그림 20-2(d)).

또한 트랜스포머의 2차 전압 5[V]를 7414의 멀티바이브레이터를 거치면 멀티바이브레이터의 출력단에서 TTL 레벨의 펄스 파형이 출력된다(그림 20-2(f)).

각각의 단자를 거친 출력 파형은 그림 20-2와 같다.

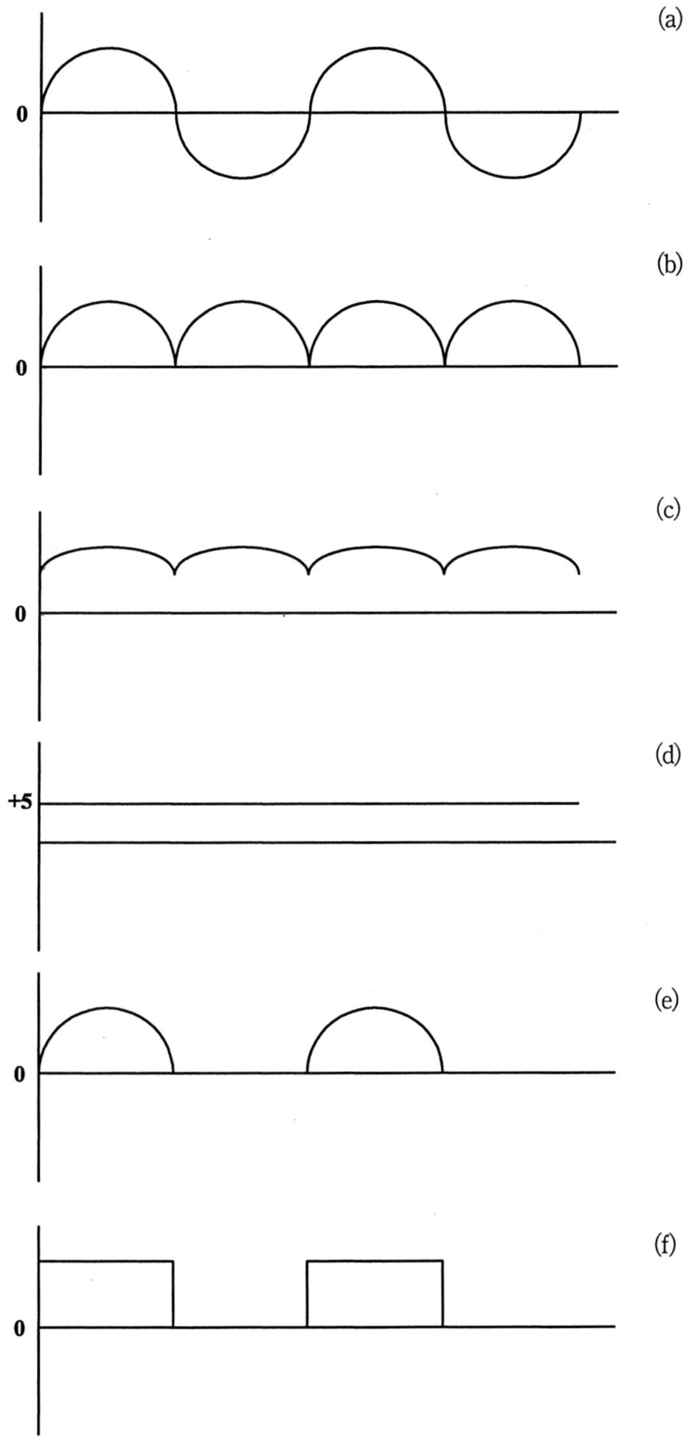

그림 20-2 각각의 단자를 거친 파형

또한 AC 전원 110/220[V]에서 DC 전압 12[V]로 변환하는 과정은 DC 전압 5[V]로 변환하는 과정에서 7812의 전압 레귤레이터를 사용하는 것을 제외하면 DC 전압 5[V]로 변환하는 과정과 동일하며 DC 전압 −12[V]로 변환하는 과정은 다음과 같다.

양파의 출력을 갖는 트랜스포머에서 −12[V]의 2차 AC 전압 출력 단자를 브리지 다이어드를 거쳐서 전파 정류하여 7912의 전압 레귤레이터를 거쳐서 DC 전압 −12[V]를 얻는다.

3. 예비보고서

(1) 브리지 다이오드의 역할에 대해서 설명하시오.
(2) 평활화 캐패시터의 역할에 대해서 설명하시오.
(3) 전압 레귤레이터의 핀 배치와 동작 특성에 대해서 설명하시오.
(4) (f) 점에서 출력 파형이 펄스로 출력되는 동작 원리에 대해서 설명하시오.

4. 사용기기 및 부품

☐ Tester
☐ Oscilloscope
☐ 110/220[V] 양파 Transformer(12[V], 0.8[A]의 출력) * 1
☐ 1G6 Bridge Diode * 1
☐ 7805 Regulator * 1
☐ 7812 Regulator * 1
☐ 7912 Regulator * 1
☐ 74LS14 Multivibrator * 1
☐ capacitor 2200[μF] * 2, 0.1[μF] * 3, 47[μF] * 3
☐ Resistor 220Ω * 1, 10[kΩ] * 1

5. 실험

(1) 그림 20.1과 같이 회로를 구성한다.

(2) (a)점을 Oscilloscope로 측정하여 출력 파형을 도시하고 peak-to-peak 전압을 측정한다. 또한 트랜스포머의 2차 전압이 (필요한 전압+3)[V]가 되는지 확인한다. 여기서 필요한 전압은 DC 5[V]이다.

(3) (b)점을 Oscilloscope로 측정하여 출력 파형을 도시하고 peak 전압을 측정한다.

(4) (c)점을 Oscilloscope로 측정하여 출력 파형을 도시하고 평활화가 되었는지 확인한다.

(5) (d)점을 Oscilloscope로 측정하여 출력 파형을 도시하고 DC 전압을 측정한다.

(6) (e)점을 Oscilloscope로 측정하여 출력 파형을 도시한다.

(7) (f)점을 Oscilloscope로 측정하여 출력 파형을 도시한다.

6. 실험 결과 검토

(1) 각각의 전압 레귤레이터에서 DC 전압이 출력되는지 확인한다.

(2) 각각의 전압 레귤레이터에서 열이 발생될 경우의 해결책에 대해서 알아본다.

(3) 멀티바이브레이터의 출력단에서 펄스 파형이 출력되는지 확인한다.

실험 21

단안정 멀티바이브레이터 (Monostable Multivibrator)

1. 목적

단안정 멀티바이브레이터의 동작 원리와 사용 용도를 익힌다.

2. 이론

[1] 기본 동작 원리

단안정 멀티바이브레이터는 Set 상태와 Reset 상태의 두 상태 중 한 상태에서만 안정되고 다른 상태는 불안정하여 일정한 시간이 경과한 후에는 자동적으로 안정한 상태로 돌아간다. 이와 같이 순간적으로 안정한 상태를 준안정 상태라 하며 준안정에 머무는 시간 z는 자체 내의 R, C로 결정되며 논리기호와 출력 파형은 그림 21-1과 같다.

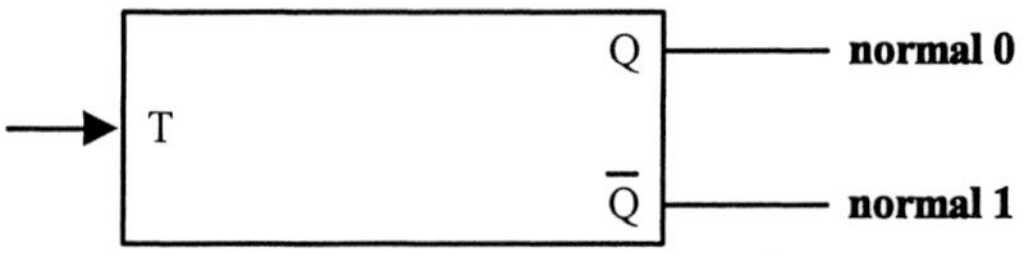

(a) Reset 상태에서 안정되는 논리 기호

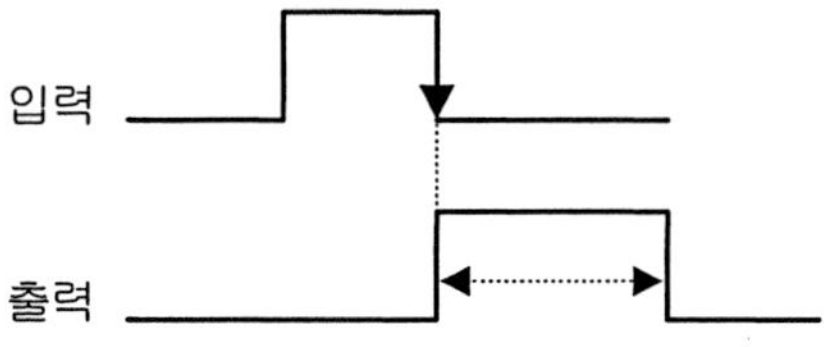

(b) 트리거 입력과 출력 파형

그림 21-1 단안정 멀티바이브레이터의 논리 기호와 출력 파형

단안정 멀티바이브레이터는 One shot 멀티바이브레이터라고도 한다. 이 회로의 동작을 보면 먼저 입력에 트리거 펄스가 들어오지 않는 상태에서 T_{r1}은 $-V_{BB}$와 R_B에 의해 항상 차단 상태에 있다. T_{r2}는 V_{CC}와 R_T에 의해 도통 상태로 고정되어 있다. 이 때 부(Negative)의 트리거 펄스가 입력에 들어오면 T_{r2}의 V_{BE2}가 감소하여 T_{r2}의 컬렉터 전압이 급격히 상승한다. 이 변화가 C_C를 통하여 T_{r1}에 인가되므로 T_{r1}의 컬렉터 전류가 증가한다. 즉, T_{r1}이 도통되고 T_{r2}가 차단되어 불안정한 상태가 된다. 한편 T_{r1}이 도통되어 결합 콘덴서 C_T에 충전되어 있던 전하가 R_T를 통하여 방전한다($+V_{CC} \rightarrow R_T \rightarrow C_T \rightarrow T_{r1}$ 방향으로). 반대로 C_T가 충전할 때는 R_1을 통하여 충전된다($+V_{CC} \rightarrow R_1 \rightarrow C_T \rightarrow T_{r2}$ 방향으로).

방전 기간 동안은 R_T에 의한 전압 강하 때문에 T_{r2}는 계속 차단되어 있고 T_{r1}은 도통되어 있다. 방전이 끝나면 T_{r2}에 다시 정의 바이어스가 걸리게 되어 T_{r2}는 도통되고 T_{r1}은 차단된다. 앞에서 언급한 준안정 상태는 C_T가 R_T를 통하여 방전되는 시간에 의하여 결정되며 식(21.1)과 같다.

$$\tau = 0.693 C_T R_T \qquad \cdots\cdots (21.1)$$

이 기간 동안 트리거 펄스가 들어오더라도 V_{BE2}가 낮아 출력 상태가 변하지 않는다.

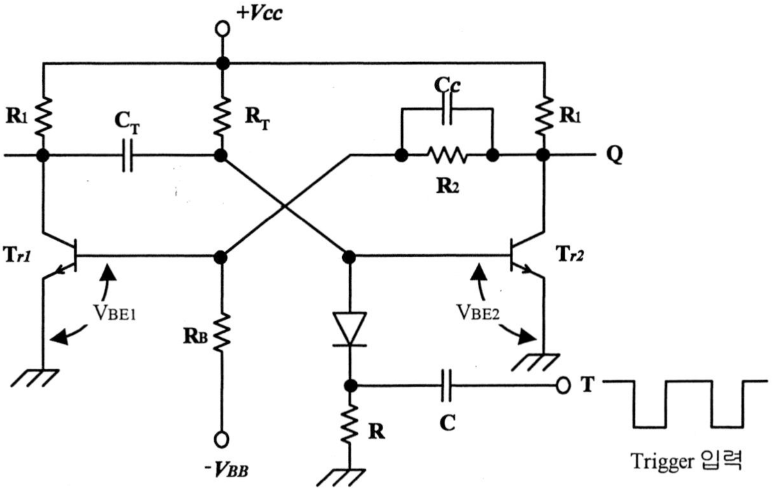

그림 21-2 단안정 멀티바이브레이터 회로

[2] TTL IC 74121 단안정 멀티바이브레이터 회로

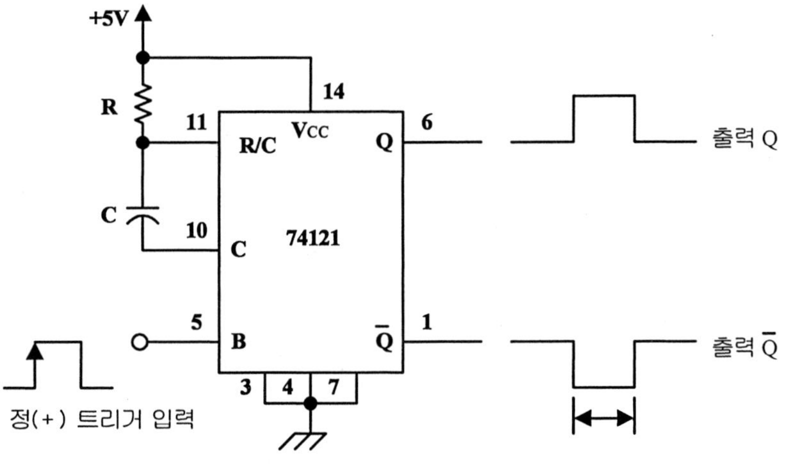

그림 21-3 정(+) 트리거를 위한 74121 단안정 멀티바이브레이터의 기본 접속 회로

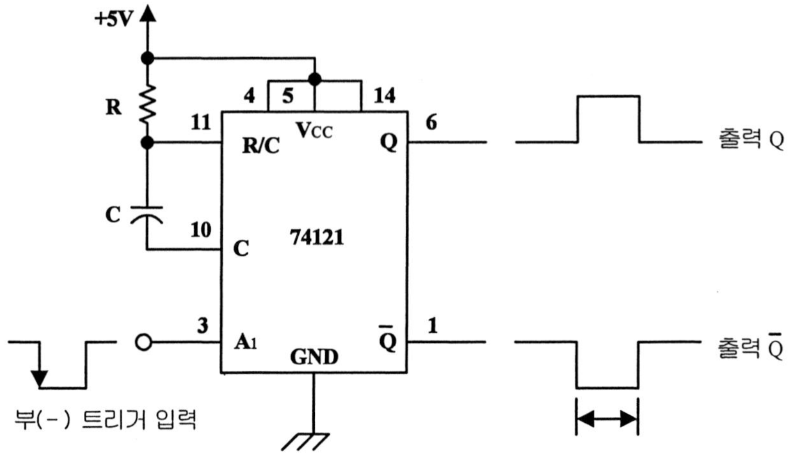

그림 21-4 부(-) 트리거를 위한 74121 단안정 멀티바이브레이터의 기본 접속 회로

R, C의 시정수 회로에 의해 출력 펄스폭은 식(21.1)과 같다. 최대의 성능을 얻기 위해서는 R은 2~40[kΩ], C는 10[pF]~10[μF]의 범위로 선정하여야 한다.

3. 예비보고서

74121의 트리거 입력이 그림과 같이 주어질 때 출력 Q를 그리시오.

[1] τ = 50[ms]일 때

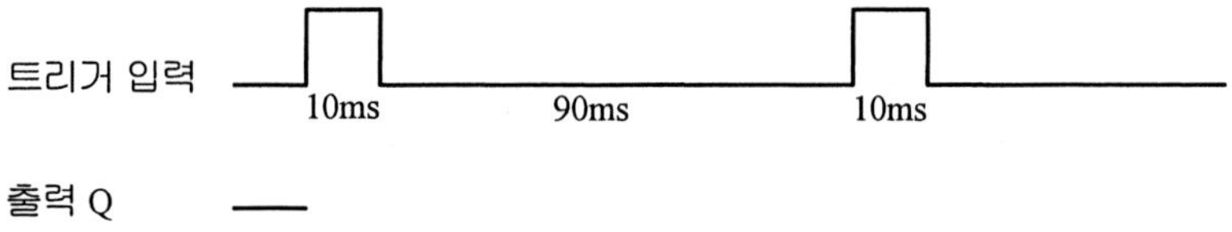

[2] τ = 10[ms]일 때

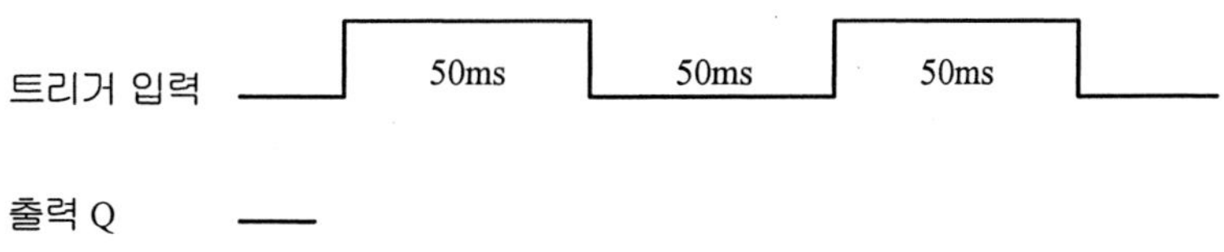

[3] τ = 50[ms]일 때

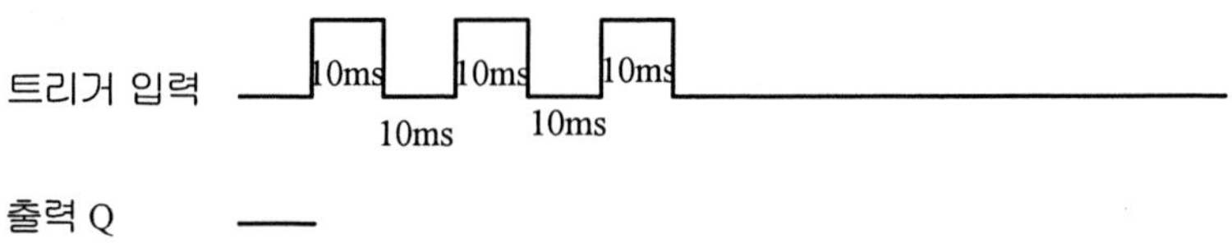

4. 사용기기 및 부품

- ☐ IC 74121(Monostable Multivibrator) 1개
- ☐ 저항 3[kΩ], 30[kΩ] 각 1개
- ☐ 콘덴서 0.1[μF], 0.01[μF] 각 1개
- ☐ 함수 발생기(펄스 발생기)
- ☐ 2 채널 오실로스코프
- ☐ 만능 기판

5. 실험

(1) R=3[kΩ], C=0.1[μF]로 하고 그림 21-3의 회로를 구성하여 1[kHz]의 클럭 펄스를 인가할 때 오실로스코프에 나타난 출력(Q) 파형을 클럭 펄스 입력과 비교하여 그림 21-5에 나타내어라.

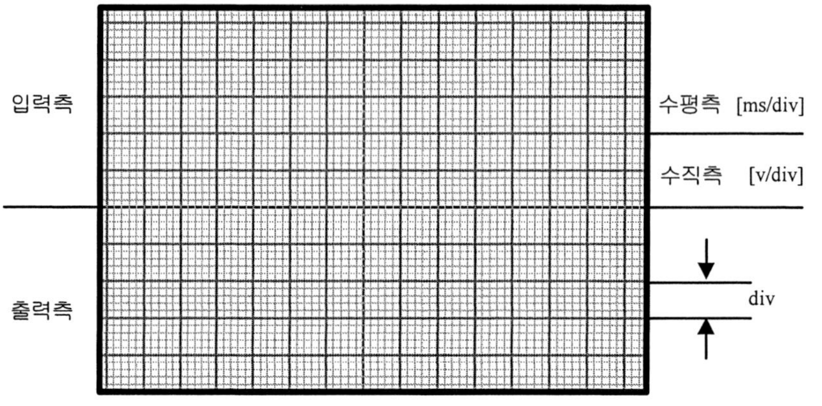

그림 21-5

(2) R=30[kΩ], C=0.01[μF]로 하고 그림 21-4의 회로를 구성하여 1[kHz]의 클럭 펄스를 인가할 때 오실로스코프에 나타난 출력(Q) 파형을 클럭 펄스 입력과 비교하여 그림 21-6에 나타내어라.

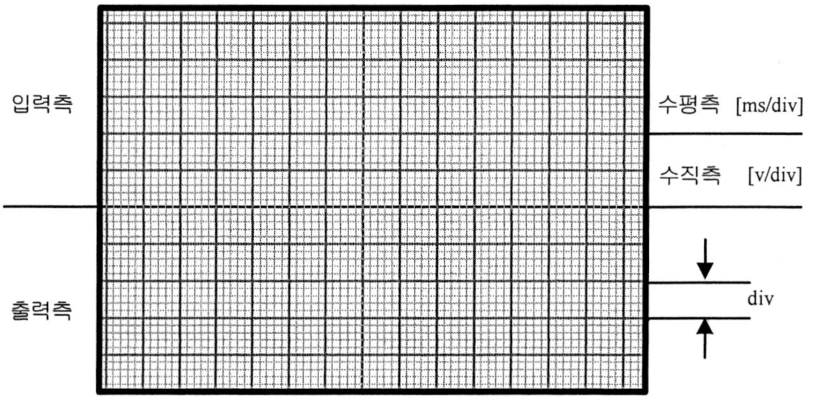

그림 21-6

6. 실험 결과 검토

(1) 실험 (1)의 결과로부터 출력 Q의 주파수는 몇 Hz인가? 또한 τ는 몇 초인가?

(2) 실험 (2)의 결과로부터 출력 Q의 주파수는 몇 Hz인가? 또한 τ는 몇 초인가?

(3) 시정수 τ에 대한 이론치를 계산하고 실험 (1)과 (2)의 결과치와 비교하라.

실험 22

555 IC Timer

1. 목적

555 IC Timer를 이용한 비안정 멀티바이브레이터의 동작 원리를 익힌다.

2. 이론

IC Timer가 등장한 이래 단안정 및 비안정 멀티바이브레이터의 설계가 간단해졌다. 본 절은 회로의 클럭 펄스 입력으로 사용할 수 있는 555 IC Timer를 이용한 비안정 멀티바이브레이터를 소개하고자 한다.

비안정 멀티바이브레이터는 안정한 상태가 없고 Set 상태와 Reset 상태를 반복적으로 수행하는 회로를 말한다. 이러한 비안정 멀티바이브레이터 기능을 위한 555 IC Timer 회로는 그림 22-1과 같이 구성할 수 있다.

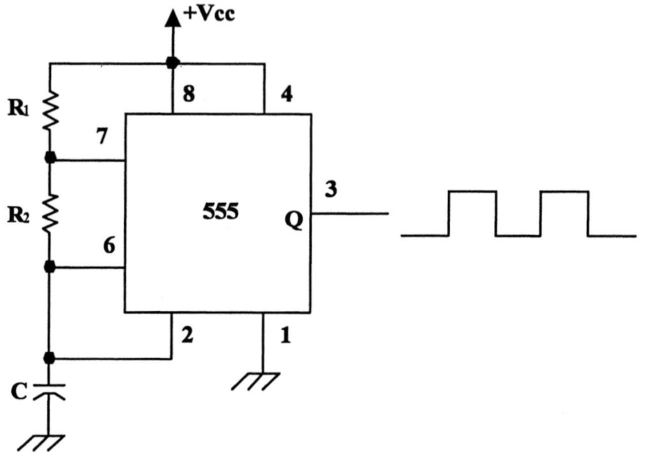

그림 22-1 555 Timer의 비안정 멀티바이브레이터의 회로

이 회로의 출력 주파수는 식(22.1)과 같다.

$$f = \frac{1.443}{(R_1 + 2R_2)C}[\text{Hz}] \qquad \cdots\cdots (22.1)$$

출력 펄스열의 듀티 싸이클(Duty Cycle)은 식(22.2)과 같이 Timer 외부에 접속되는 저항값에 의해서 결정된다.

$$D = \frac{R_1 + R_2}{R_1 + 2R_2} \times 100[\%] \qquad \cdots\cdots (22.2)$$

따라서 R2를 R1에 비해 매우 크게 선정하면 듀티 싸이클은 50%에 가까워진다. 또한 R1+2R2의 값은 1[kΩ]~10[MΩ]의 범위로 선정한다.

3. 예비보고서

(1) Duty Cycle의 의미를 간단히 설명하시오.

(2) 비안정 멀티바이브레이터는 타이머 대신 수정 발진자를 이용하여 구성할 수도 있다. 수정 발진자를 이용하지 않고 타이머를 이용하여 회로를 구성할 경우 장·단점을 간략히 기술하시오.

4. 실험기기 및 부품

- □ 555 IC Timer 1개
- □ 저항 1[kΩ], 100[kΩ], 330[kΩ], 1[MΩ] 각 1개
- □ 콘덴서 0.001[μF], 0.01[μF], 1[μF] 각 1개
- □ 2채널 오실로스코프
- □ 만능 기판

5. 실험

그림 22-1의 555 Timer의 비안정 멀티바이브레이터 회로에 대하여 다음 순서에 따라 실험을 수행하라.

(1) R_1=1[kΩ], R_2=1[MΩ], C=1[μF]로 하여 V_{CC}(+5[V])를 인가하고 출력을 오실로스코프로 관찰하여 그림 22-2에 나타내어라.

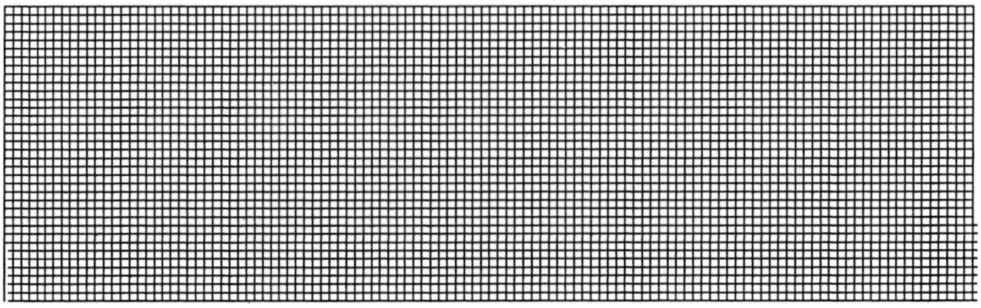

그림 22-2

(2) V_{CC}를 제거하고 R_2=330[kΩ], C=0.001[μF]로 바꾼 다음 V_{CC}(+5[V])를 다시 인가하고 출력을 오실로스코프로 관찰하여 그림 22-3에 나타내어라.

그림 22-3

(3) V_{CC}를 제거하고 R_2=100[kΩ], C=0.01[μF]로 바꾼 다음 V_{CC}(+5[V])를 다시 인가하고 출력을 오실로스코프로 관찰하여 그림 22-4에 나타내어라.

그림 22-4

6. 실험 결과 검토

(1) 실험 (1)의 결과에서 출력 주파수와 Duty Cycle은 얼마인가? 또한 이론치를 계산하여 실험 결과와 비교하라.

(2) 실험 (2)의 결과에서 출력 주파수와 Duty Cycle은 얼마인가? 또한 이론치를 계산하여 실험 결과와 비교하라.

(3) 실험 (3)의 결과에서 출력 주파수와 Duty Cycle은 얼마인가? 또한 이론치를 계산하여 실험 결과와 비교하라.

실험 23

PLD(Programmable Logic Device)

1. 목적

PLD(Programmable Logic Device)는 임의의 논리회로를 프로그램 할 수 있는 내부 구조를 갖는 범용 IC로서 PLD의 한 종류인 PAL(Programmable Array Logic)을 통하여 PLD의 동작 특성 및 사용 방법을 습득한다.

2. 이론

PLD(Programmabale Logic Device)는 다음과 같이 분류된다.

[1] mask ROM(Read Only Memory)

mask ROM의 일반적인 구조는 그림 23-1과 같으며 이는 AND-OR 어레이 구조에서 고정된 AND 어레이 및 고정된 OR 어레이로 구성되어 있다. 또한 mask ROM은 조합논리회로를 공장주문형으로 대량 생산할 경우에 사용된다.

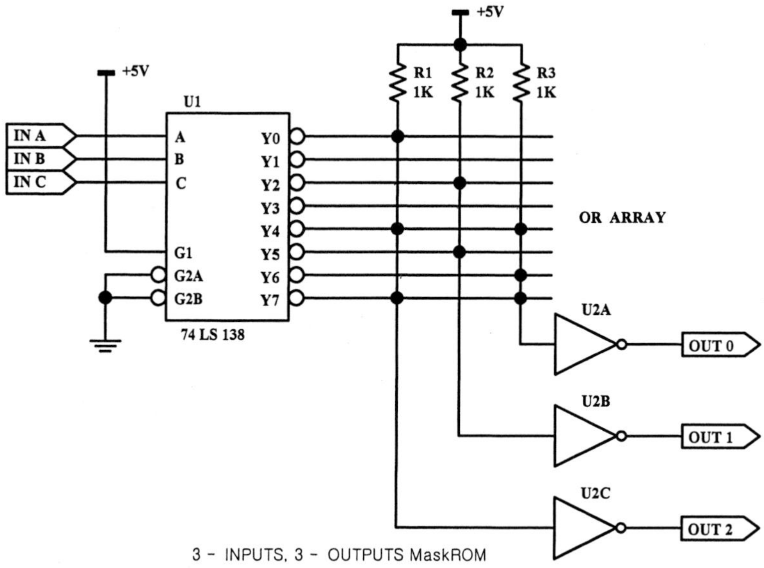

그림 23-1 mask ROM의 일반적인 구조

[2] PLA(Programmable Logic Array)

PLA의 일반적인 구조는 그림 23-2와 같으며 이는 가변의 AND 어레이 및 가변의 OR 어레이로 구성되어 있다

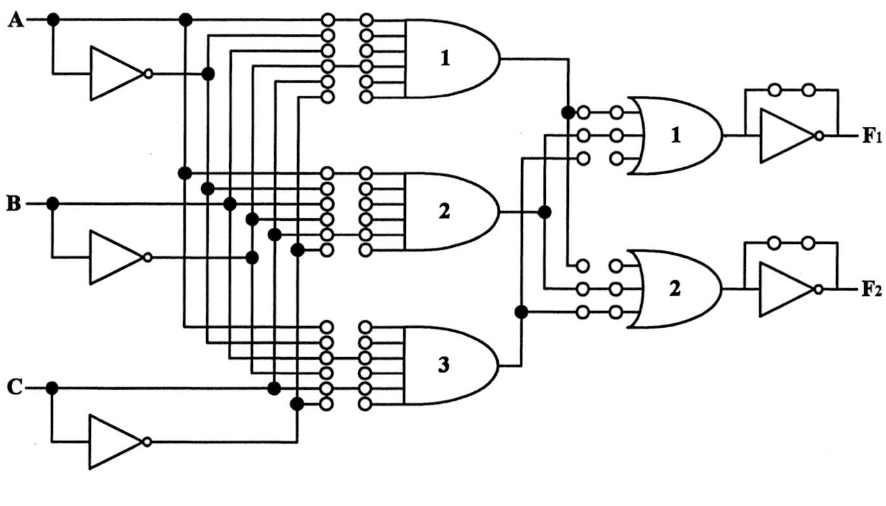

그림 23-2 PLA의 일반적인 구조

[3] PAL(Programmable Array Logic)

PAL의 일반적인 구조는 그림 23-3과 같으며 이는 가변의 AND 어레이 및 고정된 OR 어레이로 구성되어 있다.

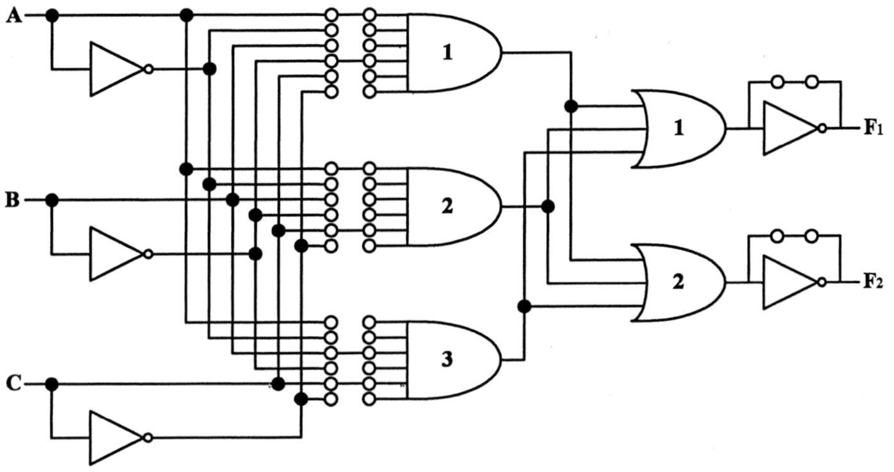

그림 23-3 PAL의 일반적인 구조

이러한 PAL은 1978년 MMI(Monolithic Memory Inc.)사에서 최초로 개발된 이래 현재까지 논리회로를 설계하는 기술자에게 많이 사용되고 있다. 이러한 PAL의 장점은 PLA에 비하여 NAND/NOR 게이트에 가까워 TTL 레벨의 논리회로 설계가 용이하며 또한 PLA보다 가격이 저렴하고 고속이며 소비 전력이 적고 또한 PC상에서 논리회로의 로직을 PALASM 및 ABEL 등을 이용하여 프로그램할 수 있는 장점이 있다. 반면에 OR 어레이가 고정이므로 설계 자유도가 낮다는 단점을 갖고 있으나, 여러 개의 패밀리 소자를 준비하여 이러한 결점을 보충하고 있다.

PAL의 형번은 다음과 같이 표기된다.

PAL16L8

여기서 숫자 16은 OR 어레이의 입력수를 나타내며 숫자 8은 최종출력수를 나타낸다. 또한 'L'은 출력 형식이며 'L'은 부논리 출력을, 'R'은 레지스터 출력을 나타낸다. 따라서 PAL16L8은 OR 어레이의 입력수가 16개, 출력수가 8개이며 출력은 부논리를 갖는 조합논리회로의 설계에 이용된다. 또한 PAL16R8은 OR 어레이의 입력수가 16개이며 출력수는 8개, 출력은 레지스터 출력 형식을 갖는 순서논리회로 설계에 이용된다.

그림 23-4는 PAL16L8 및 PAL16R8의 핀 구조를 나타낸 것이다.

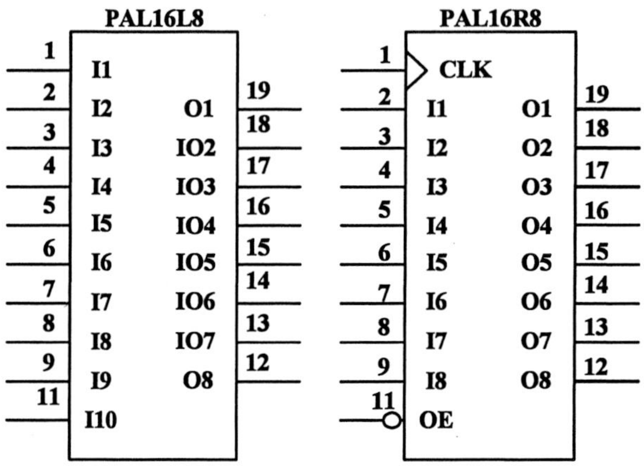

그림 23-4 PAL16L8 및 PAL16R8의 핀 구조

또한 PAL에 의해서 논리회로를 설계하고자 할 경우 PC상에서 PAL의 프로그램을 하기 위한 PALASM 및 ABEL 등을 이용해 설계하면 된다. 본 실험에서는 ABEL을 이용하여 프로그램 한다.

그림 23-5는 ABEL을 이용하여 논리회로를 프로그램할 경우의 문법 구조를 나타낸 것이다.

```
module      module_name
title 'string'
deviceID device 'deviceType;'
pin declarations
other declarations
equations
logic equations
end         module_name
```

그림 23-5 ABEL의 프로그램 논리회로 문법 구조

그림 23-5에 나타낸 문법 구조를 자세하게 설명하면 다음과 같다.

① 프로그램은 module이라는 키워드로 시작하며 *module_name*은 사용자가 적절한 이름으로 설정한다.
② title은 프로그램에 대한 주석을 첨가하는 부분이다.
③ device 문장은 회로도에서 사용한 PAL 디바이스에 대한 identifier를 나타낸 부분이며 사용한 PAL 디바이스 이름을 *device Type* 난의 단일 인용부호(') 안에 정의한다.
④ *pin declarations*에서는 사용한 PAL 디바이스에 대한 핀 연결 상태를 정의한다.
⑤ *other declarations*에서는 회로 설계자가 정의하고 싶은 상수 및 마크로 등을 정의한다.
⑥ equations에서는 설계한 논리회로의 불 함수를 정의한다. 이 때 여기서 사용하는 기호는 다음과 같다.

이름	정식 기호	대체 기호
AND	&	*
OR	#	+
NOT	!	/
Exclusive OR	$	:+:
Not Exclusive OR	!$	:*:

여기서 대체 기호는 프로그램상에서 @ALTERNATE을 사용하면 된다.

⑦ 프로그램의 끝은 end로 하여 끝낸다.

한편 설계한 논리회로를 PAL에 writing 하기 위한 과정은 다음과 같다.

① 접속도 등의 논리회로 설계 사양에 기초를 두어 그림 23-5에 나타낸 바와 같이 프로그램을 작성한다.
② 작성된 프로그램을 ABEL에 의해서 JEDEC 코드로 변환한다.
③ 변환된 JEDEC 코드를 PAL 프로그래머에 의해서 writing 작업을 수행한다.
④ JEDEC 코드를 writing 한 PAL 디바이스에 의해서 설계된 논리회로를 검증한다.

3. 예비보고서

(1) PAL16L8의 구조에 대해서 설명하시오.

(2) PAL16R6의 구조에 대해서 설명하시오.

(3) ABEL에 의해서 PAL JEDEC 코드를 생성하는 방법에 대해서 설명하시오.

(4) 전가산기의 불함수(Boolean Function)를 구하시오.

(5) Ring Counter의 동작 상태에 대해서 설명하시오.

4. 사용기기 및 부품

☐ PAL Programmer

☐ Tester

☐ PAL16L8 * 1

☐ PAL16R8 * 1

☐ LED * 10

☐ 4 pin DIP SW * 2

☐ 저항 1[kΩ] * 4, 220[Ω] * 10

5. 실험

(1) 그림 23-6과 같이 실험 회로를 구성한다.

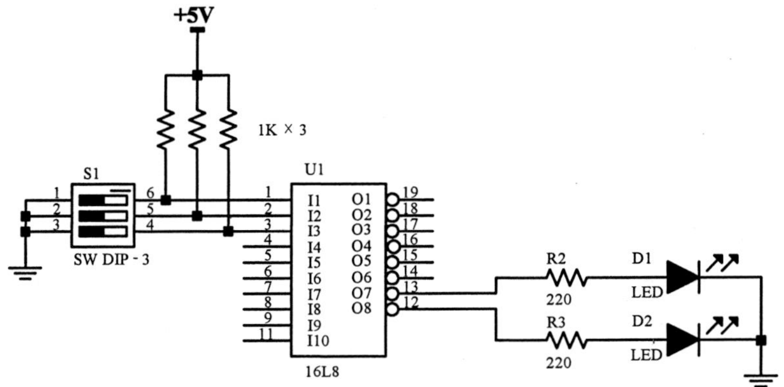

그림 23-6 PAL을 이용한 전가산기

(2) 다음과 같이 전가산기를 수행하는 PAL 프로그램을 작성한다.

```
module      Full_Adder
title       ' Full Adder PAL Program
                Author : Chul-won Lee, Doo-Won Tech.
                         Colledge'
F_ADDER         device   'PAL16L8'
@ALTERNATE
" input pins
INPUT_A         pin 1;
INPUT_B         pin 2;
INPUT_C         pin 3;
"output pins
SUM             pin 12;
CARRY           pin 13;
equations
SUM = INPUT_A :+: INPUT_B :+: INPUT_C;
CARRY = (INPUT_A :+: INPUT_B) * INPUT_C + INPUT_A * INPUT_B;
end         Full_Adder
```

(3) PC상에서 ABEL에 의해서 JEDEC 코드로 변환한다.

C:\> ABEL FULL.ABL

(4) PAL 프로그래머에 의해서 JEDEC 코드를 PAL에 writing 한다.

(5) 실험 (1)에서 구성한 회로에서 DIP 스위치를 조작하여 출력 LED의 상태를 관측하여 다음 표를 작성한다.

DIP_SW 1	DIP_SW 2	DIP_SW 3	LED 1	LED_2
OFF	OFF	OFF		
OFF	OFF	ON		
OFF	ON	OFF		
OFF	ON	ON		
ON	OFF	OFF		
ON	OFF	ON		
ON	ON	OFF		
ON	ON	ON		

(6) 그림 23-7과 같이 실험회로를 구성한다.

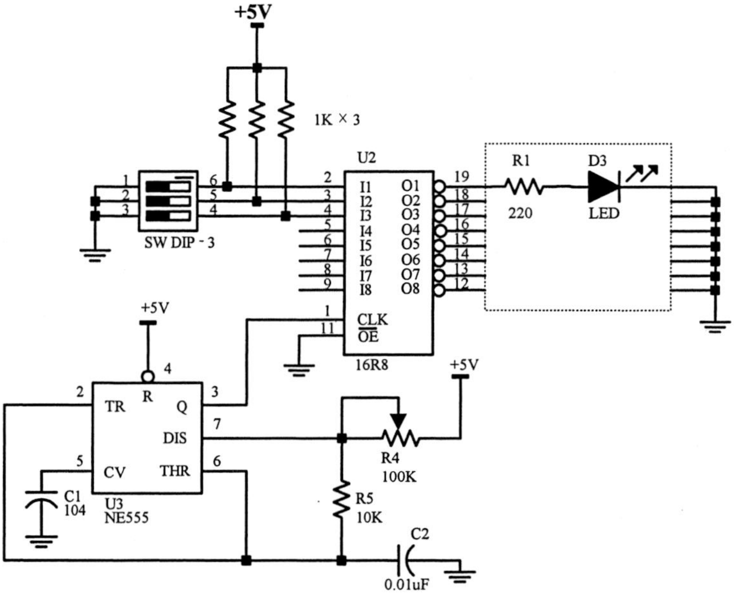

그림 23-7 PAL을 이용한 Ring 카운터

(7) 다음과 같이 전가산기를 수행하는 PAL 프로그램을 작성한다.

```
module      Ring_Counter
title       '8 bit Ring Counter
            Author : Chul-won Lee, Doo-Won Tech. Coledge'
RING        device       'PAL16R8'
" input pins
MCLK        pin 1;
/OE         pin 11;
CNTEN           pin 2;
RESTART         pin 3;
" output pins
S0, S1, S2, S3, S4, S5, S6, S7   pin 19, 18, 17, 16, 15, 14, 13, 12;
equations
S0 := CTEN & !S0 & !S1 & !S2 & !S3 & !S4 & !S5 & !S6 # !CTEN & S0 #
RESTART;
S1 := CTEN & /RESTART & S0 # !CTEN & !RESTART & S1;
S2 := CTEN & /RESTART & S1 # !CTEN & !RESTART & S2;
S3 := CTEN & /RESTART & S2 # !CTEN & !RESTART & S3;
S4 := CTEN & /RESTART & S3 # !CTEN & !RESTART & S4;
S5 := CTEN & /RESTART & S4 # !CTEN & !RESTART & S5;
S6 := CTEN & /RESTART & S5 # !CTEN & !RESTART & S6;
S7 := CTEN & /RESTART & S6 # !CTEN & !RESTART & S7;
end         Ring_Counter
```

(8) PC상에서 ABEL에 의해서 JEDEC 코드로 변환한다.

C:\> ABEL RING.ABL

(9) PAL 프로그래머에 의해서 JEDEC 코드를 PAL에 writing 한다.

(10) 실험 (6)에서 구성한 회로에서 Ring Counter의 동작 상태를 확인한다.

6. 실험 결과 검토

(1) PAL에 의해서 설계된 전가산기의 동작 상태를 확인한다.

(2) PAL에 의해서 설계된 Ring Counter의 동작 상태를 확인한다.

실험 24

Stop Watch

1. 목적

기록경기에서 많이 사용되는 0.1초의 정확도를 갖는 Stop Watch의 회로 설계 응용력을 익힌다.

2. 이론

Stop Watch는 기능별로 나누어 보면 기준시간 발생회로, 카운터회로/표시회로 및 Start/Stop 회로 등 크게 3부분으로 나눌 수 있다.

[1] 기준시간 발생회로

기준시간 발생회로는 그림 24-1과 같다.

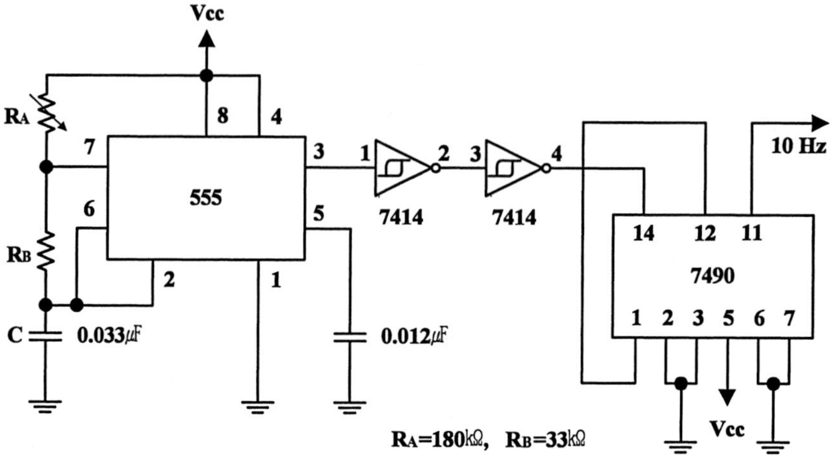

그림 24-1 기준시간 발생회로

그림에서 보는 바와 같이 기준시간 발생회로는 555 Timer, TTL IC 7414 슈미트 트리거 및 Decade Counter인 TTL IC 7490으로 구성된다. 먼저 555 Timer에서 100 [Hz]의 펄스열을 만들어 내고 TTL IC 7414 슈미트 트리거회로를 이용하여 Timer 출력을 좀 더 구형파에 가깝게 만들어준 다음 분주회로인 IC 7490을 이용하여 10[Hz]의 기준 펄스열을 만든다.

[2] 카운터 및 표시회로

IC 7490 각각은 10진 카운터로 동작되어 7-Segment Driver 7447을 통하여 7-Segment에 0.1초부터 99.9초까지 표시되며 구성회로는 그림 24-2와 같다.

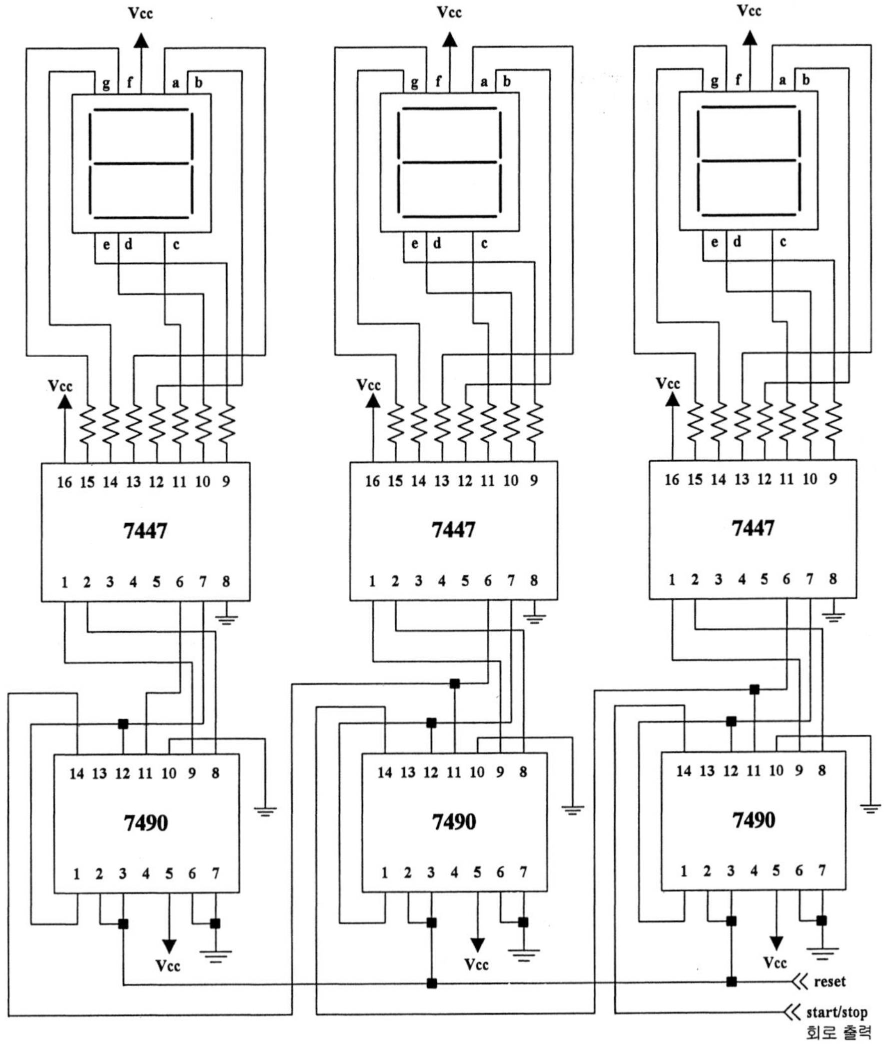

그림 24-2 카운터 및 표시회로

[3] Start/Stop 회로

Start/Stop 회로 구성은 그림 24-3과 같다.

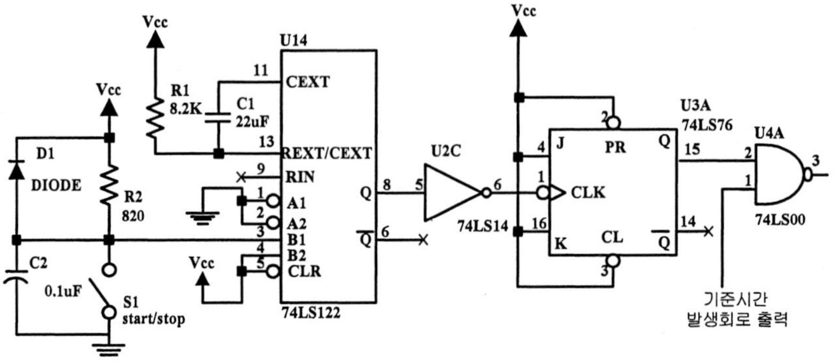

그림 24-3 Start/Stop 회로

Push-Button 스위치로부터 트리거 펄스를 받아 단안정 멀티바이브레이터 74122를 이용하여 하나의 펄스를 만들어 내고 이를 쉬미트 트리거 회로를 통하여 좀 더 구형파에 가까운 펄스를 만든 다음 7476 JK 플립플롭의 클럭 펄스로 이용한다. 이러한 클럭펄스에 의해 7476 JK 플립플롭은 이전 출력 상태가 반전되어 기준시간 발생회로 출력과 NAND 되어 카운터 회로로 신호가 보내진다. 이 때 7476 JK 플립플롭의 출력이 Low("0") 상태가 될 경우에는 카운터회로가 동작하지 않아 표시기의 상태는 바뀌지 않고 그대로 유지되며 7476 JK 플립플롭의 출력이 High("1") 상태가 될 경우에는 카운터회로가 정상적으로 동작하게 된다.

3. 예비보고서

(1) 쉬미트 트리거 회로의 동작 원리를 간단히 설명하고 주요 응용분야를 몇 가지 기술하시오.

(2) 그림 24-4의 Stop Watch 회로에 대한 배선도를 그리시오.

4. 실험기기 및 부품

- ☐ 555 Timer 1개
- ☐ IC 74122(Retriggerable Monostable Multivibrator) 1개
- ☐ IC 7490(Decade Counter) 4개
- ☐ IC 7476(JK Flip−Flop) 1개
- ☐ IC 7447(7−Segment Driver) 3개
- ☐ IC 7414(Schmitt Trigger) 1개
- ☐ IC 7400(NAND Gate) 1개
- ☐ Push−Button Switch 2개
- ☐ 7−Segment(Common Anode Type) 3개
- ☐ 저항 330[Ω] 21개
  820[Ω] 2개
  8.2[kΩ] 1개
  500[kΩ] 가변저항 1개
- ☐ 캐패시터 0.012[μF] 1개
  0.033[μF] 1개
  22[μF] 1개
  0.1[μF] 2개
- ☐ Diode

5. 실험

그림 24−4의 Stop Watch 회로에 대해 먼저 작성된 배선도에 따라 주어진 기판 위에 납땜 작업을 수행한다. 이 때 주의할 사항은 주요 기능별로 작업을 수행하고 각각의 기능이 제대로 나오는가를 확인한 후 다음 기능에 대한 작업을 계속 수행한다.

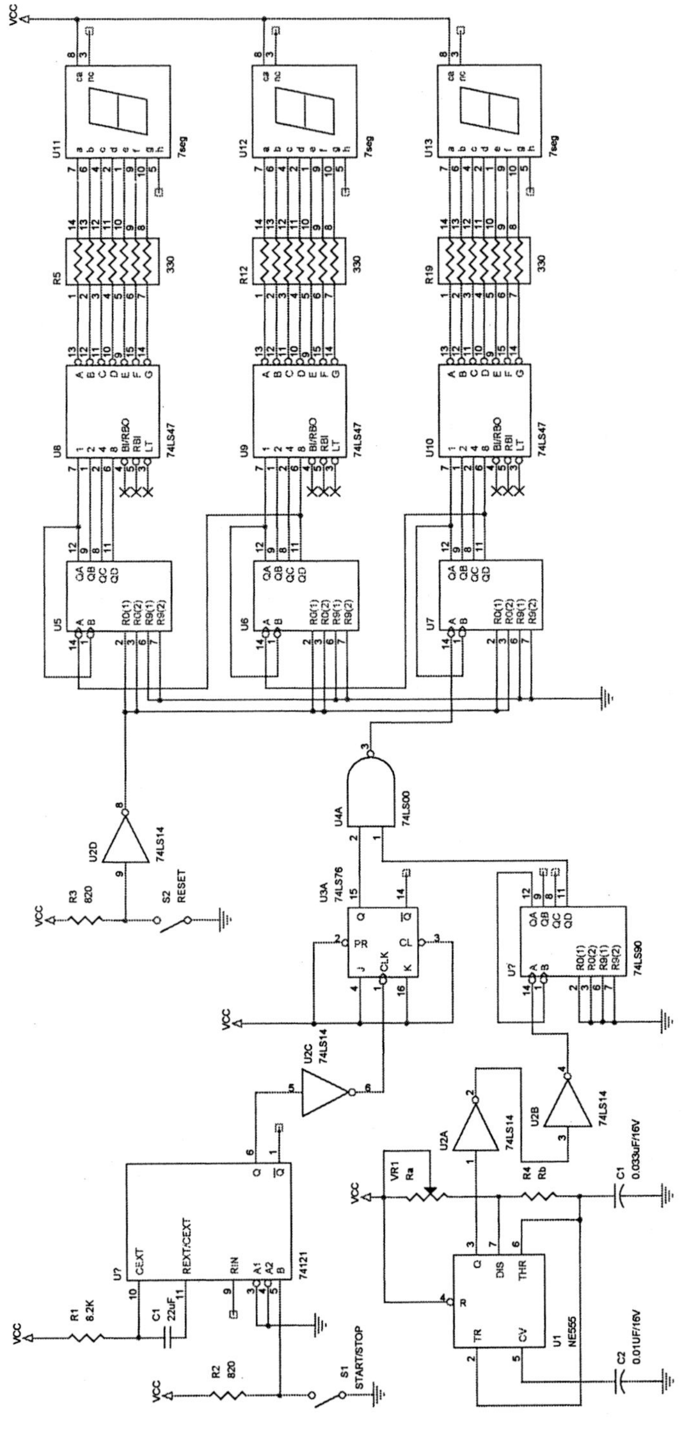

그림 24-4 Stop Watch 회로도

6. 실험 결과 검토

(1) 주어진 회로에 대한 타이머 출력 주파수가 이론치와 일치하는지 확인하라.

(2) Reset 기능과 Start 및 Stop 기능이 제대로 이루어지는가?

(3) 배선 작업 수행시 어려웠던 사항들을 열거하시오.

실험 25

디지털 시계의 제작

1. 목적

디지털 시계를 제작함으로써 카운터의 동작 원리 및 7-segment 디스플레이 장치의 동작 원리에 대해서 습득한다.

2. 이론

디지털 시계의 블록도는 그림 25-1과 같다.

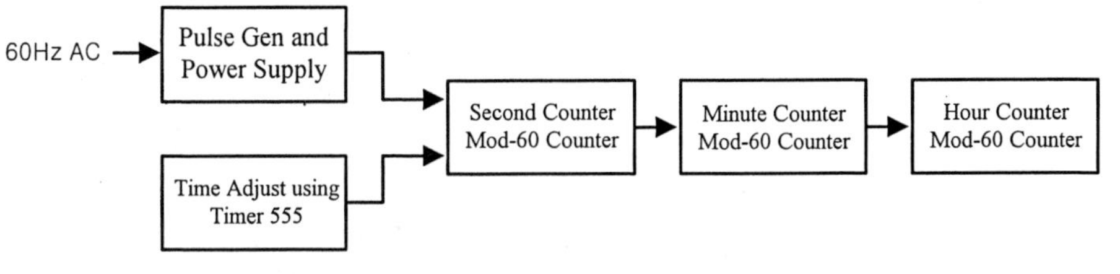

그림 25-1 디지털 시계의 블럭도

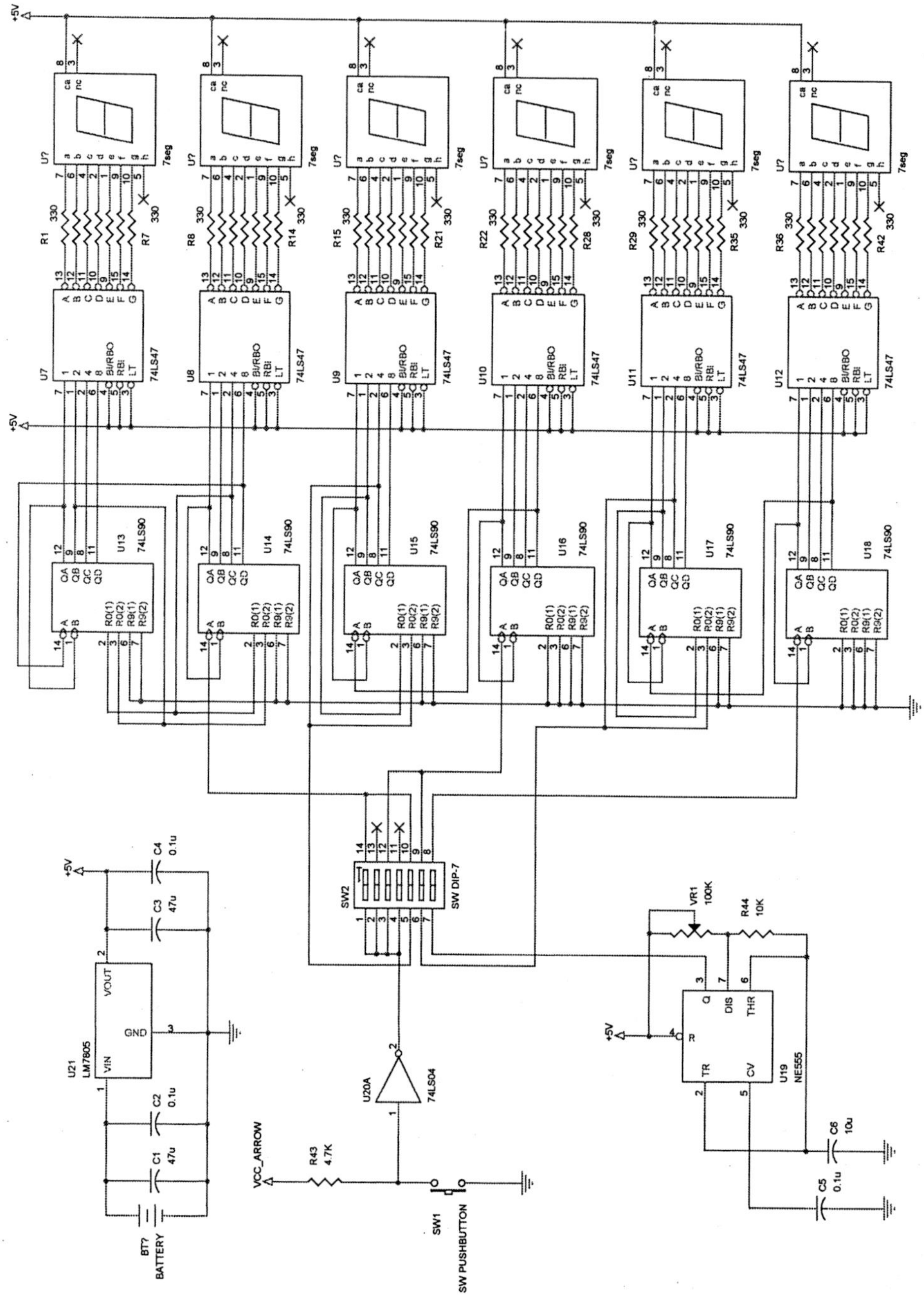

그림 25-2 디지털 시계의 회로도

그림 25−1에서 110/220[V]의 교류 전압을 트랜스포머에 의해서 5[V]의 DC 전압을 생성하여 게이트 디바이스의 전압으로 사용하고 트랜스포머의 2차 전압인 교류 전압 5[V]를 이용하여 60[Hz]의 클럭 펄스를 생성한다. 생성된 60[Hz]의 클럭 펄스를 60진 카운터에 인가하여 1[Hz]의 클럭 펄스를 생성하여 초를 계수하는 60진 카운터의 클럭 펄스로 이용한다. 초를 계수하는 60진 카운터의 최종 출력을 분을 계수하는 60진 카운터의 클럭 펄스로 이용하며 또한 분을 계수하는 카운터의 최종 출력을 시를 계수하는 24진 카운터의 클럭 펄스로 이용한다. 또한 시간의 조정은 555 타이머에 의해서 수행하도록 한다.

각각의 초, 분, 시는 7−segment 드라이버인 74LS47에 의해서 숫자를 디스플레이되도록 한다. 그림 25−2는 제작하고자 하는 디지털 시계의 회로도를 나타낸 것이다.

3. 예비보고서

(1) 60진 카운터의 설계 방법에 대해서 설명하시오.
(2) 24진 카운터의 설계 방법에 대해서 설명하시오.
(3) 555 타이머의 동작 원리에 대해서 설명하시오.

4. 사용기기 및 부품

□ 납땜용 만능 기판 * 1
□ Tester
□ Bridge Diode * 1
□ 트랜스포머 * 1
□ 7805 전압 레귤레이터 * 1
□ LED * 1
□ 555 Timer * 1
□ 74LS14 * 1
□ 74LS90 * 8
□ 74LS47 * 6
□ 7−segment(CA) * 6

☐ 저항 2[kΩ] * 1, 20[kΩ] * 1, 10[kΩ] * 1
☐ 가변 저항 100[kΩ] * 1
☐ 캐패시터 104 * 1, 0.1[μF] * 1
☐ SPDT SW * 1

5. 실험

(1) 그림 25-2와 같이 실험 회로를 납땜용 만능 기판에 제작한다.
(2) SPDT SW를 555 타이머에 위치하여 시간을 조절한다.
(3) SPDT SW를 74LS14에 위치하여 디지털 시계를 동작시킨다.

6. 실험 결과 검토

(1) 디지털 시계의 동작 상태를 확인한다.
(2) 555 타이머의 가변 저항을 조정하여 시간을 조절하여 디지털 시계의 동작 상태를 확인한다.

74 시리즈 TTL & HC-MOS

① 여기에 나타낸 단자 배치도는 표준 TTL 시리즈의 74××, 74LS××, 74AS××, 74F××의 6품종과 고속범용 C-MOS 시리즈의 74HC×× 및 40HC××를 합친 8가지 패밀리에 대한 것이다.

② 단자배치도를 나타낸 박스내의 왼쪽 윗부분에 나타낸 숫자가 각 시리즈 ××에 해당한다. 그리고 단자 배치도의 아래에 나타낸 형범은 그 번호로 존재하는 품종이다.

예를 들어 7400에 대해서는 모든 품종에 준비되어 있으나, 7401의 경우에는 7401, 74LS01, 74ALS01, 74HC01의 4품종뿐이다. 또 1품종밖에 존재하지 않는 형번도 있을 수 있다.

③ TTL IC로는 Texas Instrument(TI)사의 제품이 가장 많은데 어떠한 품종은 제조하지 않는 것도 있다. 특히 세컨드 소스 메이커의 품종은 수가 한정되어 있으므로 약간의 주의가 필요하다.

④ 기능의 표기에서 OC로 기입되어 있는 것은 Open Collector 타입이다.

00

Quad 2 Input NAND

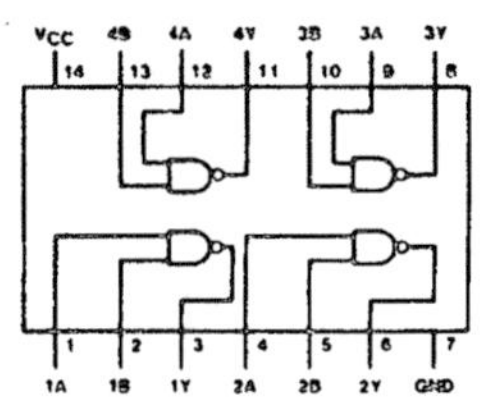

7400, 74LS00, 74S00, 74ALS00, 74F00, 74AS00, 74ALS1000, 74AS1000, 74HC00, 74HCT00, 40H000

01

Quad 2 Input NAND with OC

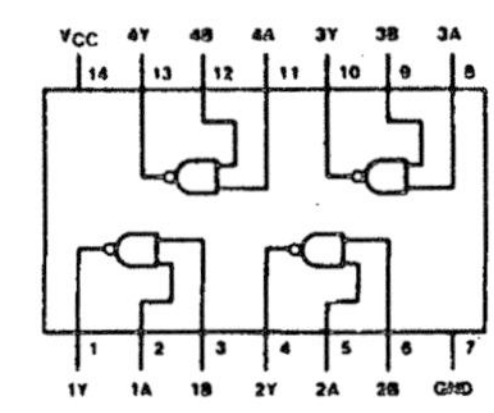

7401, 74LS01, 74ALS01, 74HC01

02

Quad 2 Input NOR

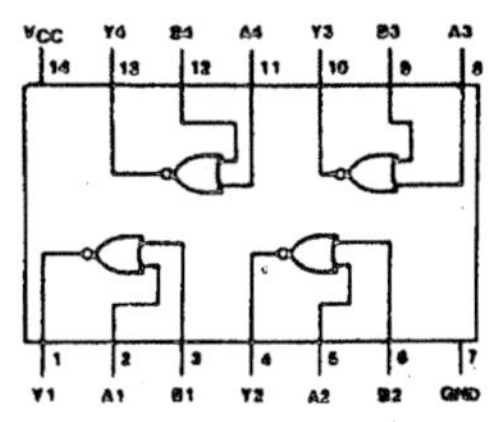

7402, 74LS02, 74ALS02, 74F02, 74S02, 74AS02, 74ALS1002, 74AS1002, 74HC02, 40H002

03

Quad 2 Input NAND with OC

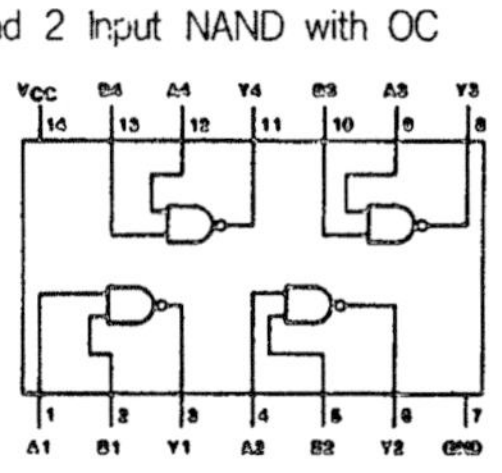

7403, 74LS03, 74S03, 74ALS03, 74ALS1003, 74HC03

04

Hex Inverter

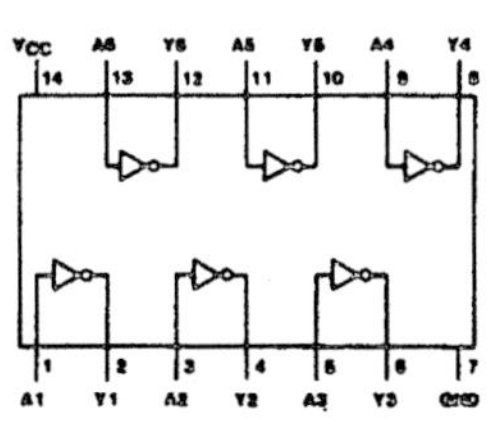

7404, 74LS04, 74S04, 74ALS04, 74F04, 74AS04, 74ALS1004, 74AS1004, 74HCU04, 74HC04, 74HCT04, 40H004

05

Hex Inveter with OC

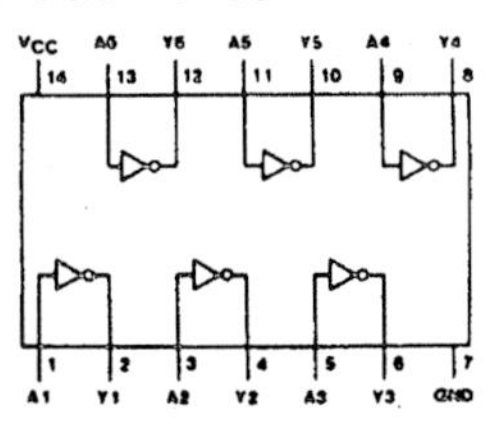

7405, 74LS05, 74ALS05, 74S05, 74ALS1005, 74HCT05

06

Hex Inverter Buffer with OC High Voltage Output

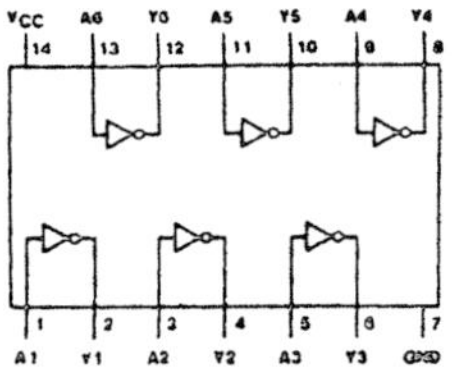

7406
74LS06

07

Hex Buffer with OC High Voltage Output

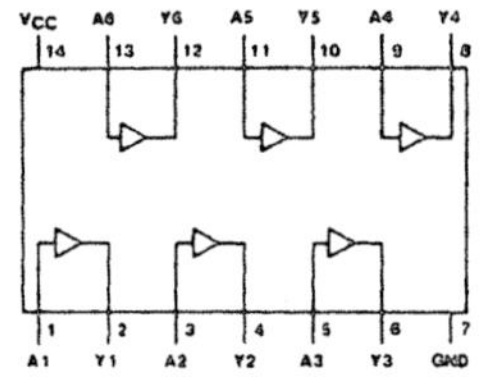

7407 74HC07
74LS07

08

Quad 2 Input AND

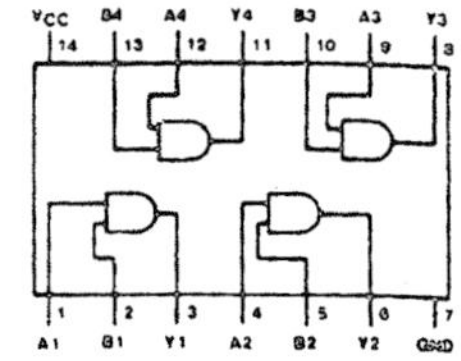

7408 74F08 74HC08
74LS08 74AS08 74HCT08
74S08 74ALS1008 40H008
74ALS08 74AS1008

09

Quad 2 Input AND with OC

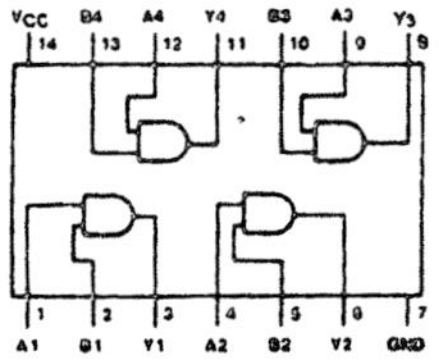

7409
74LS09
74S09
74ALS09

10

Triple 3 Input NAND

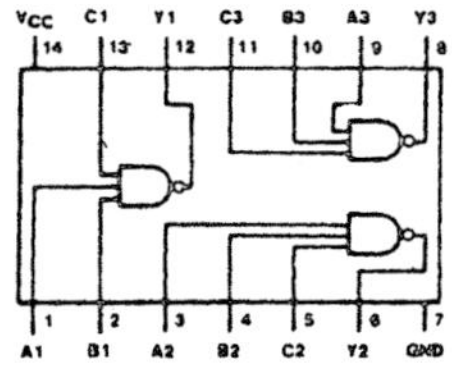

7410 74F10 74HC10
74LS10 74AS10 74HCT10
74S10 74ALS1010 40H010
74ALS10

11

Triple 3 Input AND

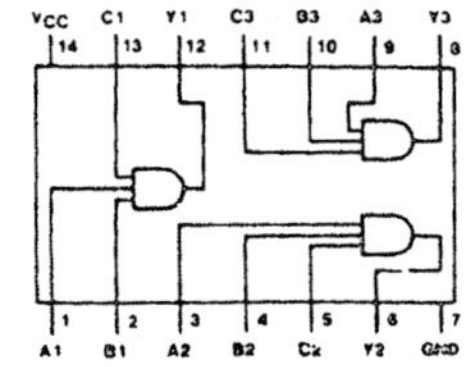

7411 74AS11 74HC11
74LS11 74F11 74HCT11
74S11 74ALS1011 40H011
74ALS11

12

Triple 3 Input NAND with OC

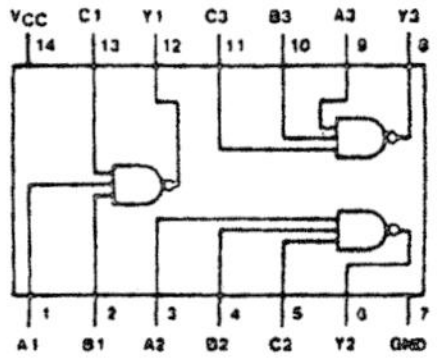

7412
74LS12
74S12
74ALS12

13

Dual 4 Input NAND Schmitt Trigger

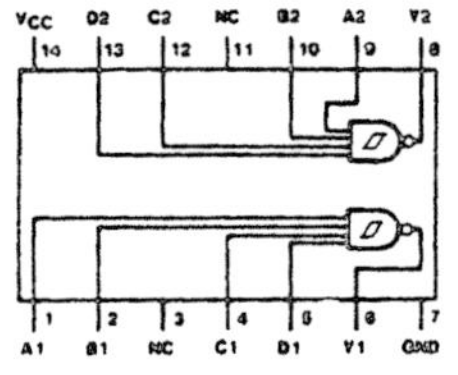

7413 74HC13
74LS13
74F13

14

Hex Inverter Schmitt Trigger

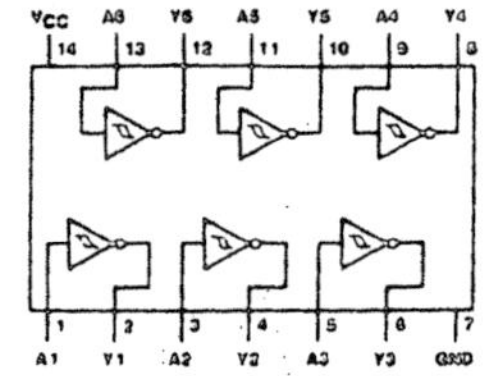

7414 74HC14
74LS14 74HCT14
74F14

15

Triple 3 Input AND with OC

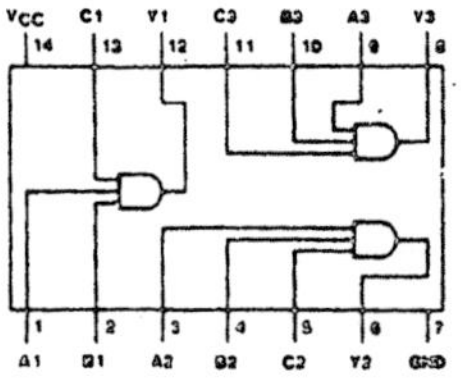

74LS15
74S15
74ALS15

16

Hex Inverter Buffer 15V with OC

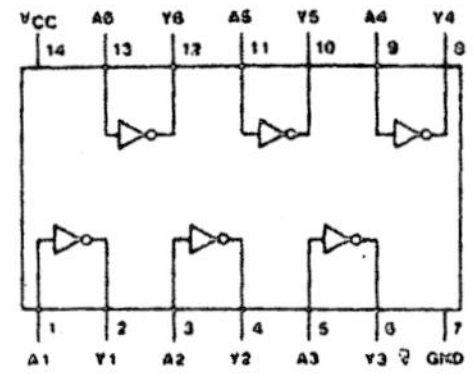

7416
74LS16

17

Hex Buffer 15V with OC

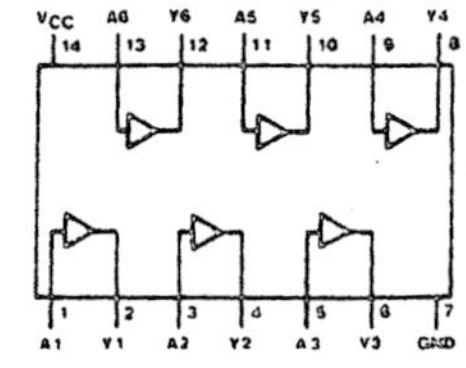

7417
74LS17

18

Dual 4 Input NAND Schmitt Trigger

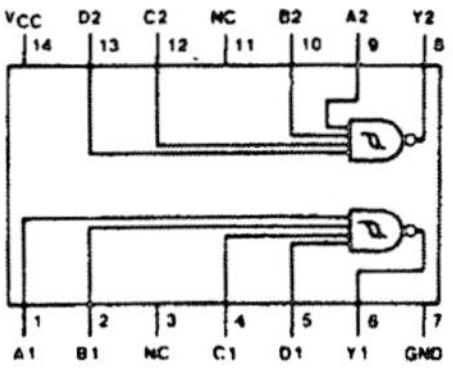

74LS18

19

Hex Inverter Schmitt Trigger

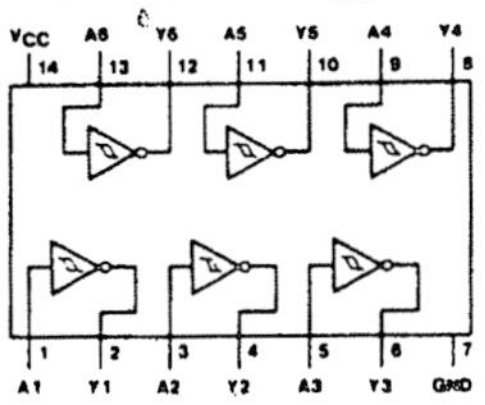

74LS19

20

Dual 4 Input NAND

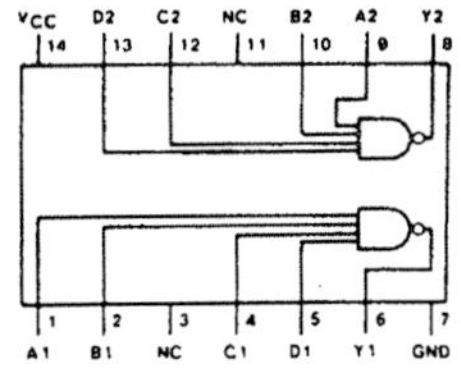

7420 74F20 74HC20
74LS20 74AS20 74HCT20
74S20 74ALS1020 40H020
74ALS20

21

Dual 4 Input AND with OC

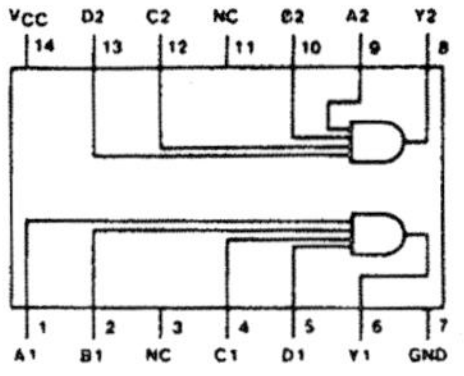

7421 74HC21
74LS21 40H021
74ALS21
74AS21

22

Dual 4 Input NAND with OC

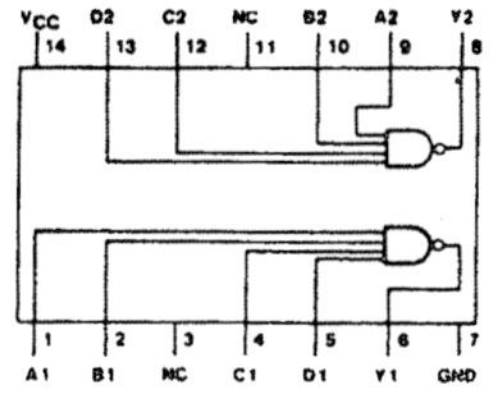

7422 74ALS22
74LS22
74S22

23

Expandable Dual 4 Input NOR with Strobe

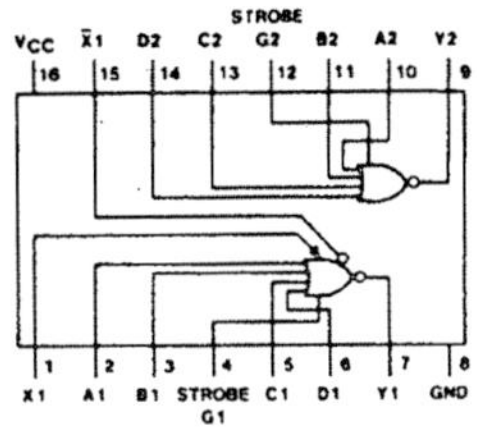

7423

24

Quad 2 Input NAND Schmitt Trigger

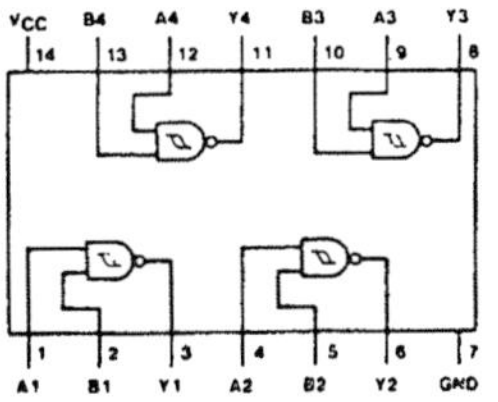

74LS24

25

Dual 4 Input NOR with Strobe

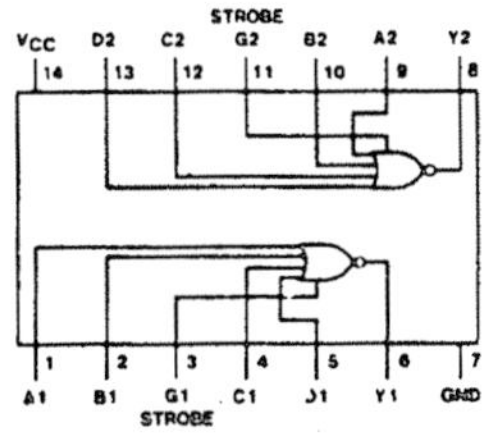

7425

26

Quad 2 Input NAND 15V with OC

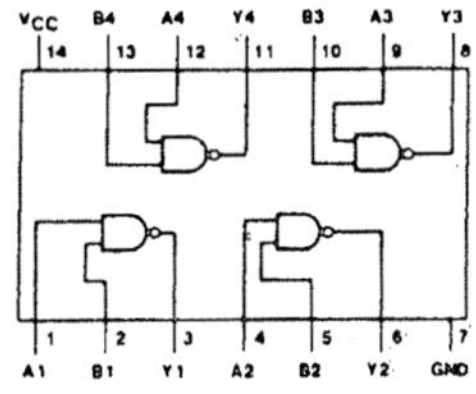

7426
74LS26

27

Triple 3 Input NOR

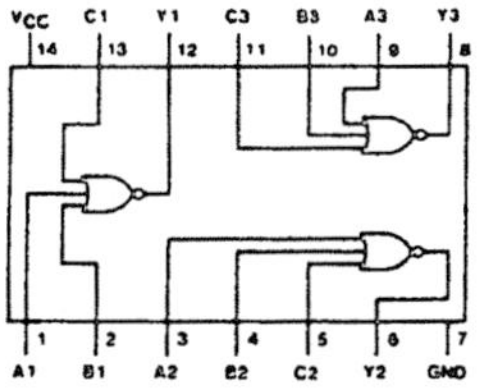

7427 74HC27
74LS27 74HCT27
74ALS27 40H027
74AS27

28

Quad 2 Input NOR Buffer

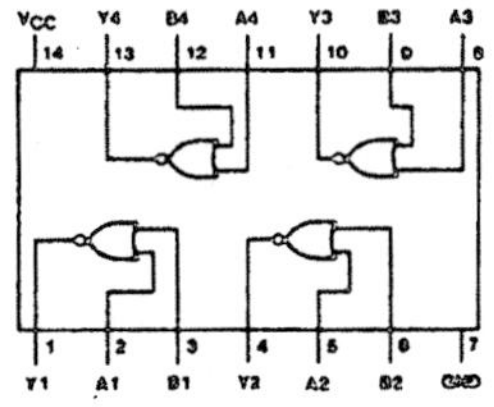

7428
74LS28
74ALS28
74ALS1028

30

8 Input NAND

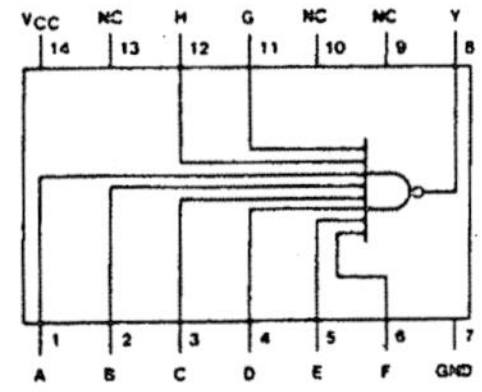

7430 74AS30 74HC30
74LS30
74ALS30
74S30

31

Delay Element

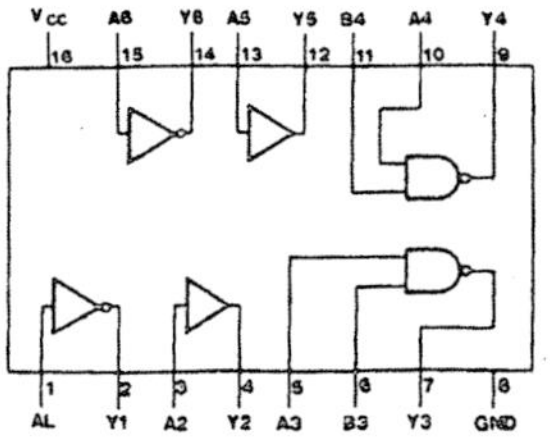

74LS31

32

Quad 2 Input OR

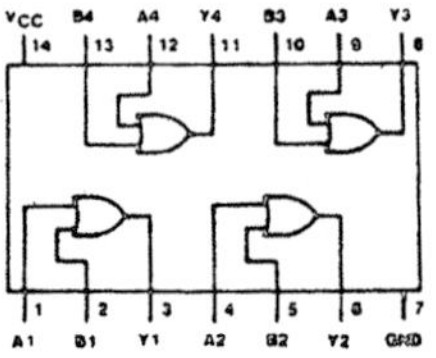

7432 74LS32 74S32 74ALS32 74F32 74AS32 74ALS1032 74AS1032 74HC32 74HCT32 40H032

33

Quad 2 Input NOR Buffer with OC

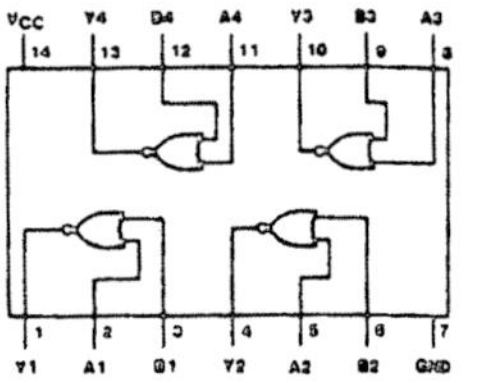

7433 74LS33 74ALS33

34

Hex Buffer

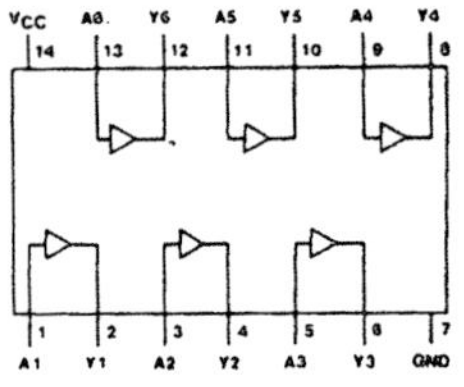

74ALS34 74ALS1034 74AS34 74AS1034 74HCT34

35

Hex Buffer with OC

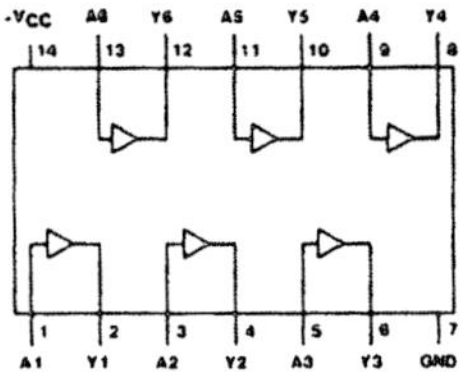

74ALS35 74ALS1035

37

Quad 2 Input NAND Buffer

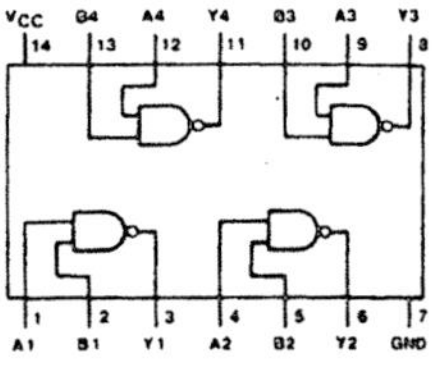

7437 74LS37 74S37 74F37 74ALS37 74ALS1037

38

Quad 2 Input NAND Buffer with OC

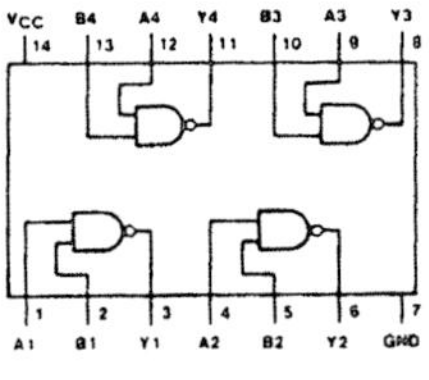

7438 74LS38 74S38 74F38 74ALS38

39

Quad 2 Input NAND Buffer with OC

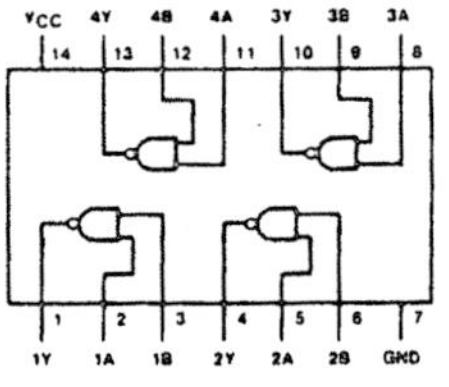

7439

40

Dual 4 Input NAND Buffer

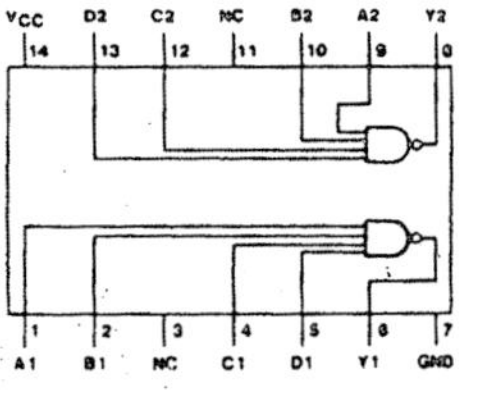

7440 74LS40 74S40 74ALS40 74ALS1040

41

BCD to Decimal Decorder/Driver

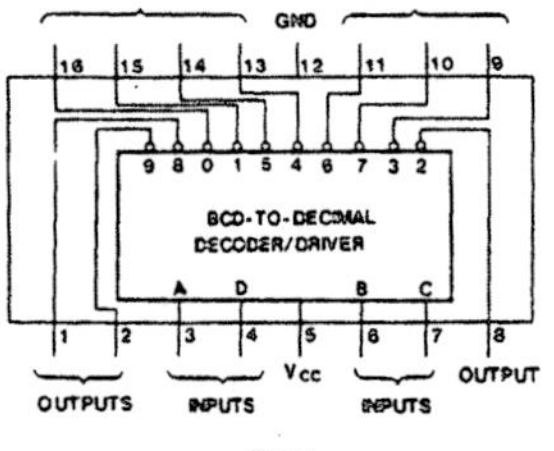

7441

42,43,44

42: BCD to Decimal Decoder
43: Excess 3 to Decimal Decoder
44: Excess 3 Gray to Decimal Decoder

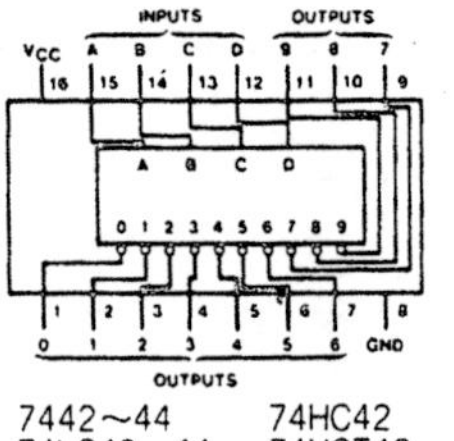

7442~44 74LS42~44 74HC42 74HCT42 40H042

45

BCD to Decimal Decoder 30V with OC

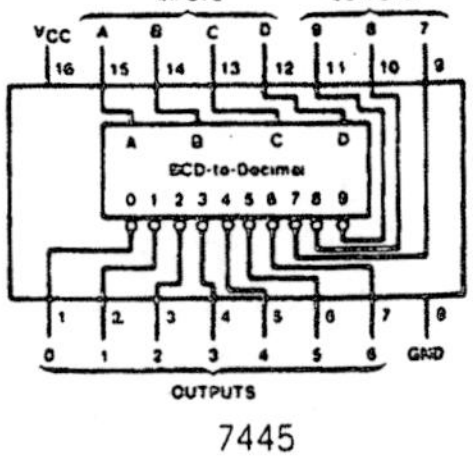

7445

46,47

46:BCD to Seven Segment Decoder 30V with OC
47:BCD to Seven Segment Decoder 15V with OC

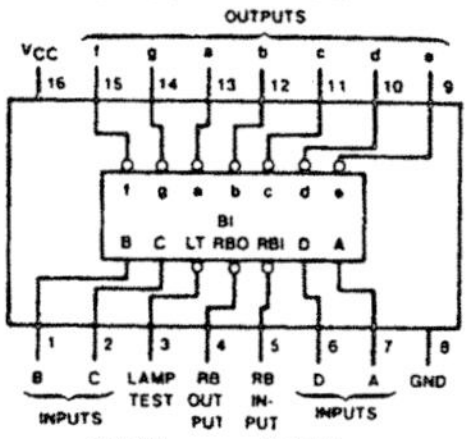

7446 7447 74LS47

48

BCD to Seven Segment Decoder 2kΩ pullup with OC

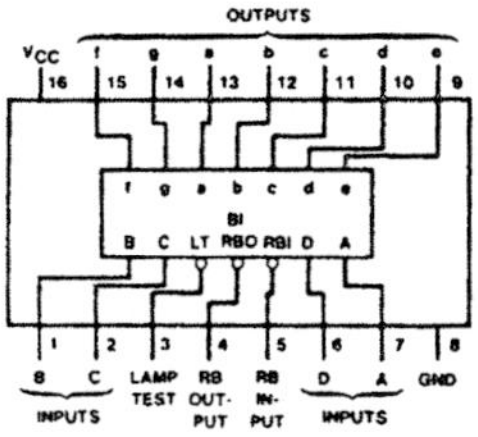

7448
74LS48

49

BCD to Seven Segment Decoder 5.5V with OC

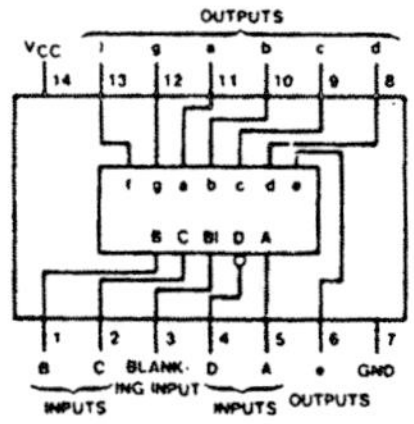

7449
74LS49

50

Dual 2 wide 2 Input AND OR INVERT

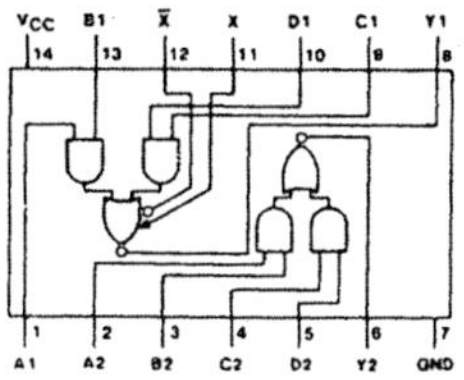

7450

51

Dual 2 wide 2 Input AND OR INVERT

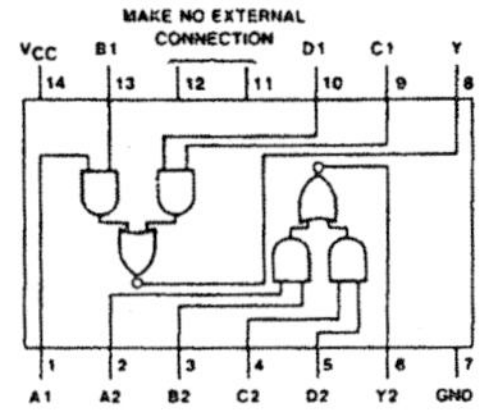

7451
74S51

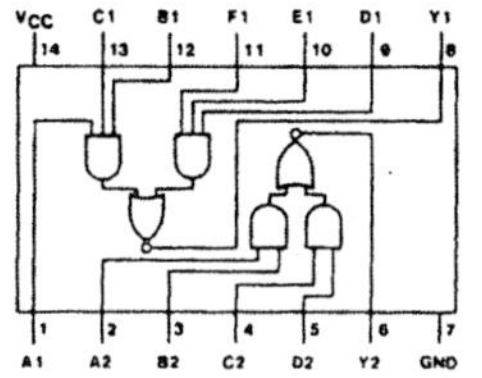

74LS51 74HC51
74ALS51 40H051

53

4 wide 2 Input AND OR INVERT

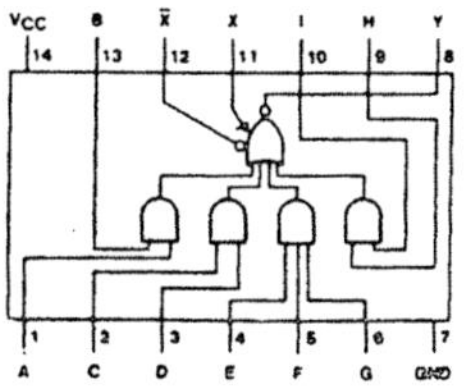

7453

54

4 wide 2 Input AND OR INVERT

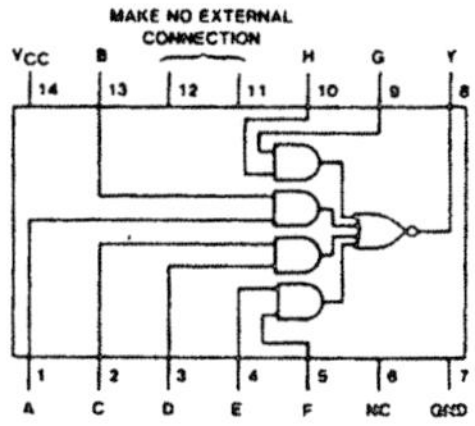

7454

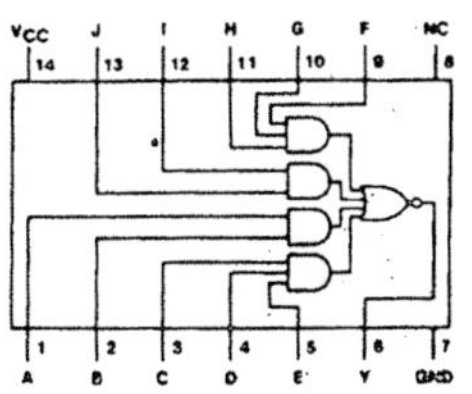

74LS54
74ALS54

55

Expandable 2 wide 4 Input AND OR INVERT

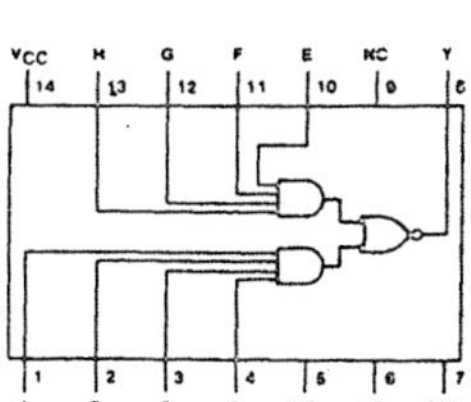

74LS55
74ALS55

60

Dual 4 Input Expander

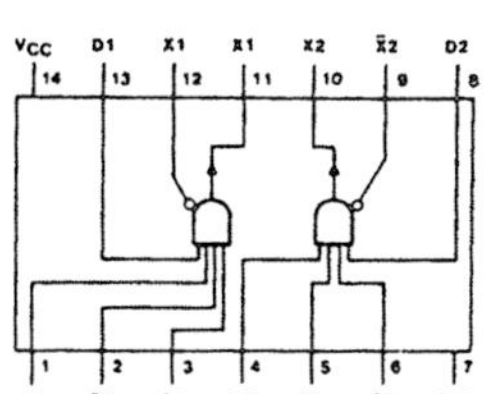

7460

63

Hex Current Sense Interface GATE

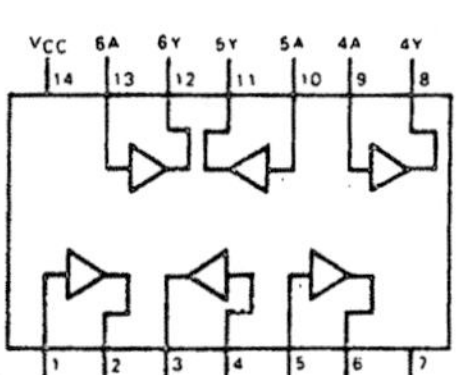

74LS63

64, 65

64: 4-2-3-2 Input AND OR INVERT
65: 4-2-3-2 Input AND OR INVERT with OC

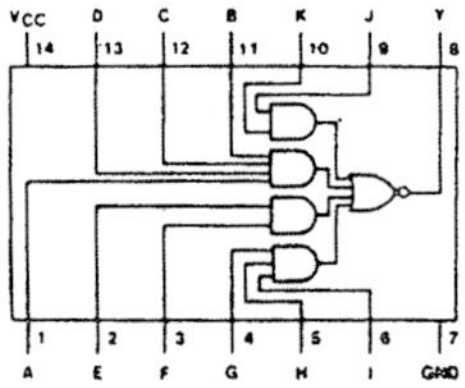

74S64 74S65
74F64 74ALS65
74ALS64

68

Dual Decade Counter

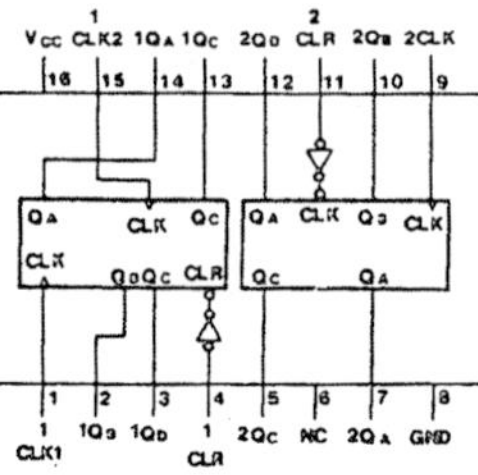

74LS68

69

Dual 4 Bit Binary Counter

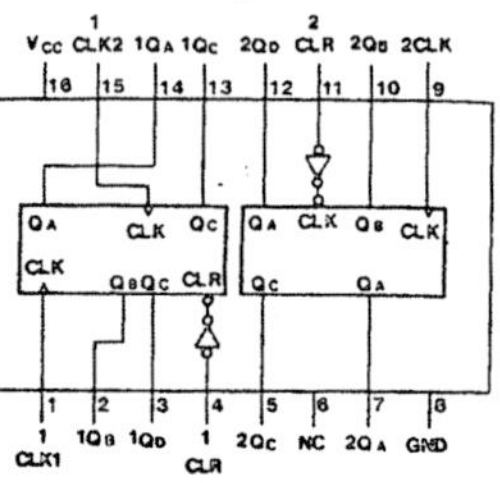

74LS69

70

AND-gated JK-FF with Preset and Clear

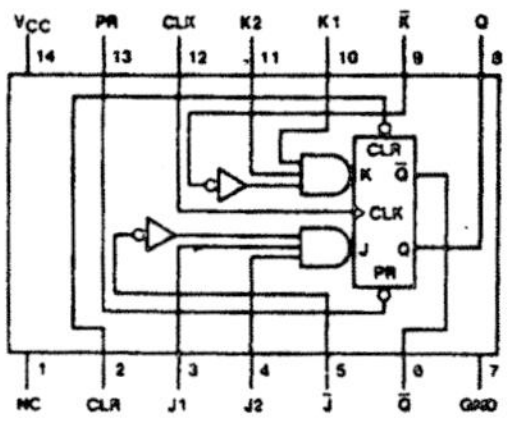

7470

72

AND-gated JK-FF with Preset and Clear

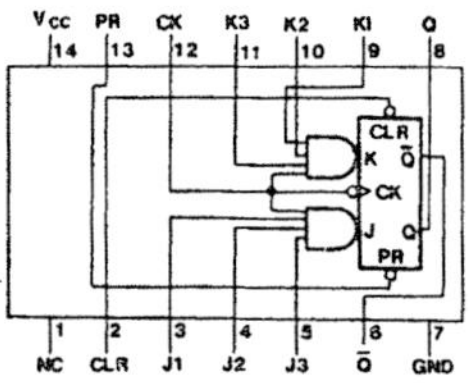

7472

73

Dual JK Flip Flop

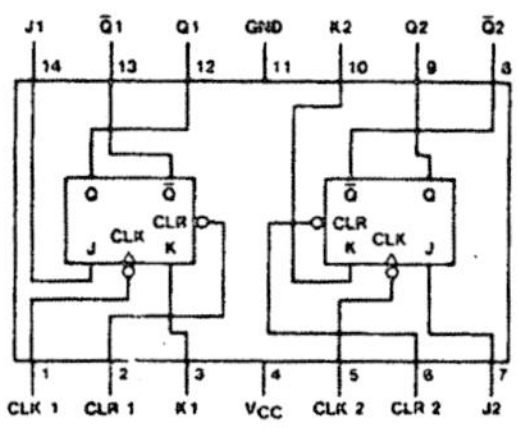

7473 74HC73
74LS73 74HCT73
74ALS73

FUNCTION TABLE

Inputs				Outputs	
CLR	CLK	J	K	Q	Q̄
L	X	X	X	L	H
H	⎍	L	L	Q0	Q̄0
H	⎍	H	L	H	L
H	⎍	L	H	L	H
H	⎍	H	H	TOGGLE	

7473

Inputs				Outputs	
CLR	CLK	J	K	Q	Q̄
L	X	X	X	L	H
H	↓	L	L	Q0	Q̄0
H	↓	H	L	H	L
H	↓	L	H	L	H
H	↓	H	H	TOGGLE	
H	H	X	X	Q0	Q̄0

74LS73

74

Dual D Type Flip Flop

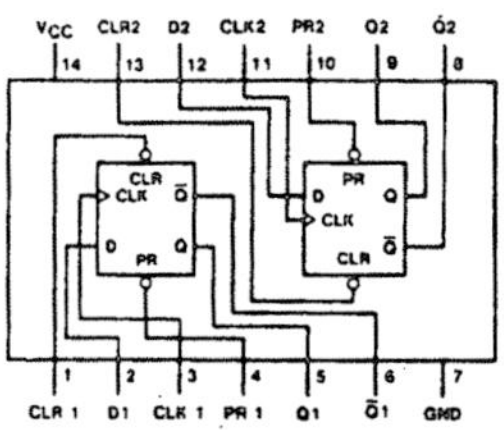

FUNCTION TABLE

Inputs				Outputs	
PR	CLR	CLK	D	Q	Q̄
L	H	X	X	H	L
H	L	X	X	L	H
L	L	X	X	H*	H*
H	H	↑	H	H	L
H	H	↑	L	L	H
H	H	L	X	Q0	Q̄0

7474 74S74 74HC74
74LS74 74ALS74 74HCT74
74AS74 74F74 40HO74

75

4 Bit Latch

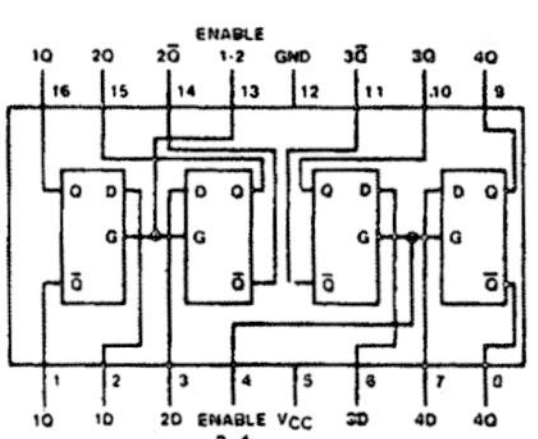

FUNCTION TABLE
(Each Latch;

Inputs		Outputs	
D	G	Q	Q̄
L	H	L	H
H	H	H	L
X	L	Q_0	$\bar{Q}_0$

7475 74HC75
74LS75 74HCT75

76

Dual JK Flip Flop

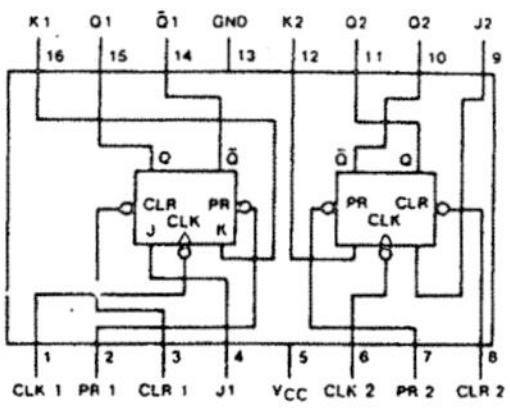

7476(1) 74HC76(1)
74LS76(2) 40H076(2)
74ALS76

FUNCTION TABLE

(1)

Inputs					Outputs	
PR	CLR	CLK	J	K	Q	$\overline{Q}$
L	H	X	X	X	H	L
H	L	X	X	X	L	H
L	L	X	X	X	H*	H*
H	H	⎍	L	L	Q0	$\overline{Q}$0
H	H	⎍	H	L	H	L
H	H	⎍	L	H	L	H
H	H	⎍	H	H	TOGGLE	

(2)

Inputs					Outputs	
PR	CLR	CLK	J	K	Q	$\overline{Q}$
L	H	X	X	X	H	L
H	L	X	X	X	L	H
L	L	X	X	X	H*	H*
H	H	↓	L	L	Q0	$\overline{Q}$0
H	H	↓	H	L	H	L
H	H	↓	L	H	L	H
H	H	↓	H	H	TOGGLE	
H	H	H	X	X	Q0	$\overline{Q}$0

77

4 Bit Bistable Latch (Flat Pack Only)

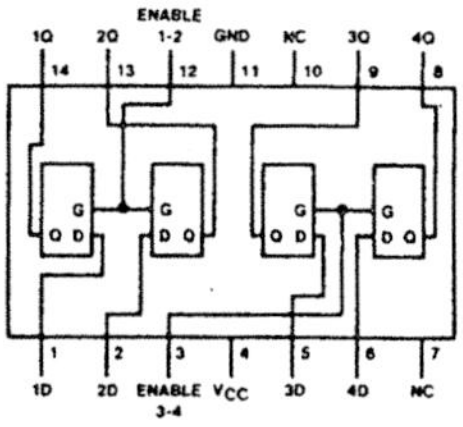

7477 74HC77
74LS77

FUNCTION TABLE
(Each Latch)

Inputs		Outputs	
D	G	Q	$\overline{Q}$
L	H	L	H
H	H	H	L
X	L	Q0	$\overline{Q}$0

78

Dual JK Flip Flop

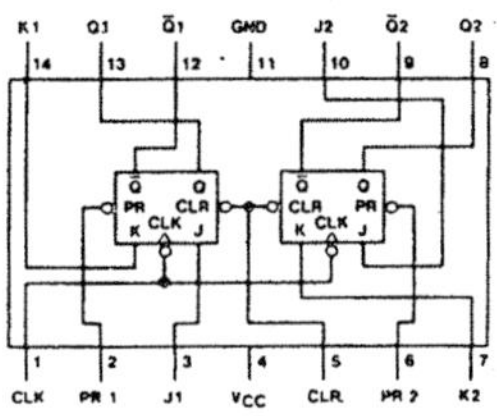

74LS78 74HC78
74ALS78

FUNCTION TABLE

Inputs					Outputs	
PR	CLR	CLK	J	K	Q	$\overline{Q}$
L	H	X	X	X	H	L
H	L	X	X	X	L	H
L	L	X	X	X	H*	H*
H	H	↓	L	L	Q0	$\overline{Q}$0
H	H	↓	H	L	H	L
H	H	↓	L	H	L	H
H	H	↓	H	H	TOGGLE	
H	H	H	X	X	Q0	$\overline{Q}$0

80

Gated Full Adder

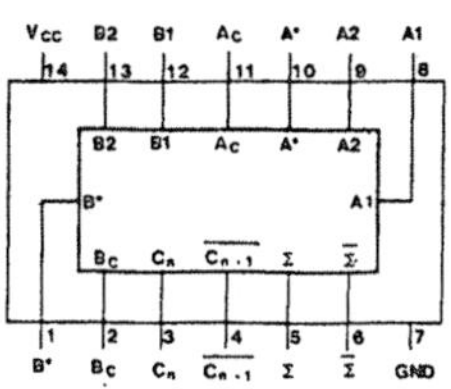

7480

81

16 Bit RAM (Open Collector)

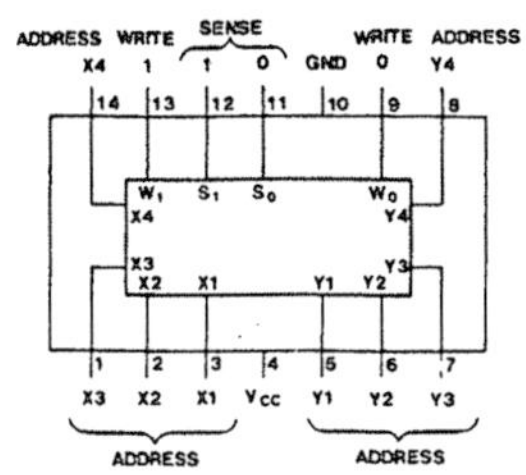

7481

82

2 Bit Full Adder

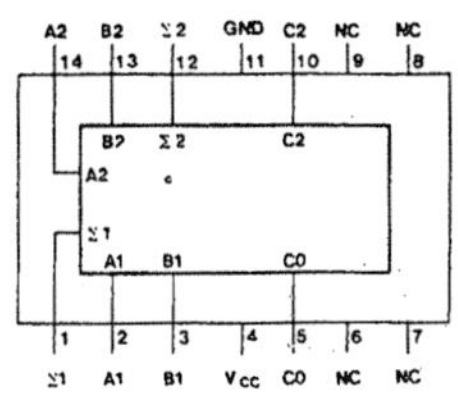

7482

83

4 Bit Binary Full Adder

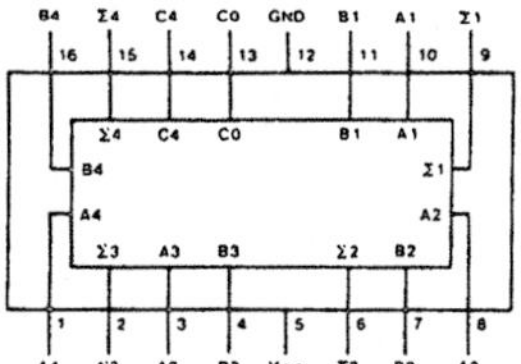

7483
74LS83

84

16 Bit RAM (Open Collector)

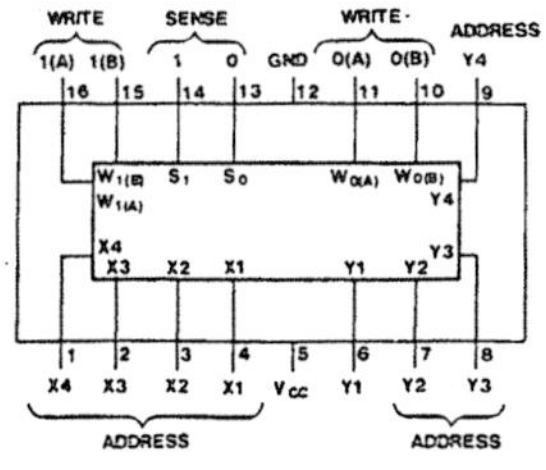

7484

85

4 Bit Comparator

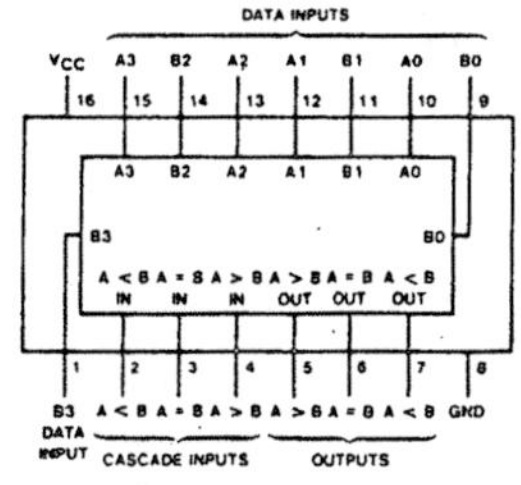

7485 74F85 74HC85
74LS85 74S85 74HCT85

86

Quad Exclusive OR

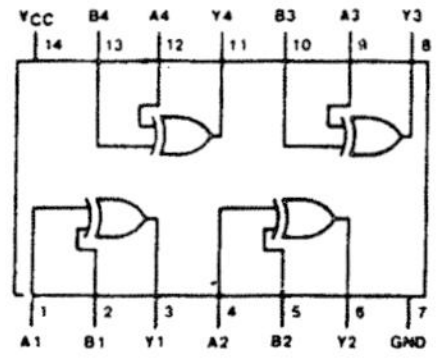

7486 74F86 74HC86
74LS86 74ALS86 74HCT86
74S86

89

64 Bit RAM (Open Collector)

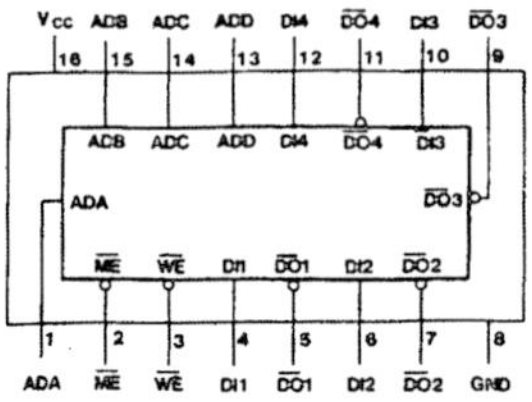

7489
74LS89
74S89

90

Decade Counter

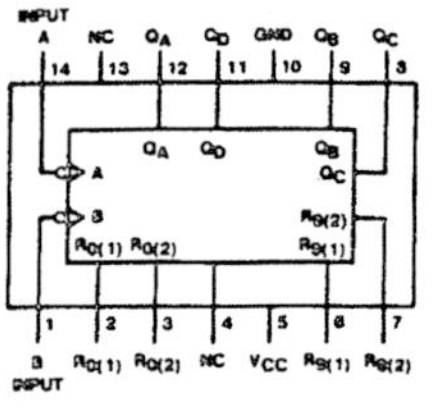

7490 74HC90
74LS90

91

8 Bit Shift Register SISO

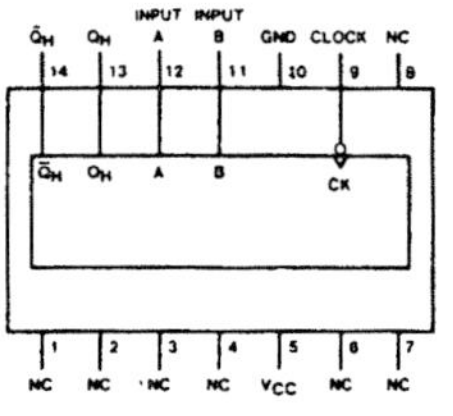

7491 74HC91
74LS91

92

Divide by 12 Counter

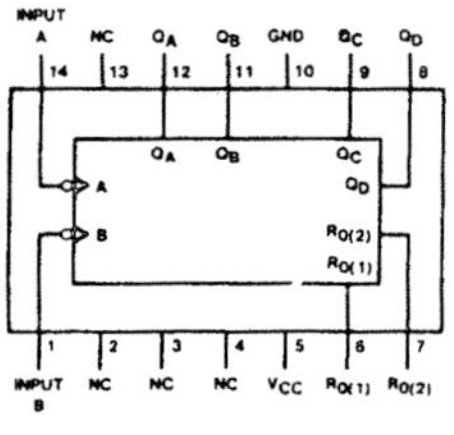

7492 74HC92
74LS92

93

4 Bit Binary Counter

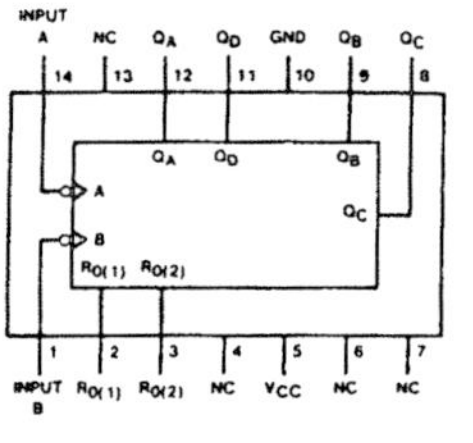

7493 74HC93
74LS93

94

4 Bit Shift Register

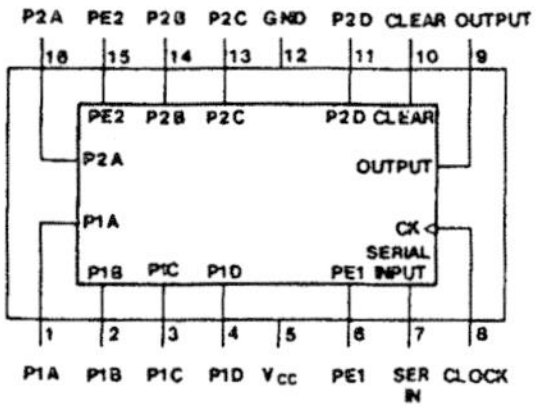

7494

95

4 Bit Shift Register PIPO

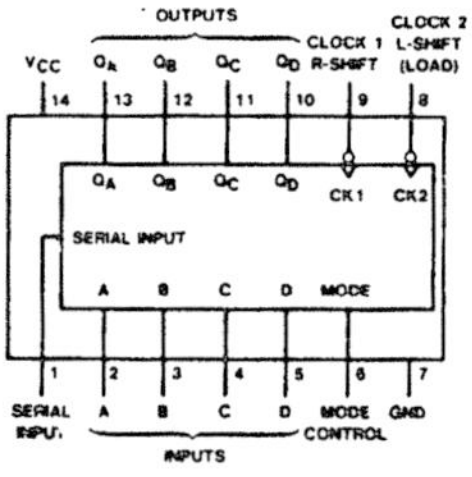

7495 74AS95 74HC95
74LS95

96

5 Bit Shift Register PIPO

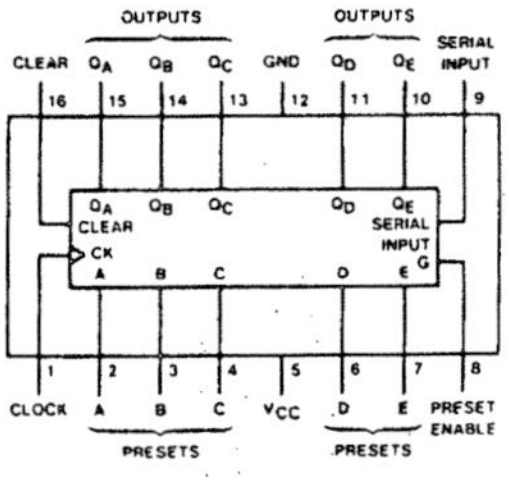

7496 74S96
74LS96

97

6 Bit Synchronous Binary Rate Multiplier

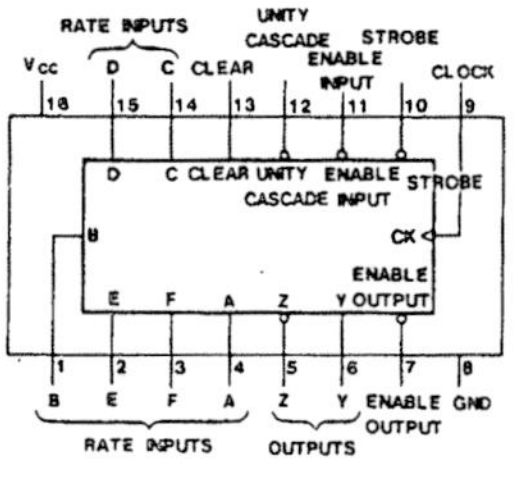

7497

100

8 Bit Latch

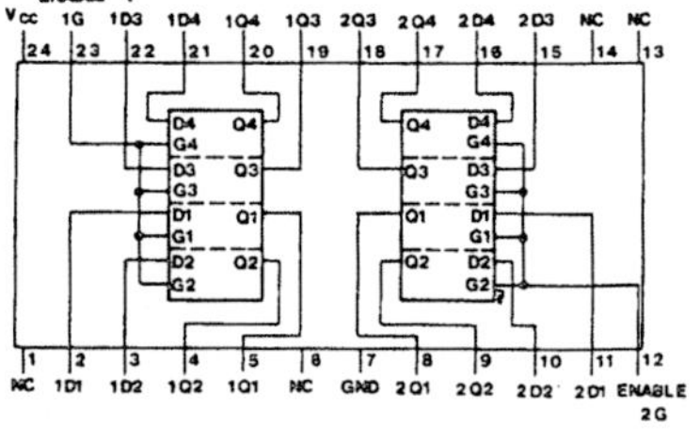

74100

104

AND-gated JK-FF with Preset and Clear

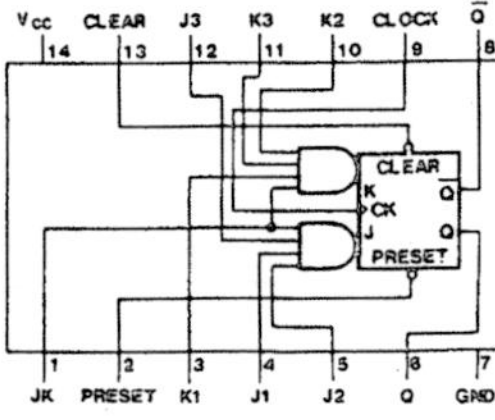

74104

105

AND-gated JK-FF with Preset and Clear

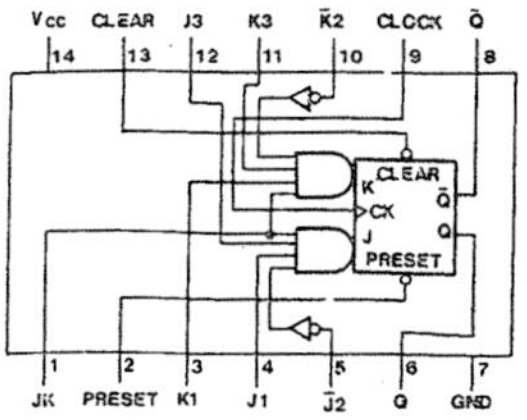

74105

106

Dual JK Flip Flop (진리표는 73과 같음)

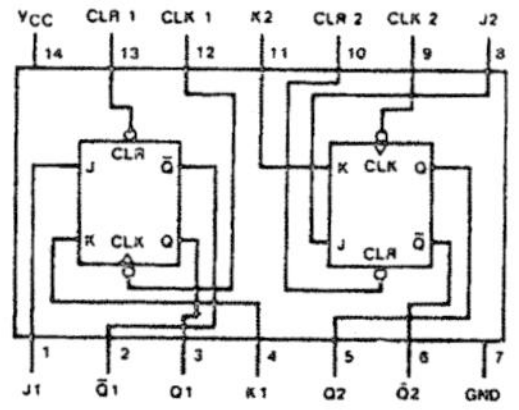

74107 74HC107
74LS107 74HCT107
74ALS107 40H107

109

Dual JK Flip Flop

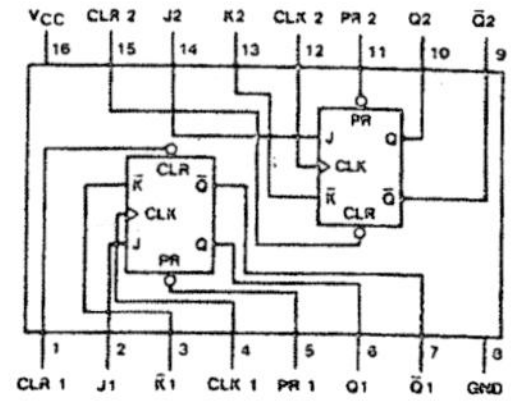

74109 74F109
74LS109 74S109
74ALS109 74AS109

FUNCTION TABLE

Inputs					Outputs	
PR	CLR	CLK	J	$\bar{K}$	Q	$\bar{Q}$
L	H	X	X	X	H	L
H	L	X	X	X	L	H
L	L	X	X	X	H*	H*
H	H	↑	L	L	L	H
H	H	↑	H	L	TOGGLE	
H	H	↑	L	H	Q0	$\bar{Q}$0
H	H	↑	H	H	H	L
H	H	L	X	X	Q0	$\bar{Q}$0

74HC109
74HCT109

110

AND-gated JK-FF with Preset and Clear

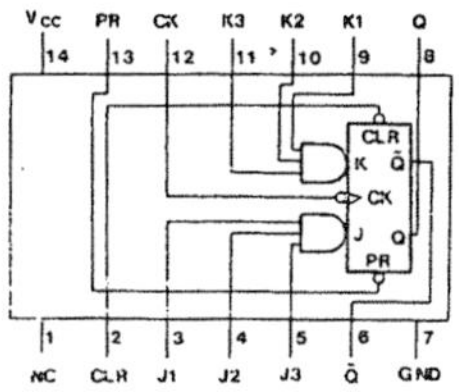

74110

111

Dual JK-FF with Preset and Clear

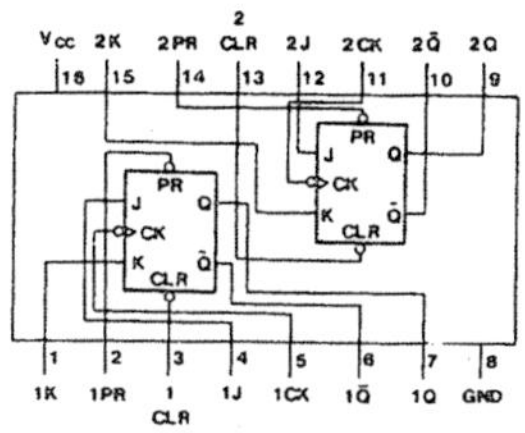

74111

112

Dual JK Flip Flop (진리표는 76과 같음)

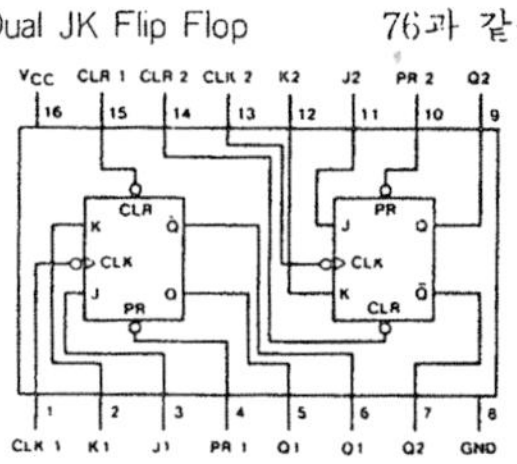

74LS112 74AS112 74HC112
74ALS112 74HCT112
74S112
74F112

113

Dual JK Flip Flop (진리표는 73과 같음)

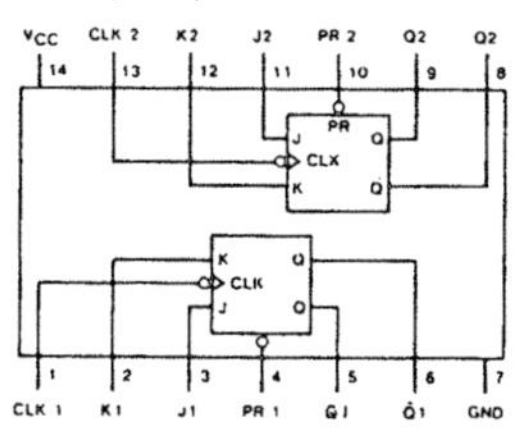

74LS113 74AS113 74HC113
74ALS113
74S113
74F113

114

Dual JK Flip Flop

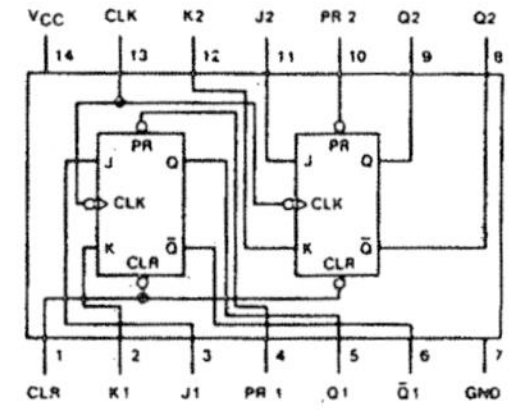

74LS114 74AS114 74HC114
74ALS114
74S114
74F114

FUNCTION TABLE

Inputs					Outputs	
PR	CLR	CLK	J	K	Q	$\bar{Q}$
L	H	X	X	X	H	L
H	L	X	X	X	L	H
L	L	X	X	X	H*	H*
H	H	↓	L	L	Q0	$\bar{Q}$0
H	H	↓	H	L	H	L
H	H	↓	L	H	L	H
H	H	↓	H	H	TOGGLE	
H	H	H	X	X	Q0	$\bar{Q}$0

116

Dual 4 Bit Latch with Clear

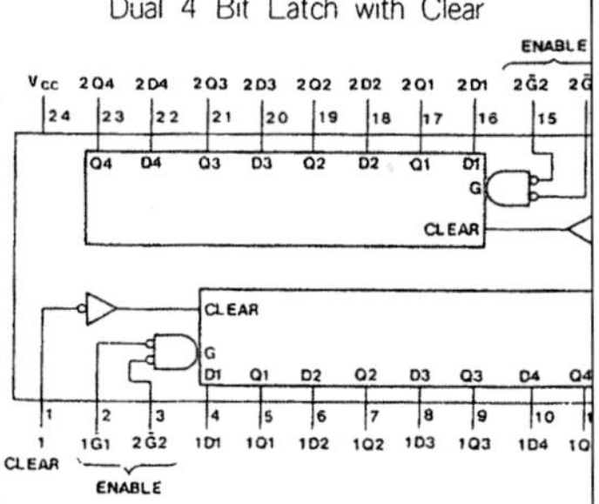

74116

120

Dual Pulse Synchronizer

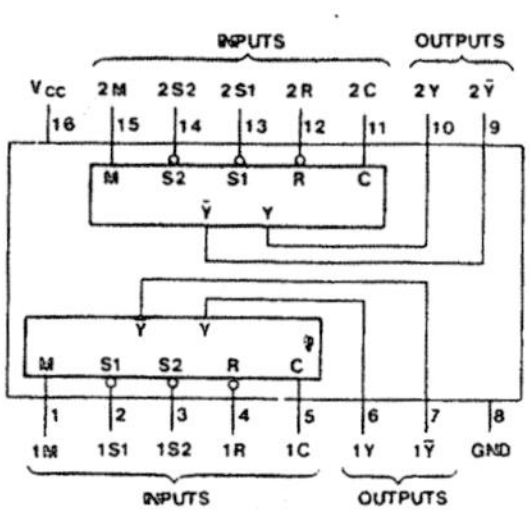

74120

121

Monostable Multivibrator

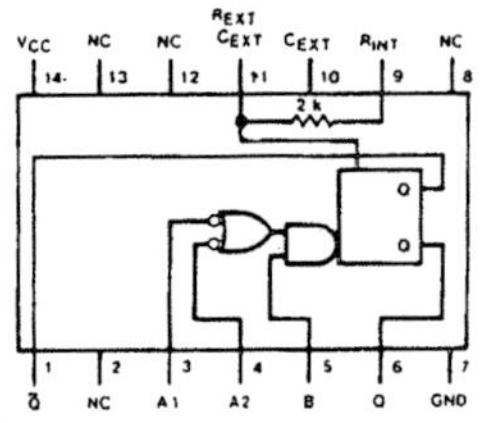

74121

FUNCTION TABLE

Inputs			Outputs	
A1	A2	B	Q	Q̄
L	X	H	L	H
X	L	H	L	H
X	X	L	L	H
H	H	X	L	H
H	↓	H	⊓	⊔
↓	H	H	⊓	⊔
↓	↓	H	⊓	⊔
L	X	↑	⊓	⊔
X	L	↑	⊓	⊔

122

Retriggerable Monostable Multivibrator

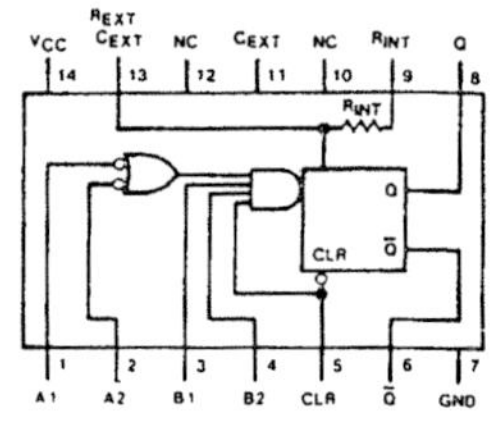

74122
74LS122

FUNCTION TABLE

Inputs					Outputs	
Clear	A1	A2	B1	B2	Q	Q̄
L	X	X	X	X	L	H
X	H	H	X	X	L	H
X	X	X	L	X	L	H
X	X	X	X	L	L	H
X	L	X	H	H	L	H
H	L	X	↑	H	⊓	⊔
H	L	X	H	↑	⊓	⊔
H	X	L	H	H	L	H
H	X	L	↑	H	⊓	⊔
H	X	L	H	↑	⊓	⊔
H	H	↓	H	H	⊓	⊔
H	↓	↓	H	H	⊓	⊔
H	↓	H	H	H	⊓	⊔
↑	L	X	H	H	⊓	⊔
↑	X	L	H	H	⊓	⊔

123

Dual Retriggerable Monostable Multivibrator

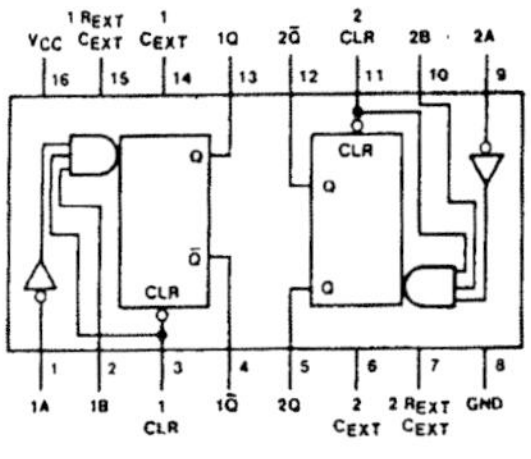

74123 74HC123
74LS123 74HCT123

FUNCTION TABLE

Inputs			Outputs	
Clear	A	B	Q	Q̄
L	X	X	L	H
X	H	X	L	H
X	X	L	L	H
H	L	↑	⊓	⊔
H	↓	H	⊓	⊔
↑	L	H	⊓	⊔

124

Dual VCO

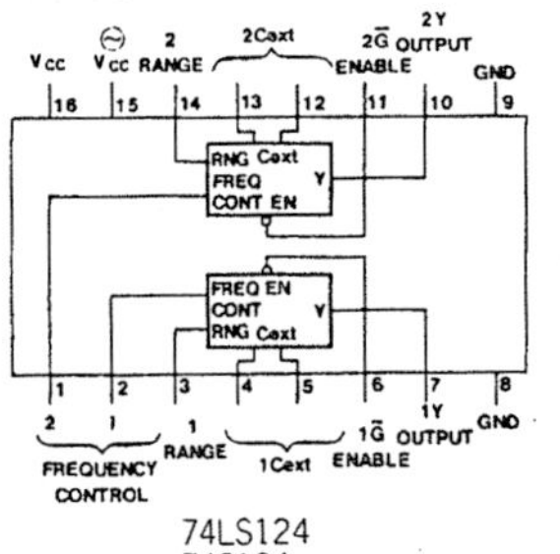

74LS124
74S124

125

Quad 3 State Buffer

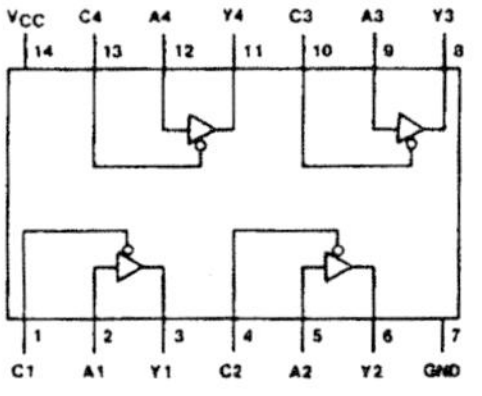

74125 74HC125
74LS125

126

Quad 3 State Buffer

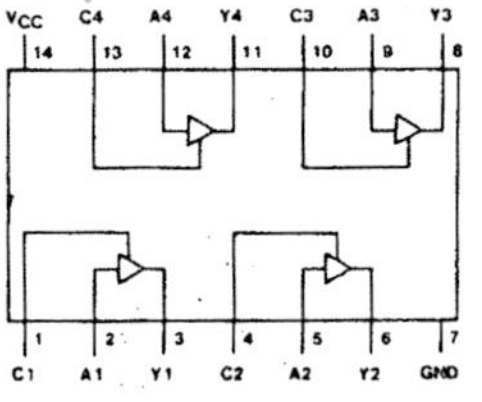

74126 74HC126
74LS126

128

Quad 2 Input NOR Line Driver (50 Ω)

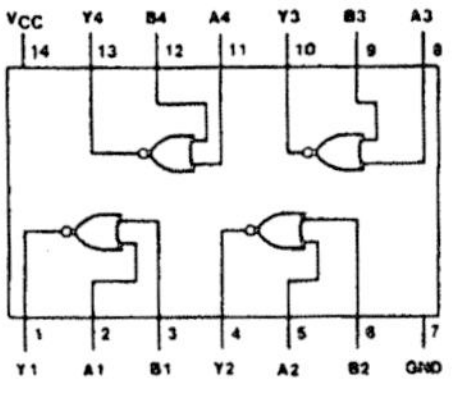

74128

131

3 to 8 Line Decoder with Address Latch

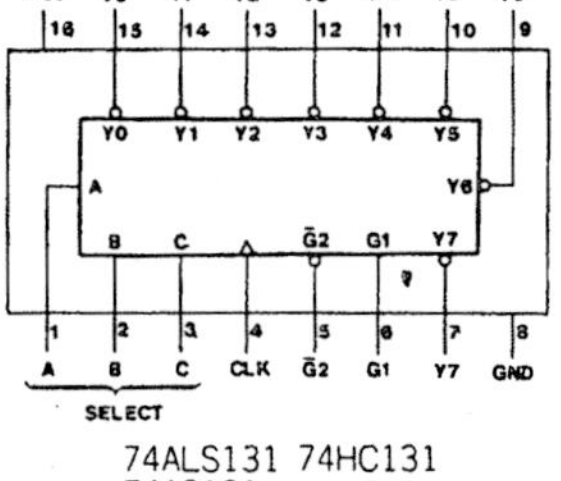

74ALS131 74HC131
74AS131

132

Quad 2 Input NAND Schmitt Trigger

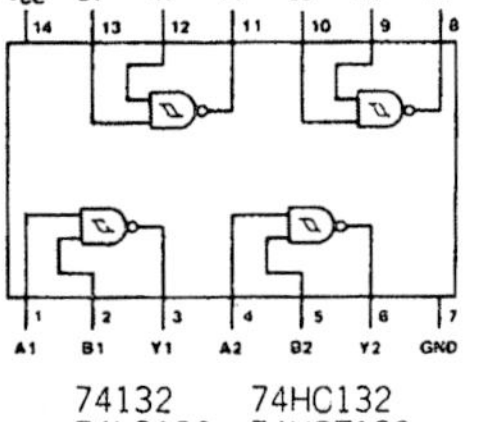

74132 74HC132
74LS132 74HCT132
74S132
74F132

133

13 Input NAND

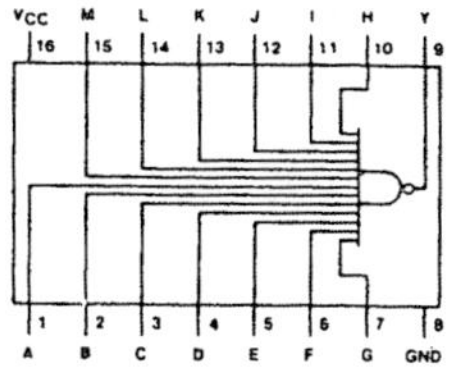

74LS133 74HC133
74ALS133
74S133

134

12 Input 3 State NAND

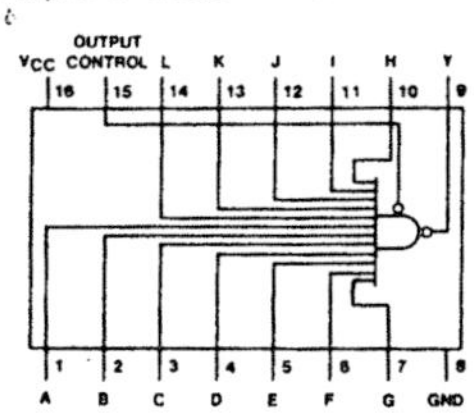

74S134

135

Quad Exclusive OR/NOR

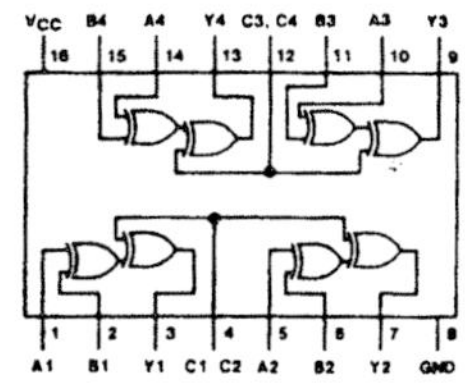

74S135

136

Quad Exclusive OR with OC

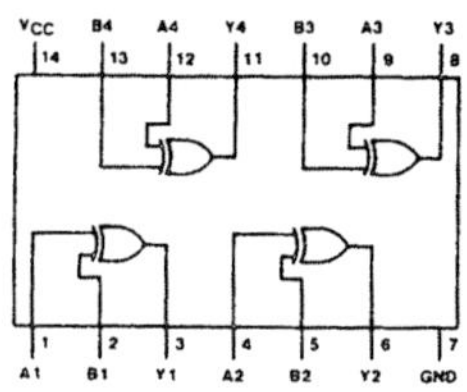

74136
74LS136
74ALS136
74S136

137

3 to 8 Line Decoder/Latch

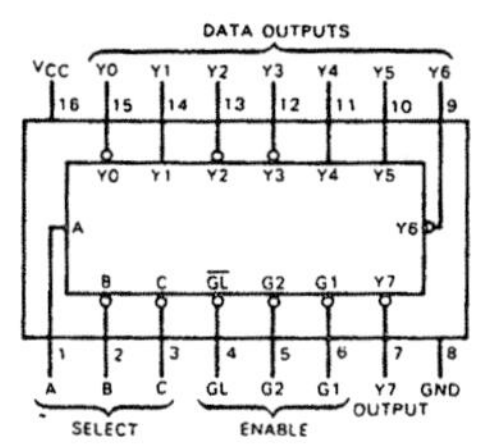

74LS137 74AS137 74HC137
74S137 74HCT137
74ALS137
74S137

138

3 to 8 Line Decoder

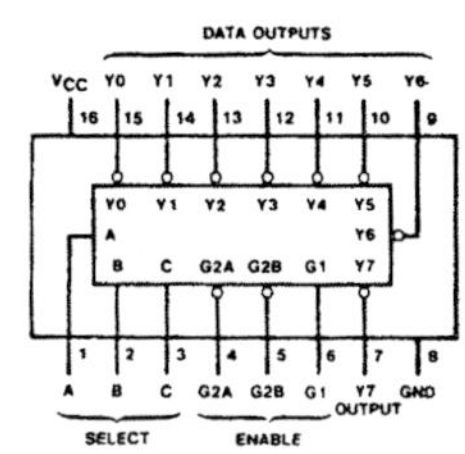

74LS138 74F138 74HC138
74S138 74AS138 74HCT138
74ALS138 40H138

139

Dual 2 to 4 Line Decoder

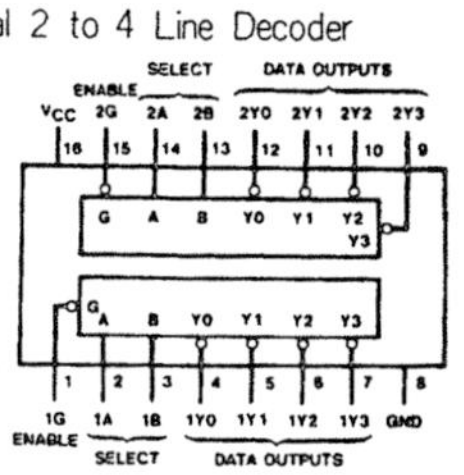

74LS139 74F139 74HC139
74S139 74HCT139
74ALS139 40H139
74AS139

140

Dual 4 Input NAND Line Driver (50Ω)

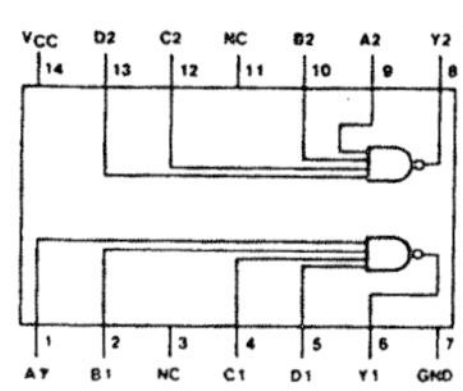

74S140

141

BCD to Decimal Decoder/Driver

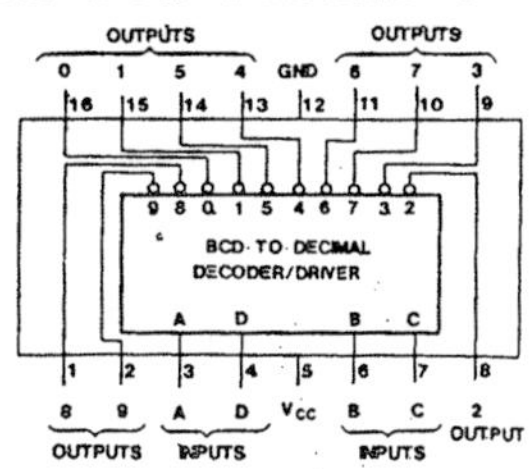

74141

142

BCD Counter/Latch/Decimal Decoder /Driver

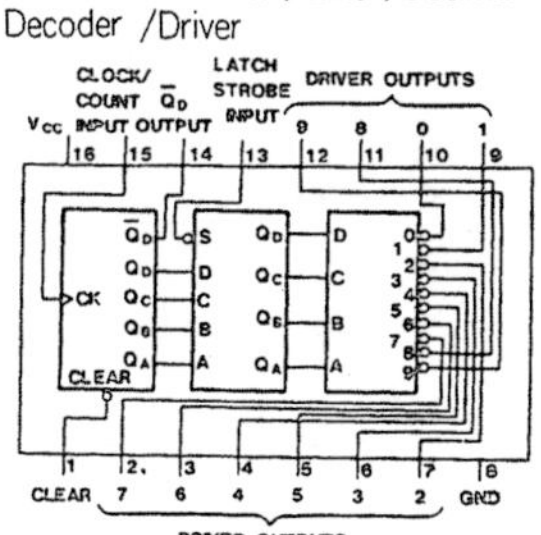

74142

143

BCD Counter/Latch/7 Segment Decoder/Driver

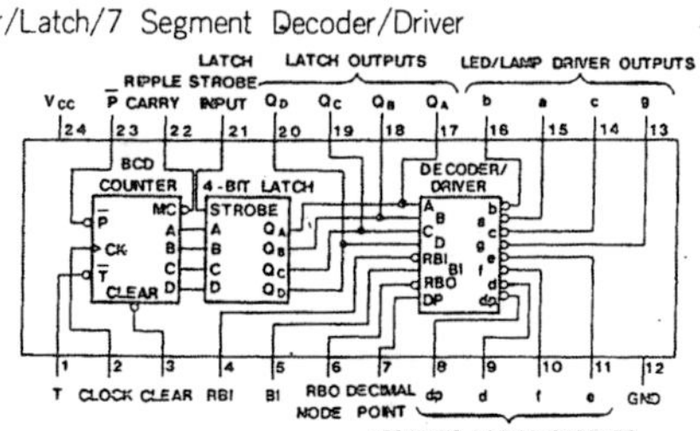

74143

144	145
BCD Counter/Latch/7 Segment Decoder/Driver 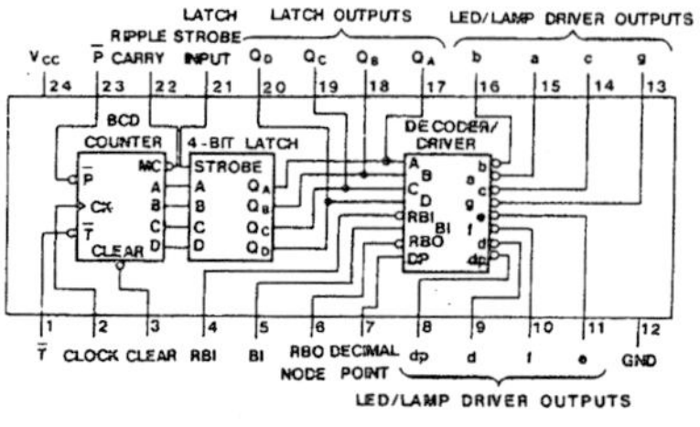 74144	BCD to Decimal Decoder 15V with OC 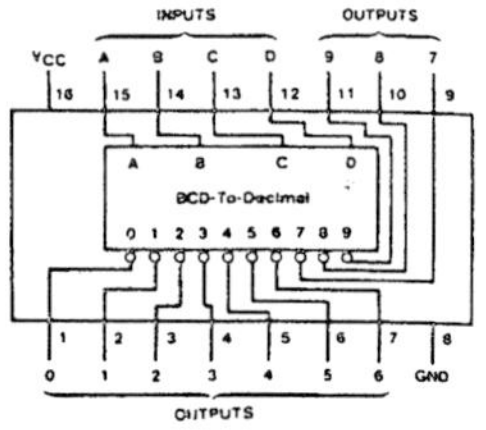 74145 74LS145

147	148	150
10 to 4 Line Priority Encoder 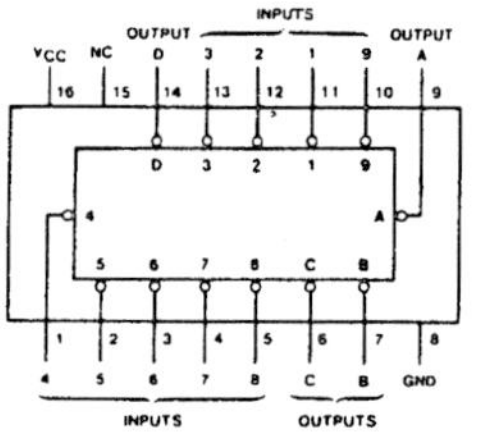 74147 74HC147 74LS147 74HCT147 40H147	8 to 3 Line Priority Encoder 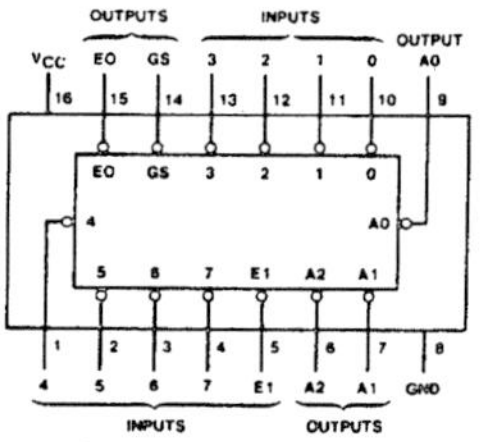 74148 74HC148 74LS148 40H148 74F148 TIM9907	16 to 1 Line Data Selector 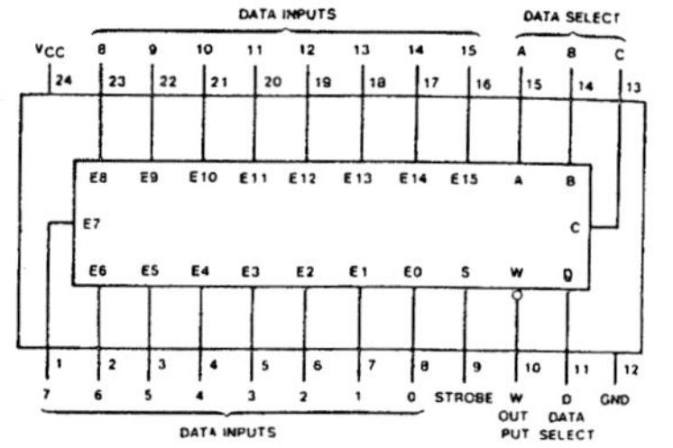 74150

151	152	153
8 to 1 Line Data Selector 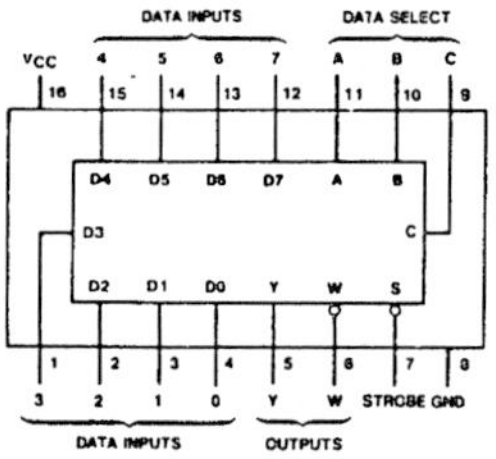 74151 74F151 74HC151 74LS151 74ALS151 74HCT151 74S151 74AS151 40H151	8 to 1 Line Data Selector 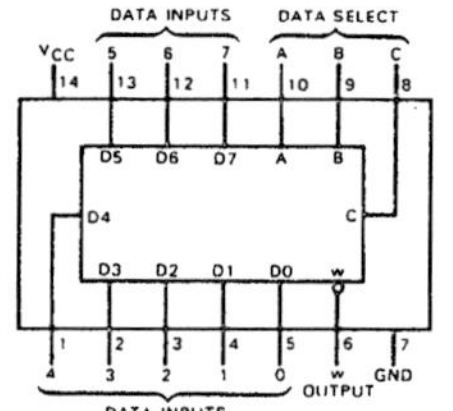 74152 74HC152 74LS152	Dual 4 to 1 Line Data Selector 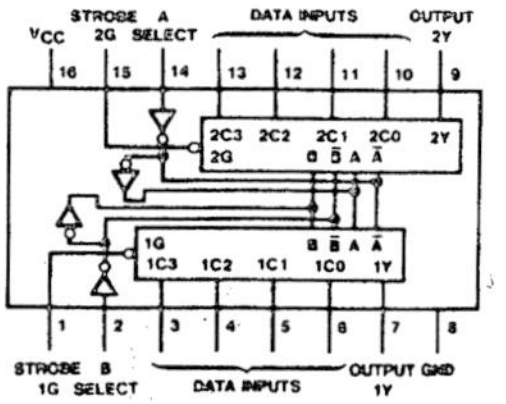 74153 74F153 74HC153 74LS153 74ALS153 74HCT153 74S153 74AS153 40H153

154	155, 156
4 to 16 Line Decoder 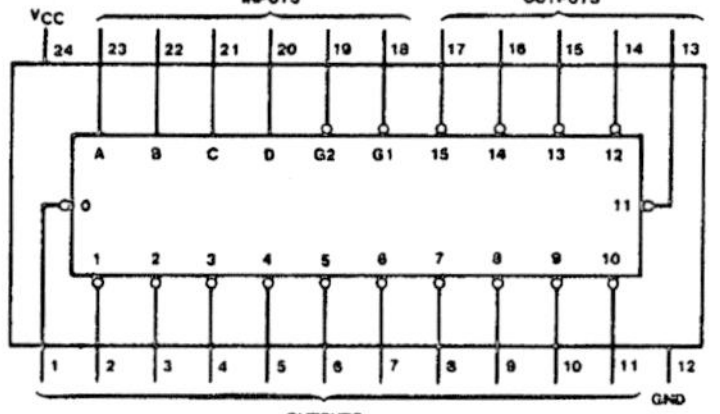 74154 74HC154 74LS154 74HCT154	**155**: Dual 2 to 4 Line Decoder **156**: Dual 2 to 4 Line Decoder with OC 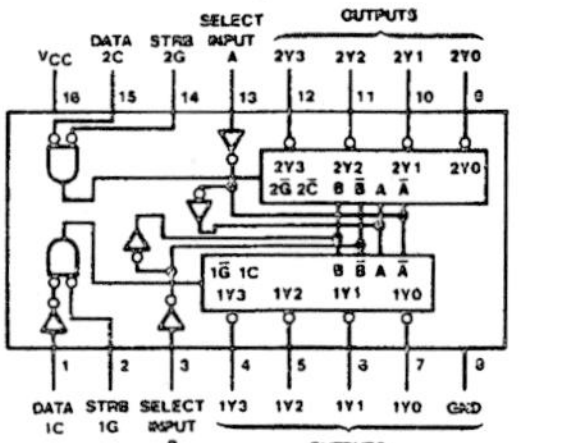 74155~156 40H155 74HCT155 74LS155~156 74HC155

157, 158

157:Quad 2 to 1 Line Data Selector
158:Quad 2 to 1 Line Data Selector Inverting

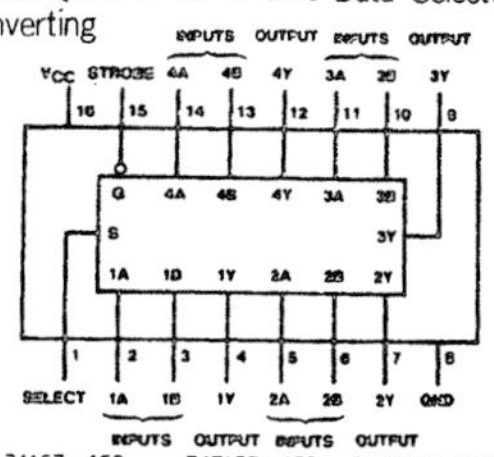

74157~158 74F157~158 74HC157~158
74LS157~158 74S157~158 40H157~158
74ALS157~158 74AS157~158 74HCT157~158

159

4 to 16 Line Decoder with OC

74154의 오픈 컬렉터형
(핀 배치는 74154와 같음)

74159

160, 161, 162, 163

160, 162:Synchronous Decoder Counter
161, 163:Synchronous Binary Counter

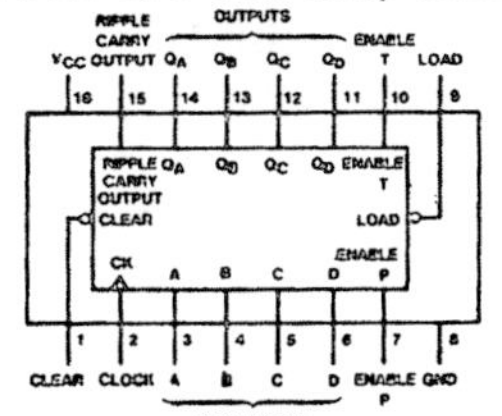

74160~163 74S162~163
74LS160~163 74HC160~163
74ALS160~163 40H160~163
74F160~163 74HCT160~163

164

8 Bit Shift Register

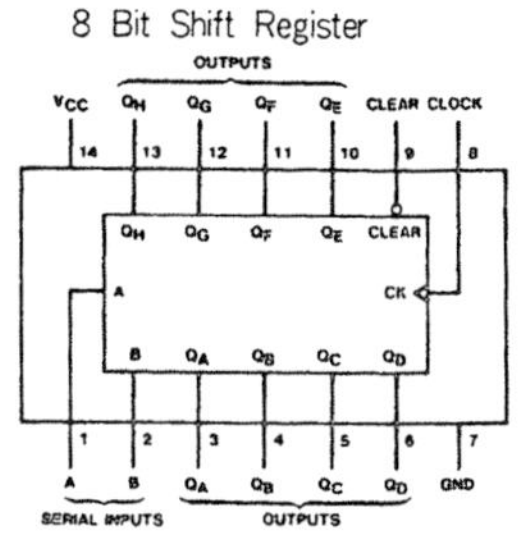

74164 74F164 74HC164
74LS164 74ALS164 74HCT164
40H164

165

8 Bit Shift Register PISO

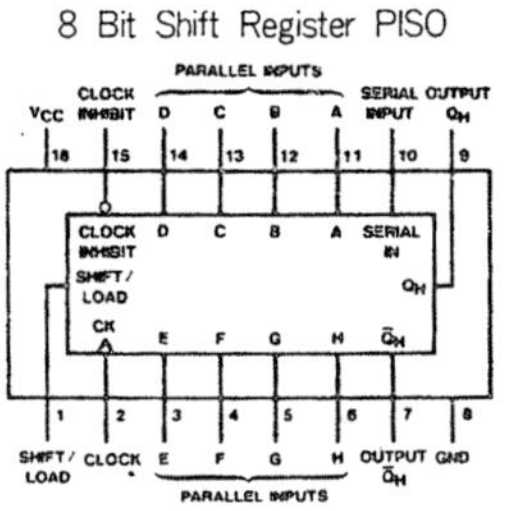

74165 74HC165
74LS165 74HCT165
74ALS165

166

8 Bit Shift Register PISO

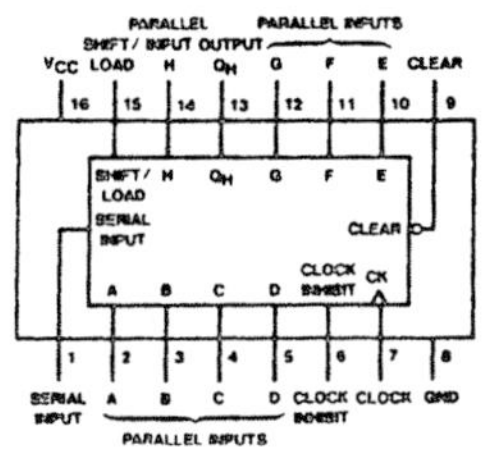

74166 40H166
74LS166 74HC166
74ALS166 74HCT166

167

BCD Synchronous Rate Multiplier

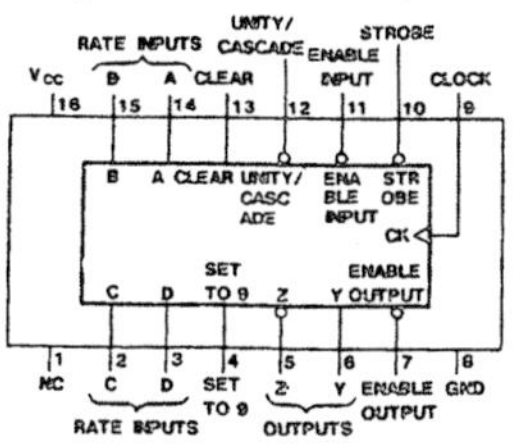

74167

168, 169

168:Synchronous up down Decade Counter
169:Synchronous up down Binary Counter

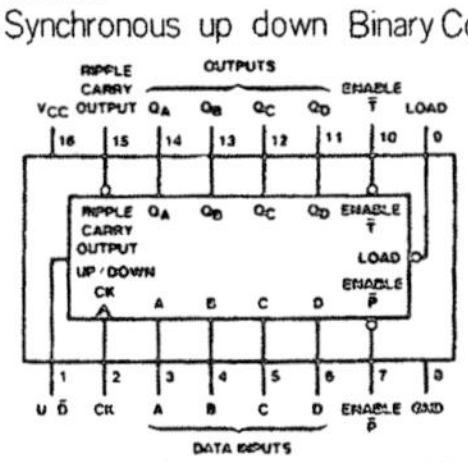

74LS168~169 74S168~169
74F168~169 74ALS168~169
74AS168~169

170

4 Word×4 Bit Register File with OC

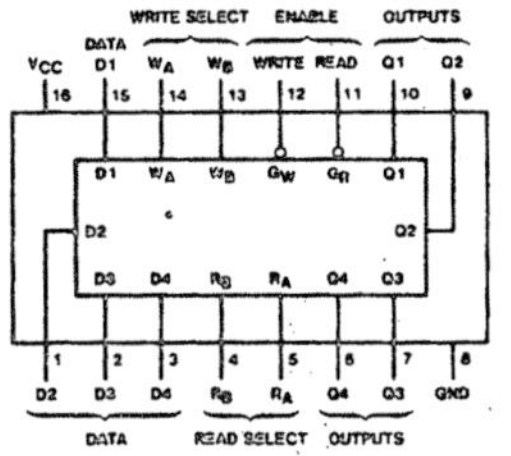

74170
74LS170

172

16 Bit Multiple-port Register File (3 state)

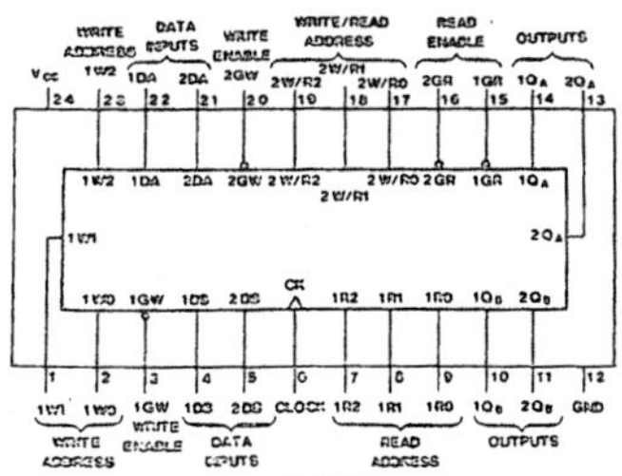

74172
74S172

173

Quad D Type Register (3 state)

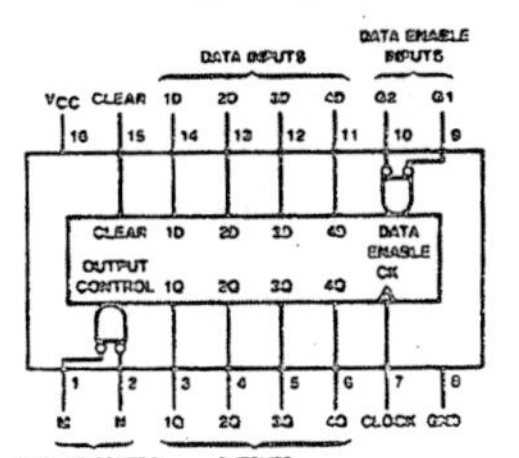

74173 74HC173
74LS173 74HCT173

174

Hex D Type Flip Flop

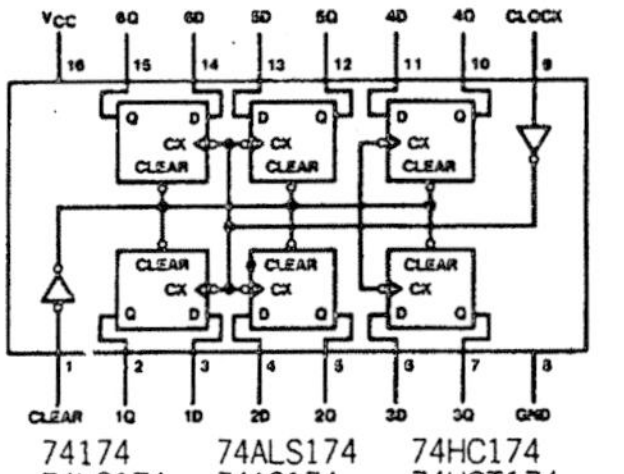

74174　74ALS174　74HC174
74LS174　74AS174　74HCT174
74S174　40H174
74F174

175

Quad D Type Flip Flop

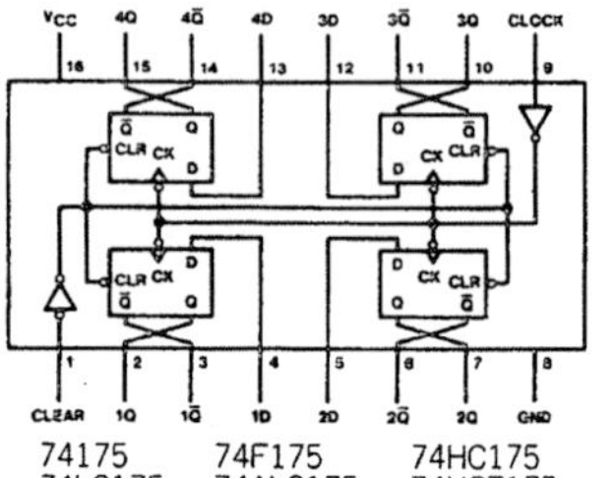

74175　74F175　74HC175
74LS175　74ALS175　74HCT175
74S175　74AS175　40H175

176, 177

176: Presettable Decade Counter
177: Presettable Binary Counter

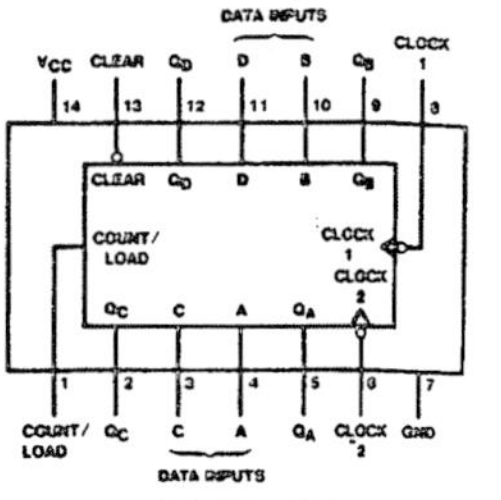

74176～177

178

4 Bit Shift Register PIPO

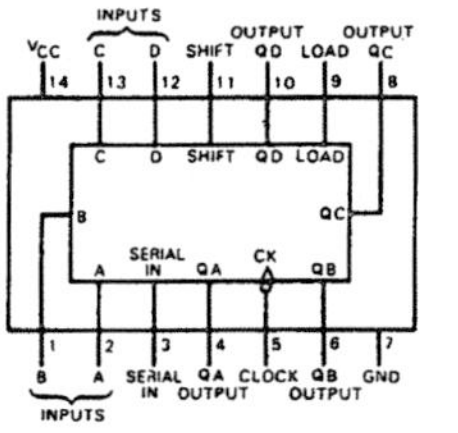

74178

179

4 Bit Shift Register PIPO

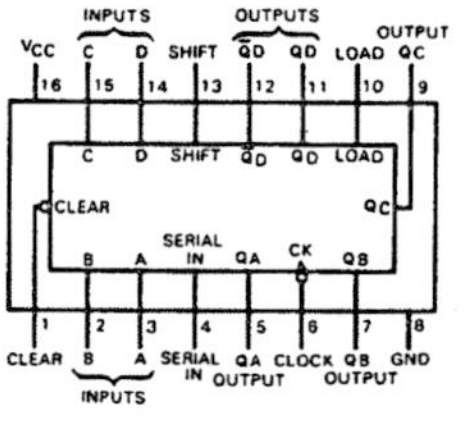

74179

180

9 Bit Parity Generator

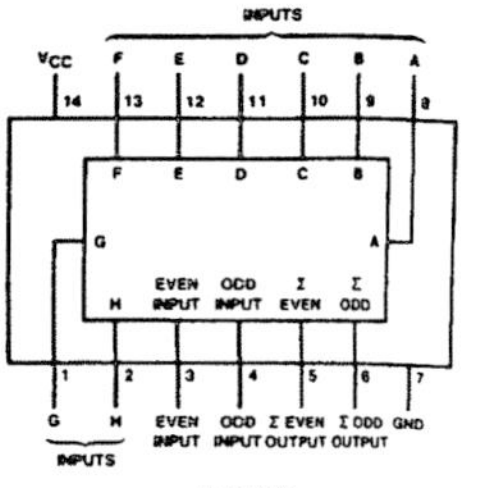

74180
74S180

181

4 Bit ALU/Function Generator

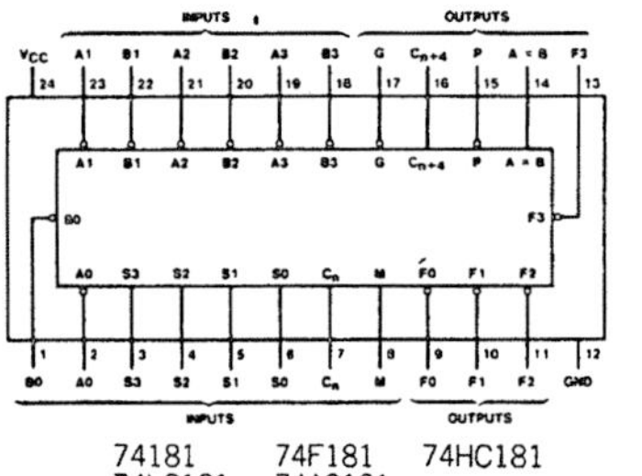

74181　74F181　74HC181
74LS181　74AS181
74S181

182

Look Ahead Carry Generator

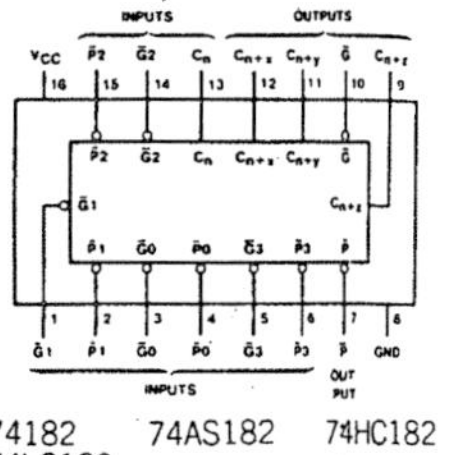

74182　74AS182　74HC182
74LS182
74S182
74F182

183

Dual Carry Save Full Adder

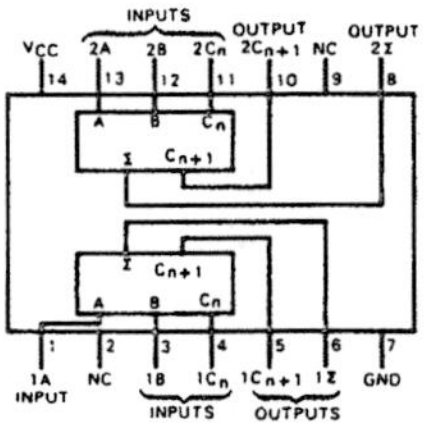

74183
74LS183

184

BCD to Binary Converter

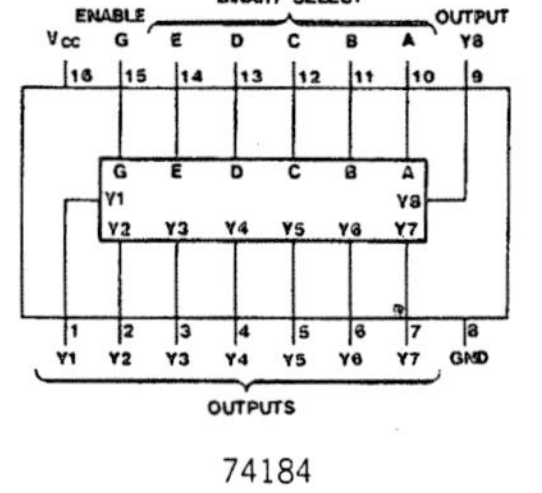

74184

185

Binary to BCD Converter

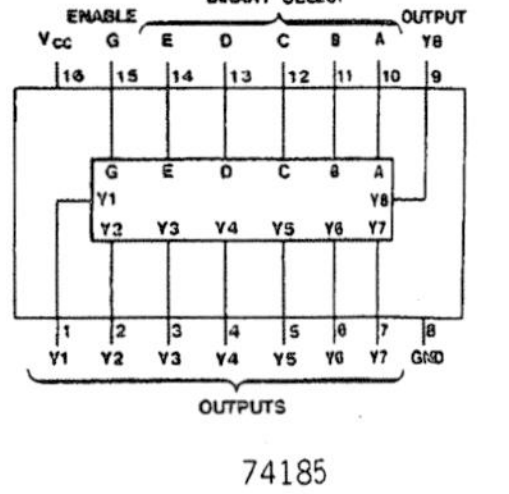

74185

190, 191

190:Synchronous up down Decade
191:Synchronous up down Binary Counter

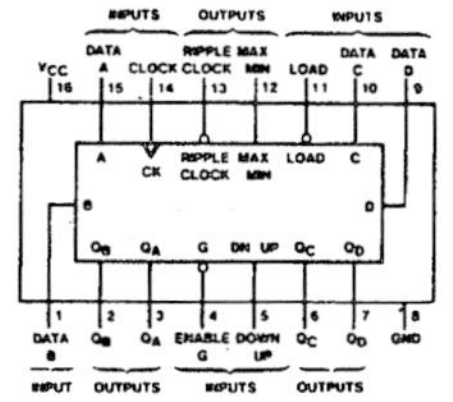

74190～191 74HC190～191
74LS190～191 74HCT190～191
74ALS190～191

192, 193

192:Synchronous up down Decade Counter
193:Synchronous up down Binary Counter

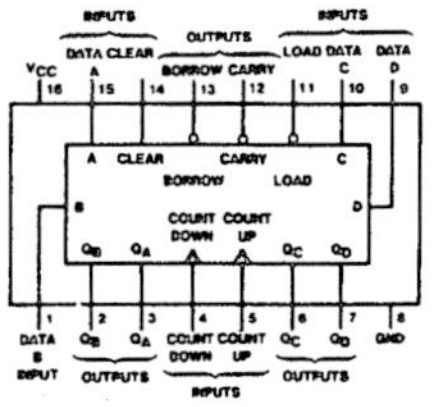

74192～193 74HC192～193
74LS192～193 74HCT192～193
74ALS192～193 40H192～193

194

4 Bit Bidirectional Shift Register PIPO

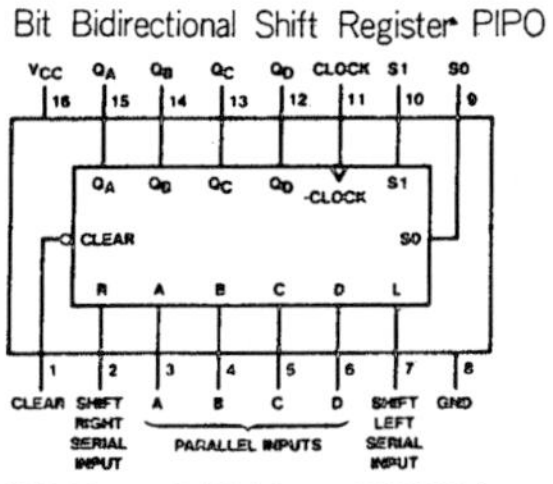

74194 74F194 74HC194
74LS194 74AS194 74HCT194
74S194 40H194

195

4 Bit Shift Register PIPO

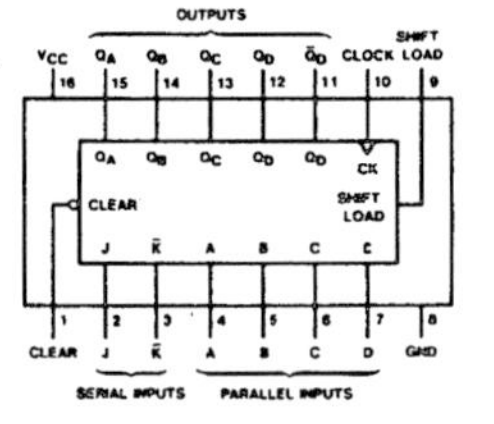

74195 74AS195 74HC195
74LS195 74F195 74HCT195
74S195

196, 197

196:Presettable Decade Counter
197:Presettable Binary Counter

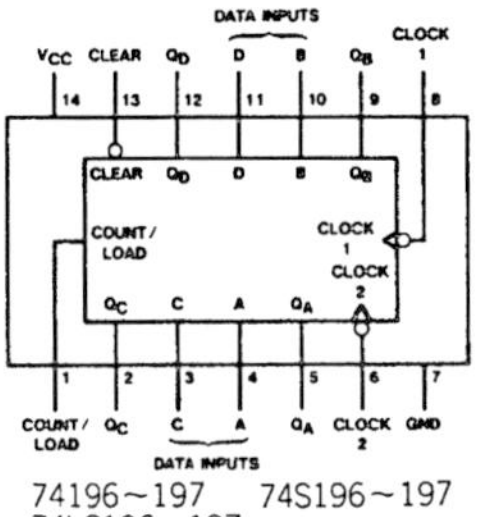

74196～197 74S196～197
74LS196～197

198

8 Bit Bidirectional Shift Register PIPO

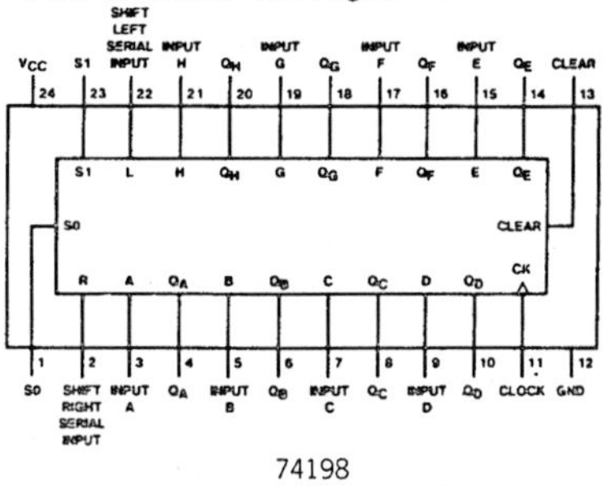

74198

199

8 Bit Shift Register PIPO

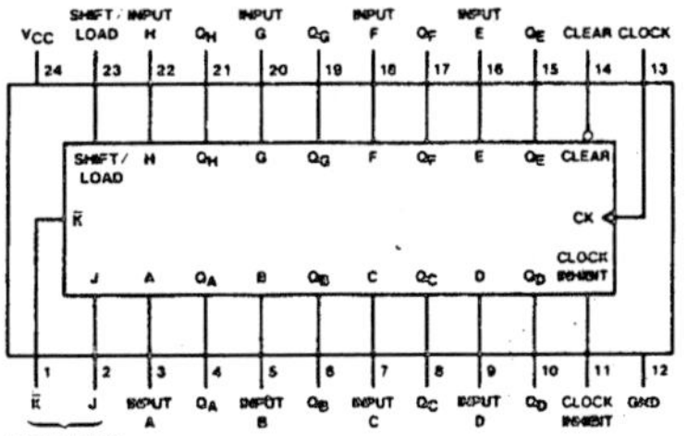

74199

221

Dual Monostable Multi\ ᵒtor

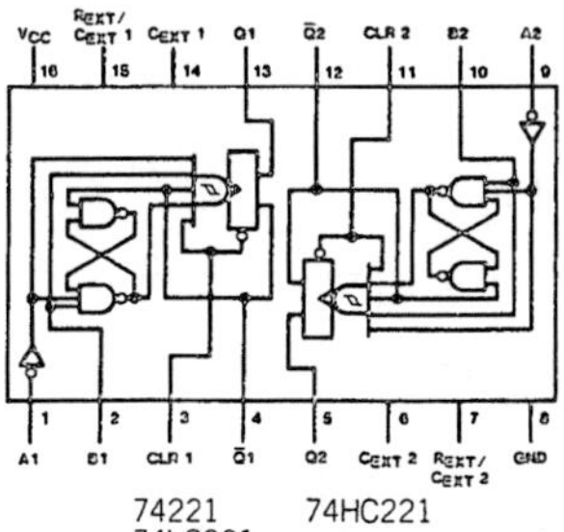

74221 74HC221
74LS221

230

Octal 3 state Bus Driver

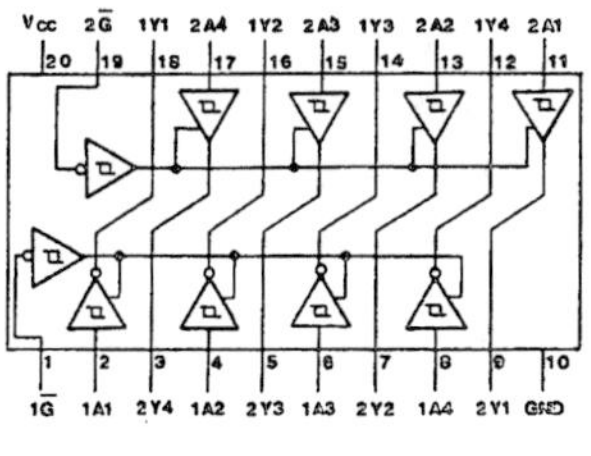

74AS230

231

Octal 3 state Bus Inverter

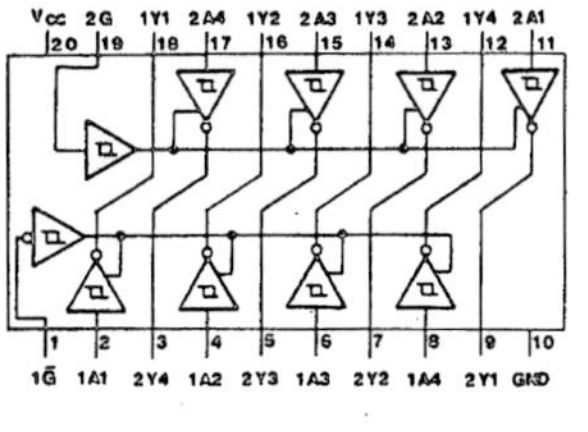

74AS231 67306

240

Octal 3 state Bus Inverter

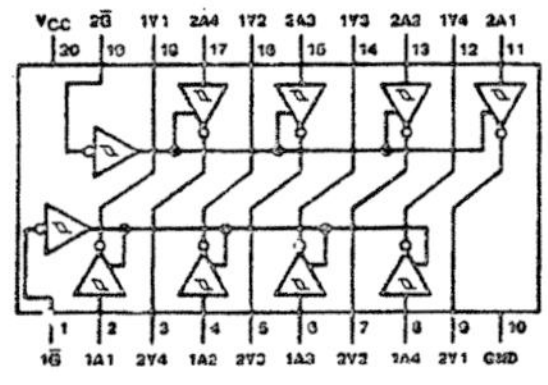

74LS240 74ALS1240 74HC240
74ALS240 74HCT240
74S240 40H240
74F240

241

Octal 3 state Bus Driver

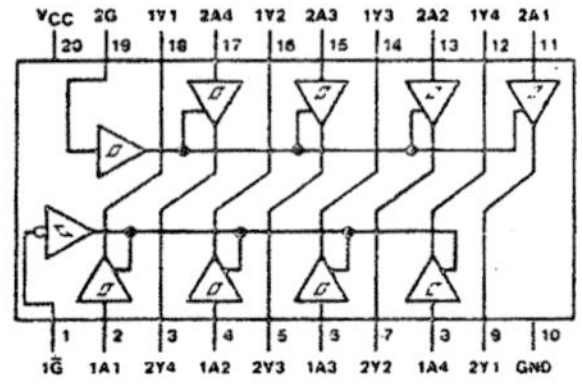

74LS241 74ALS1241 74HC241
74ALS241 74AS241 74HCT241
74S241 40H241
74F241

242

Quad 3 state Bus Transceiver

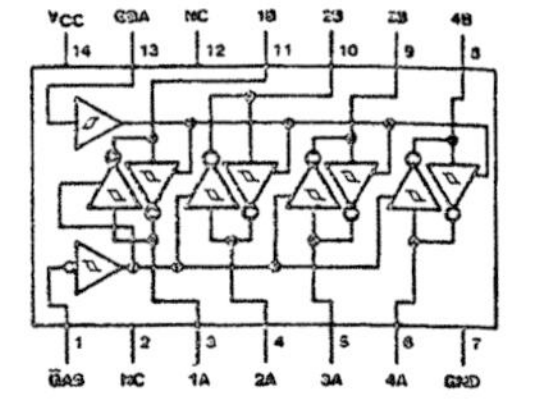

74LS242 74S242 74HC242
74ALS242 74AS242 74HCT242
74F242 74ALS1242 40H242

243

Quad 3 state Bus Transceiver

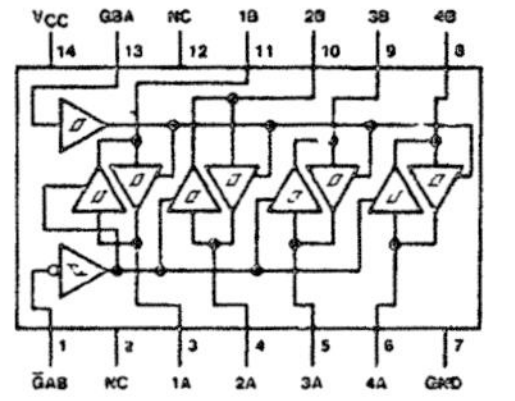

74LS243 74S243 74HC243
74ALS243 74AS243 74HCT243
74F243 74ALS1243 40H243

244

Octal 3 state Bus Driver

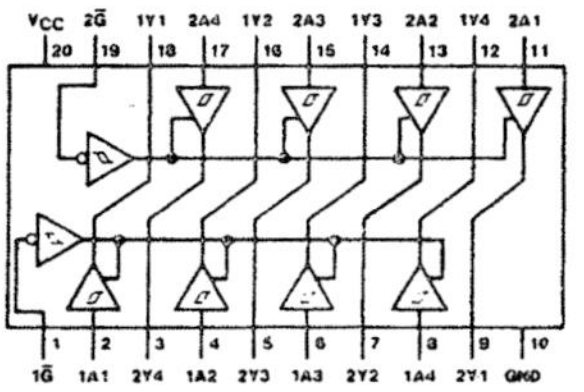

74LS244 74F244 74HC244
74ALS244 74AS244 74HCT244
74S244 74ALS1244 40H244

245

Octal 3 state Bus Transceiver

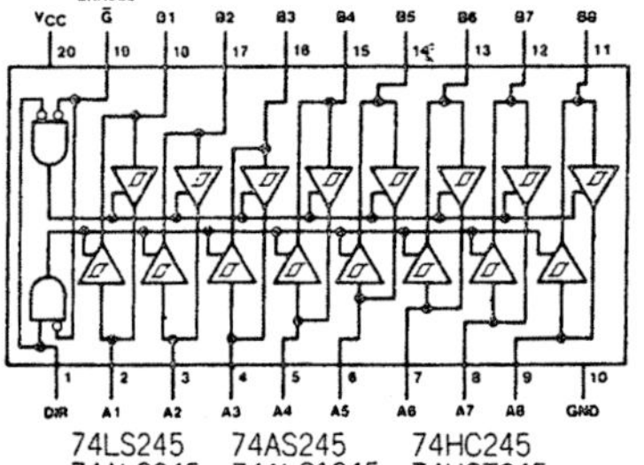

74LS245 74AS245 74HC245
74ALS245 74ALS1245 74HCT245
74F245 40H245

246

246:BCD to Seven Segment Decoder 30V with OC
247:BCD to Seven Segment Decoder 15V with OC

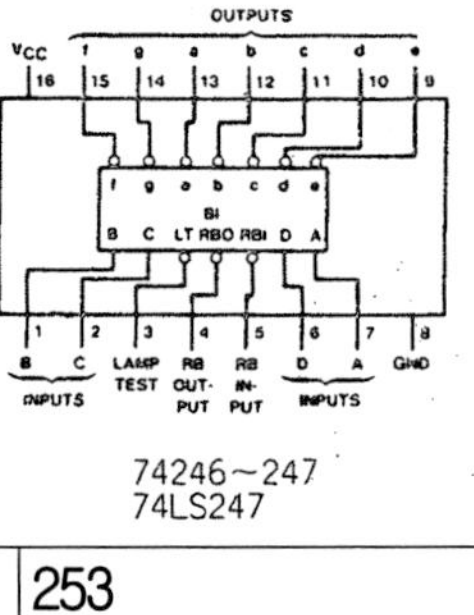

74246~247
74LS247

248, 249

248:BCD to Seven Segment Decoder 2kΩ pullup with OC
249:BCD to Seven Segment Decoder 5.5V with OC

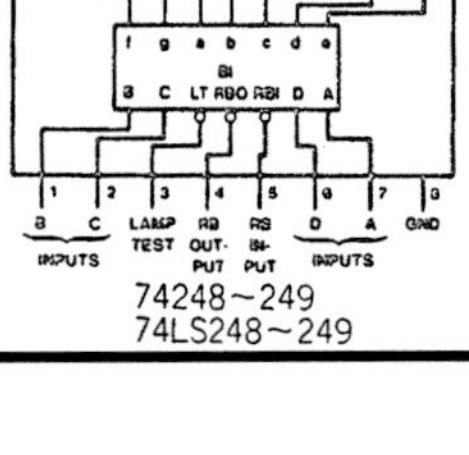

74248~249
74LS248~249

251

8 to 1 Line Data Selector 3 State

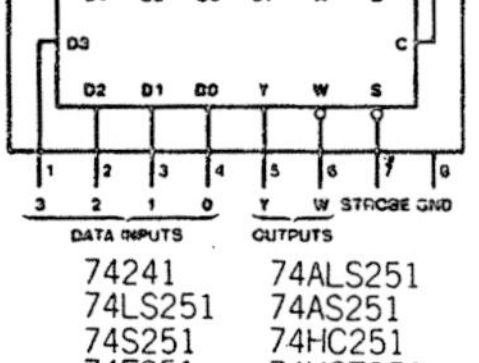

74241 74ALS251
74LS251 74AS251
74S251 74HC251
74F251 74HCT251

253

Dual 4 to 1 Line Data Selector 3 State

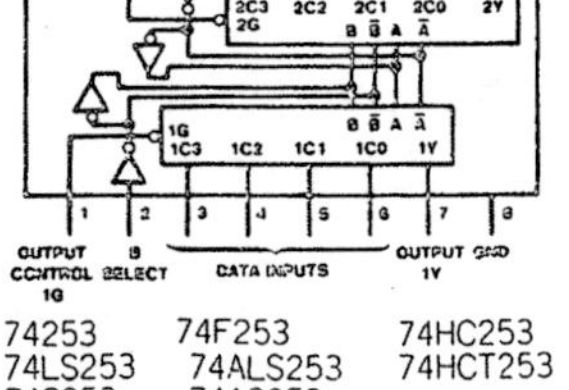

74253 74F253 74HC253
74LS253 74ALS253 74HCT253
74S253 74AS253

256

Dual 4 Bit Addressable Latch

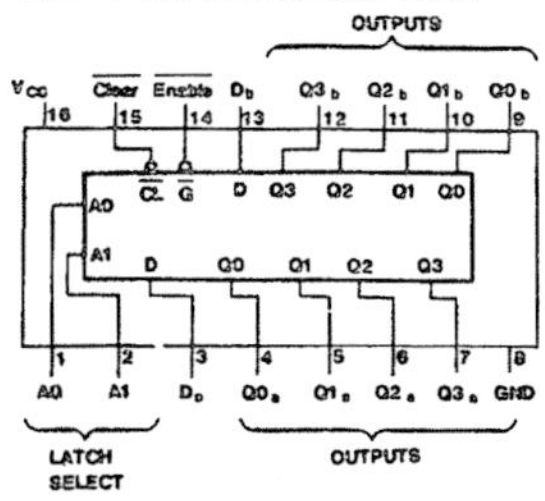

74LS256
74F256

257

Quad 2 to 1 Data Selector 3 State

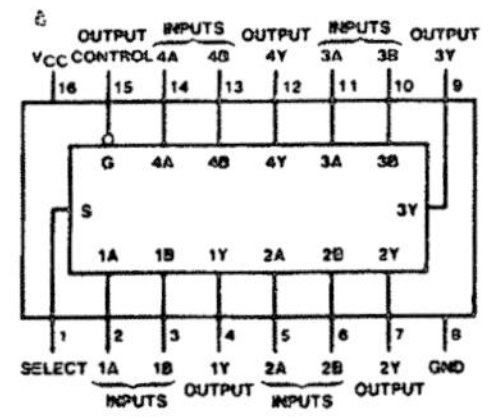

74257 74ALS257 74HC257
74LS257 74AS257 74HCT257
74S257
74F257

258

Quad 2 to 1 Data Selector 3 State

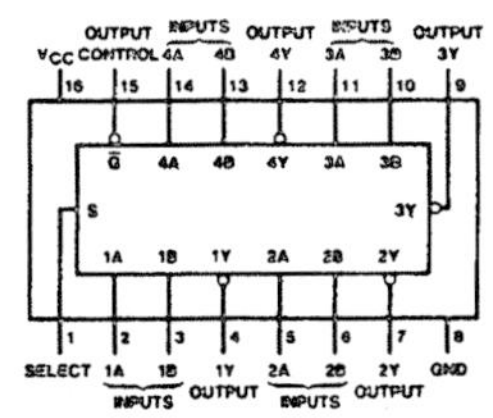

74LS258 74ALS258 74HC258
74S258 74AS258
74F258

259

8 Bit Addressable Latch

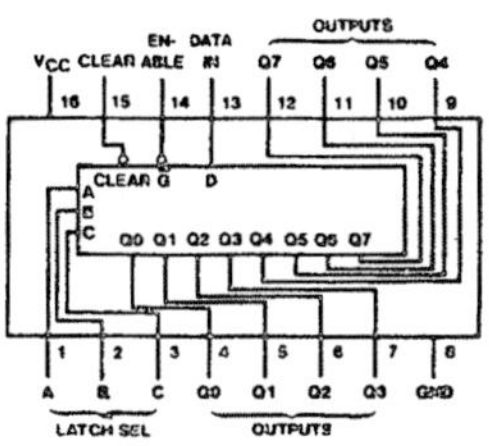

74259 74HC259
74LS259 74HCT259
74ALS259 40H259
74F259

260

Dual 5 Input NOR

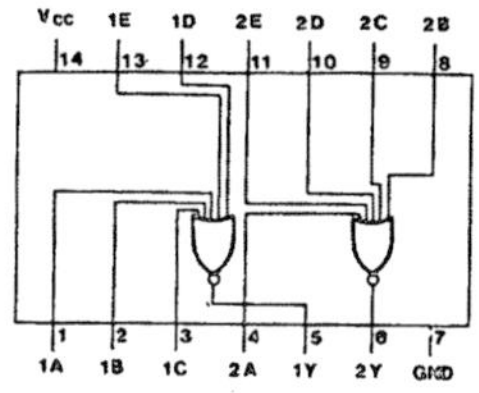

74LS260
74S260

261

2×4 Binary Multiplier

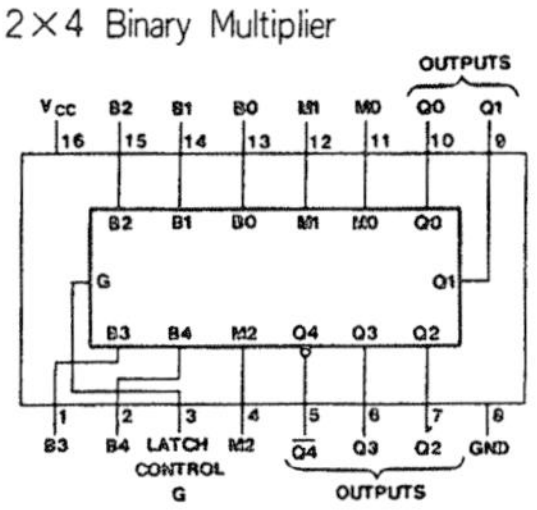

74LS261

265

Quad Complementary Output

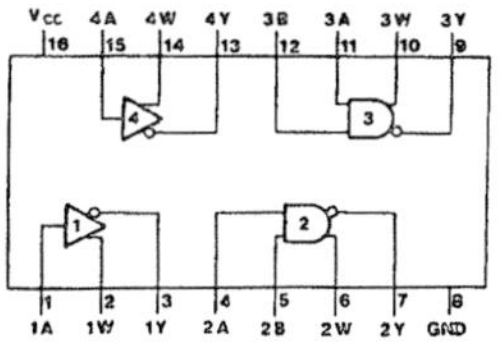

74265

266

Quad 2 Input Exclusive NOR with OC

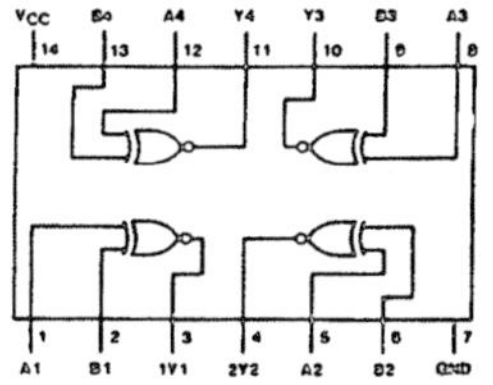

74LS266 74HC266

273

Octal D Type Flip Flop with Clear

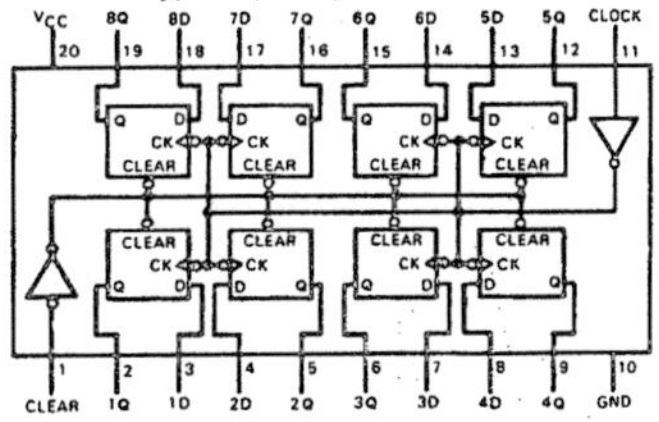

74273 74S273 74HC273
74LS273 74ALS273 74HCT273
74F273 40H273

274

4×4 Binary Multiplier

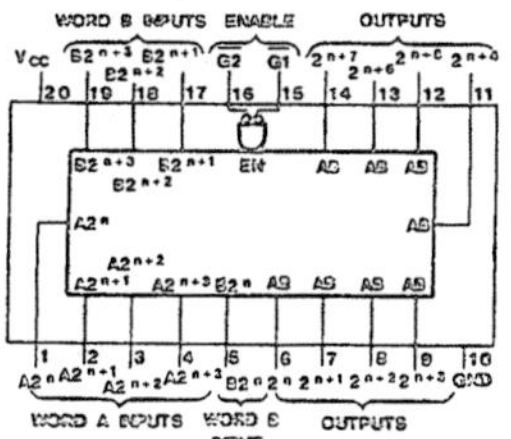

74S274

275

7 Bit Wallace Tree

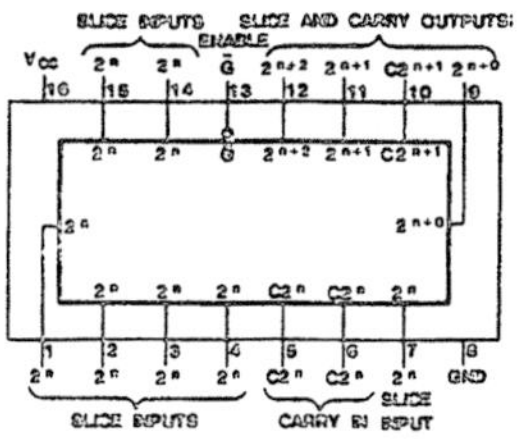

74LS275
74S275

276

Quad JK Flip Flop

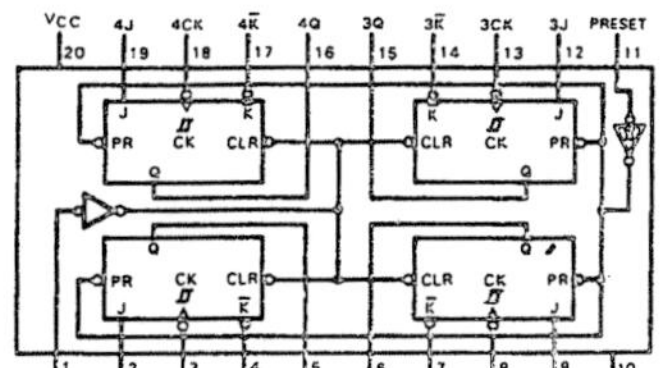

74276

278

4 Bit Cascadable Priority Register

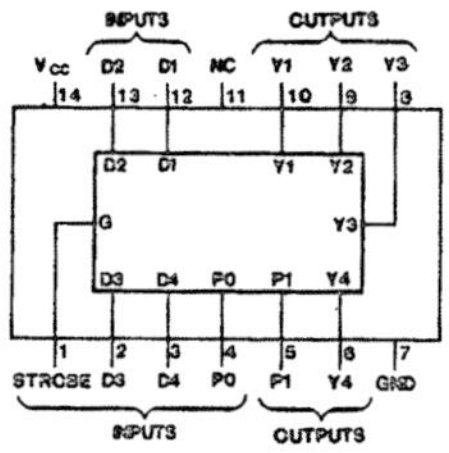

74278

279

Quad RS Latch

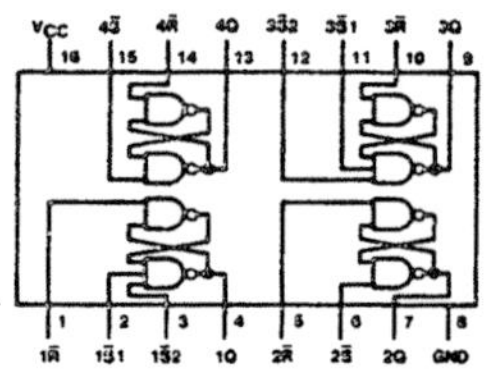

74279 74HC279
74LS279

280

9 Bit Parity Generator/Checker

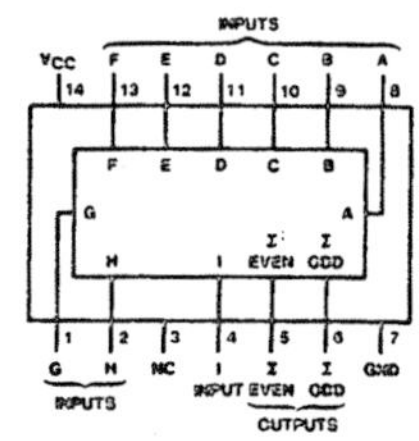

74LS280 74ALS280 74HC280
74S280 74AS280 74HCT280
74F280

281

4 Bit Binary Accumulator

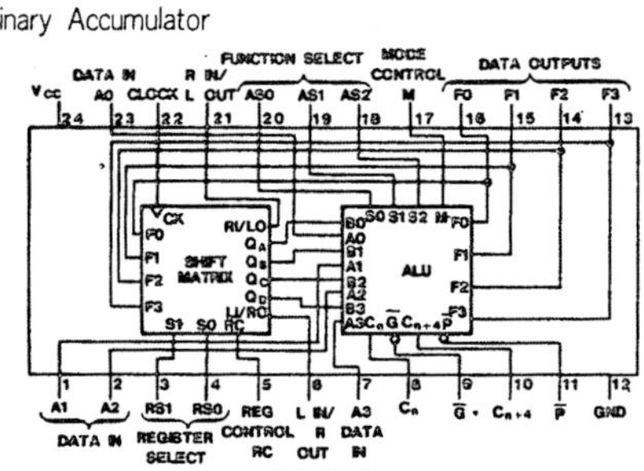

74LS281
74S281

283

4 Bit Binary Full Adder

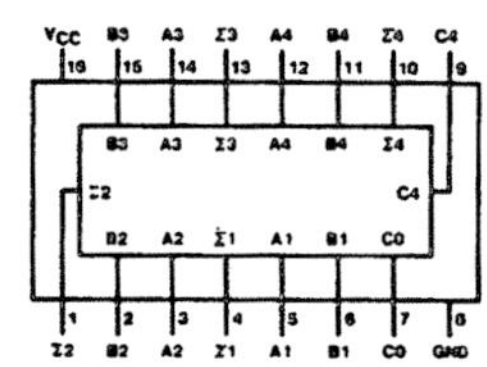

74283 74F283 74HC283
74LS283
74S283

284

4×4 Binary Multiplier

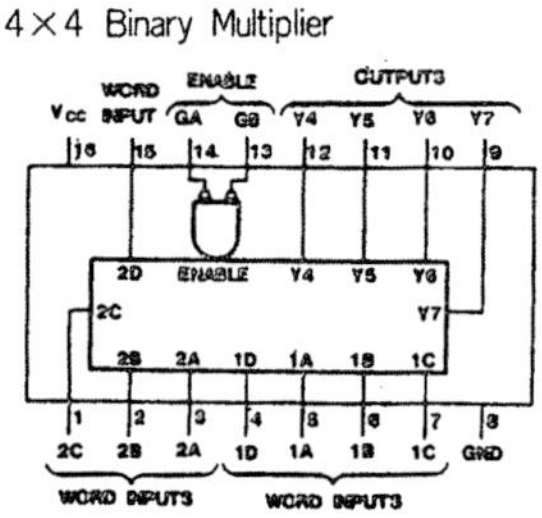

74284

285

4×4 Binary Multiplier

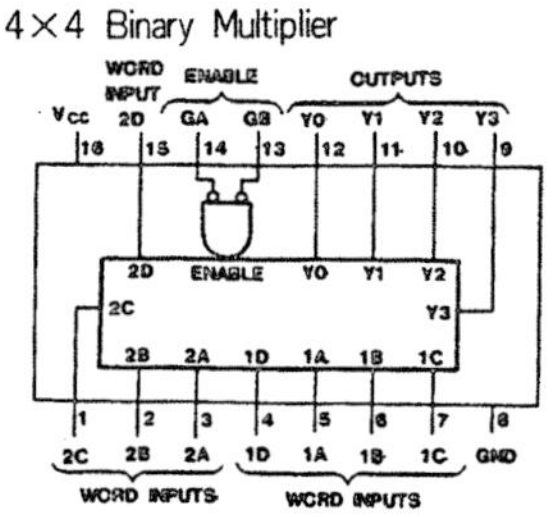

74285

290

Decade Counter

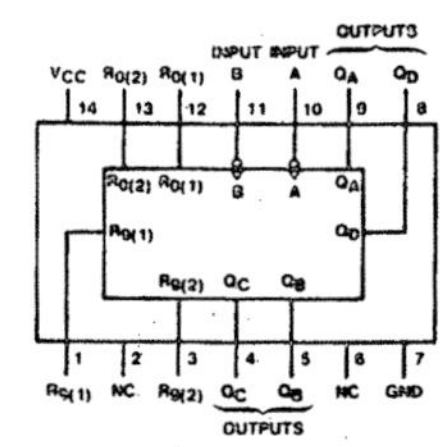

74290
74LS290

293

4 Bit Binary Counter

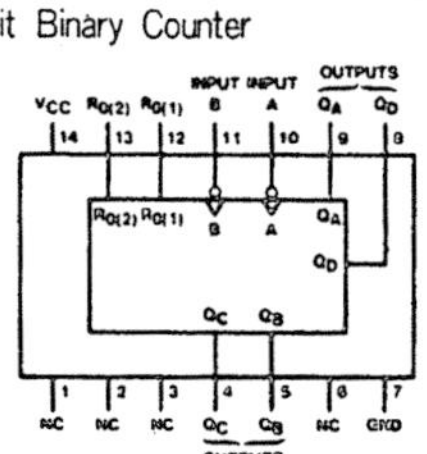

74293
74LS293

295

4 Bit Shift Register PIPO 3 State

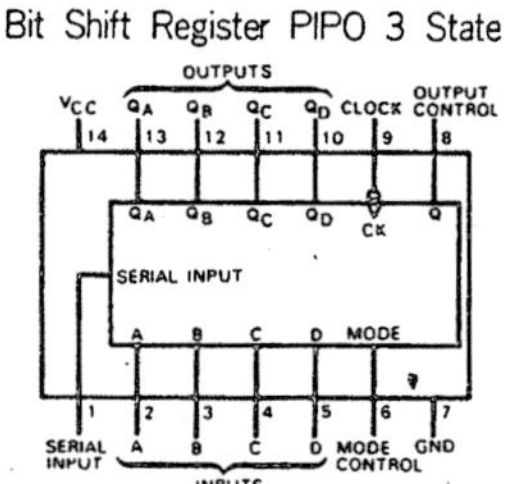

74LS295

298

Quad 2 Input Multiplexer with Storage

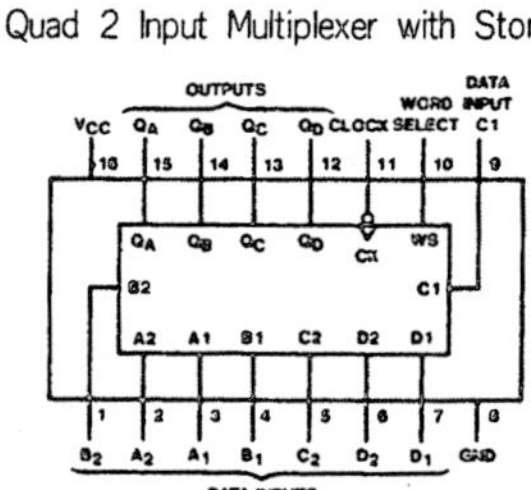

74298 74F298 74HC298
74LS298 74AS298

299

8 Bit Universal Shift/Storage Register

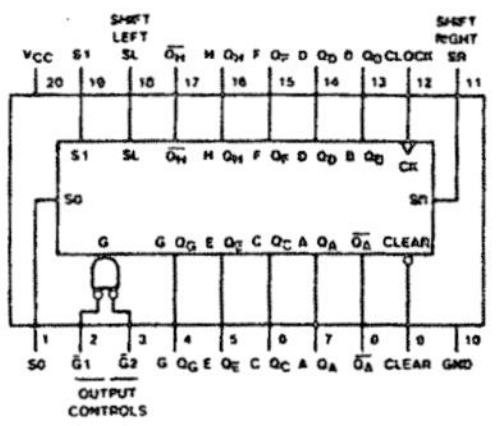

74LS299 74F299 74HC299
74S299 74S299 74HCT299
74ALS299

320

Crystal-Controlled Oscillator

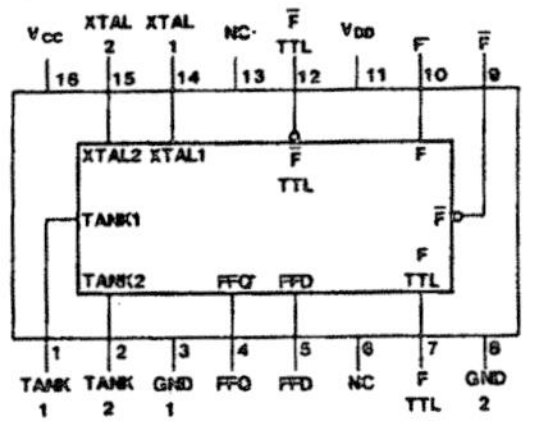

74LS320

321

Crystal-Controlled Oscillator
(with F/2, F/4 Output)

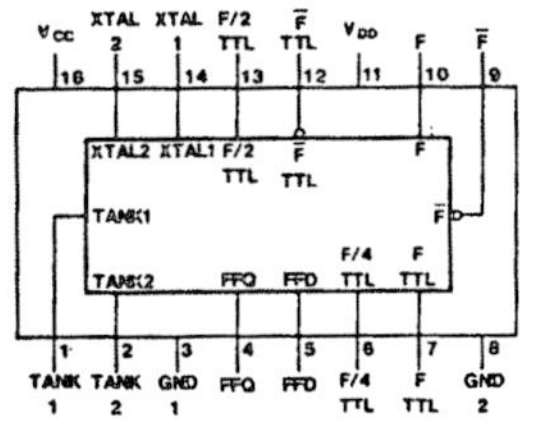

74LS321

322

8 Bit Shift Register with Sign Extend

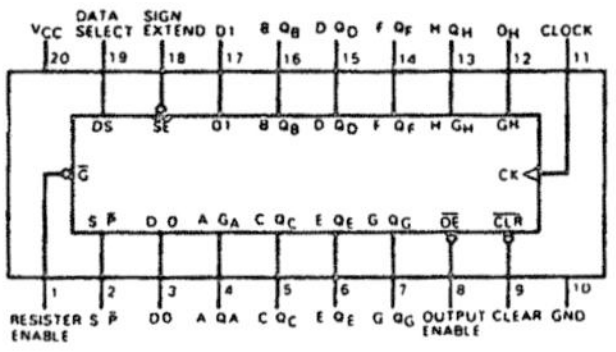

74LS322
74F322

323

8 Bit Shift Register 3 state

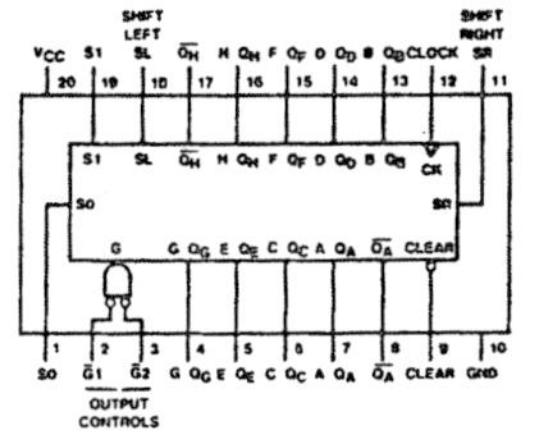

74LS323 74AS323 74HC323
74ALS323 74F323
74S323

347

BCD to 7 Segment Decoder/Driver

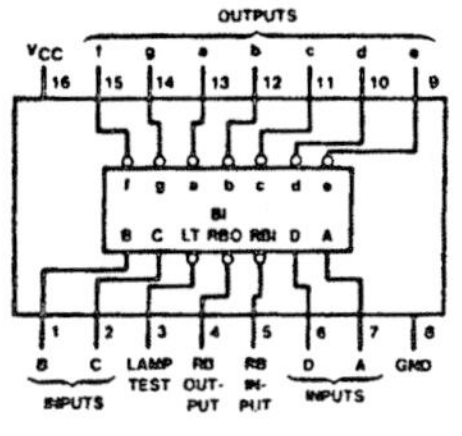

74LS347

348

8 to 3 Line Priority Encoder
3 state

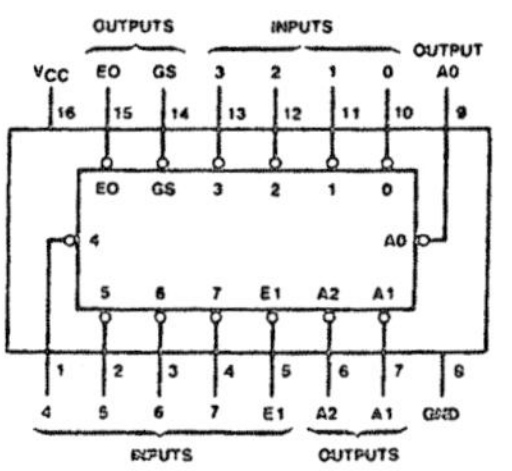

74LS348 TIM9908

350

4 Bit Shifter 3 state

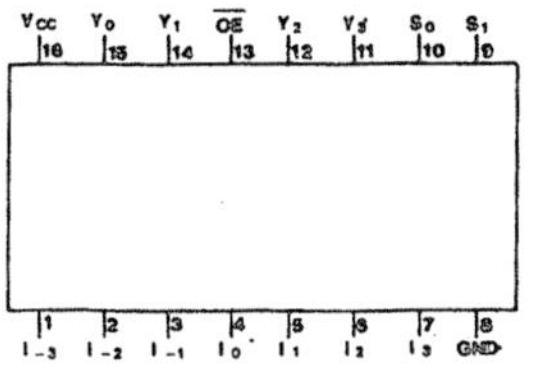

74S350
74F350

351

Dual 8 to 1 Line Data Selector 3 state

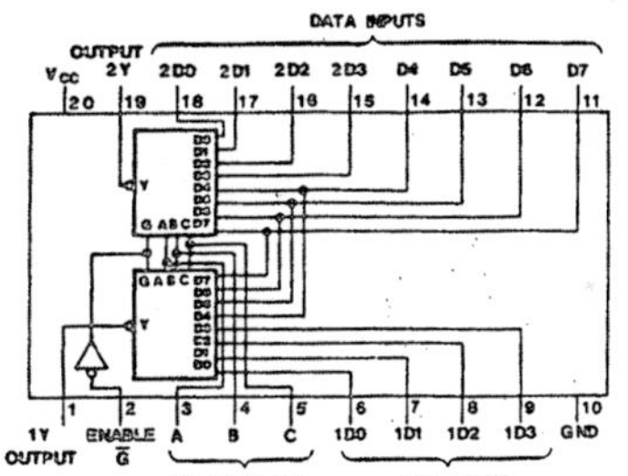

74351

352

Dual 4 to 1 Line Data Selector

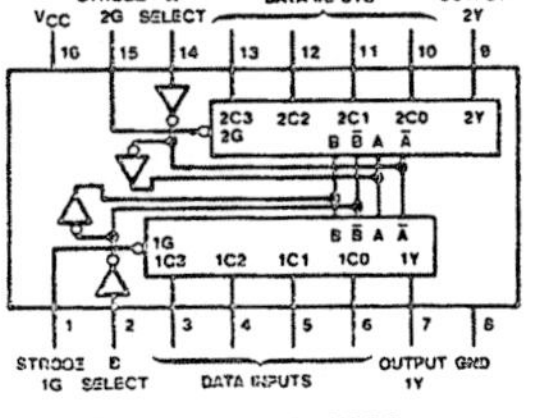

74LS352 74F352
74F352 74AS352
74ALS352

353

Dual 4 to 1 Line Data Selector 3 state

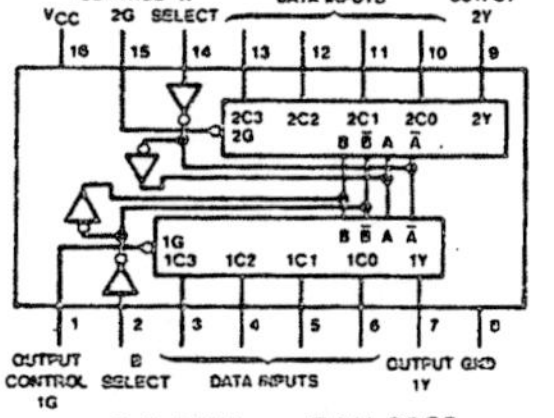

74LS353 74ALS353
74F353 74AS353

363

Octal Transparent Latch 3 state

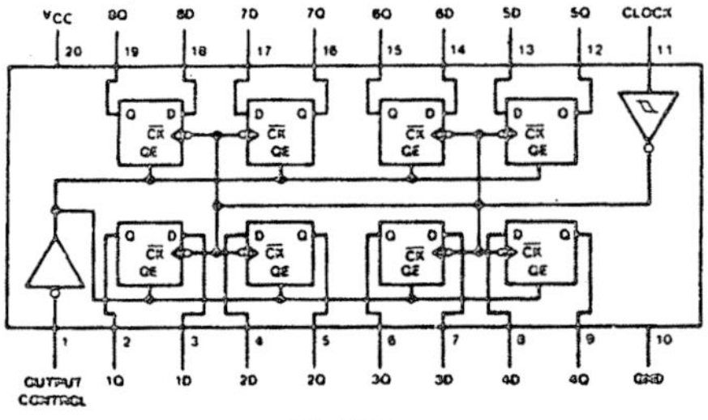

74LS363

364

Octal D Type Flip Flop 3 state

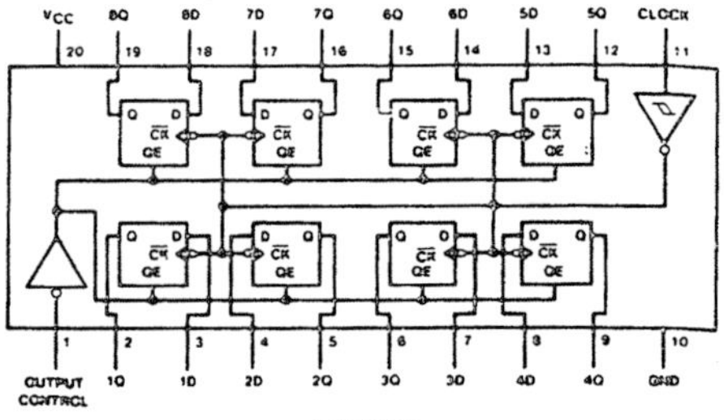

74LS364

365

Hex Bus Driver 3 State

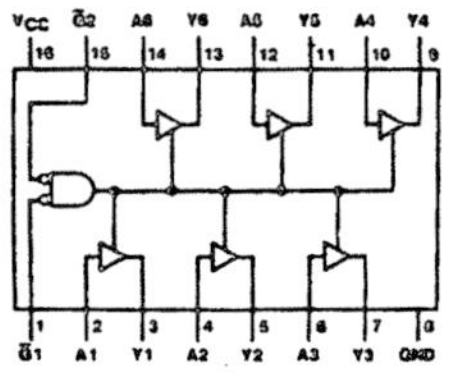

74365 74S365 74HC365
74LS365 74ALS365 74HCT365
74F365 40H365

366

Hex Bus Driver 3 State

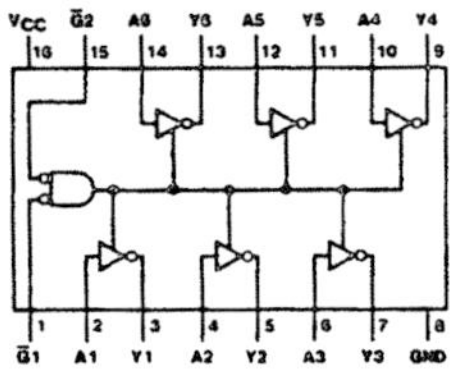

74366 74F366 74HC366
74LS366 74S366 74HCT366
74ALS366 40H366

367

Hex Bus Driver 3 State

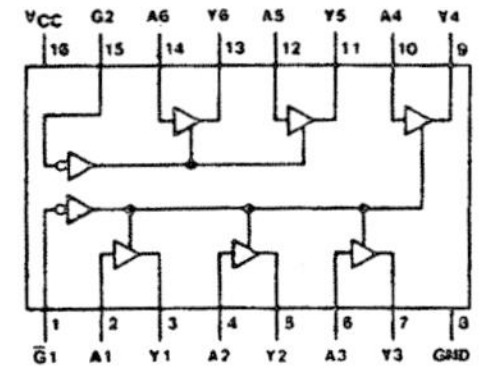

74367 74F367 74HC367
74LS367 74S367 74HCT367
74ALS367 40H367

368

Hex Bus Driver 3 State

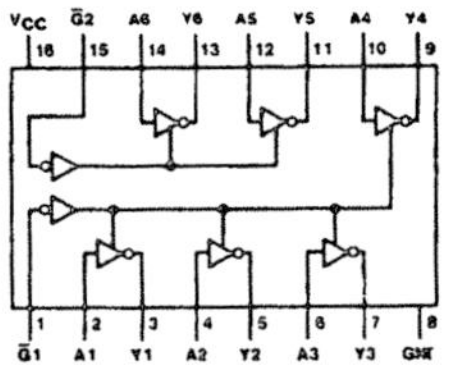

74368 74F368 74HC368
74LS368 74S368 74HCT368
74ALS368 40H368

373

Octal Transparent Latch 3 state

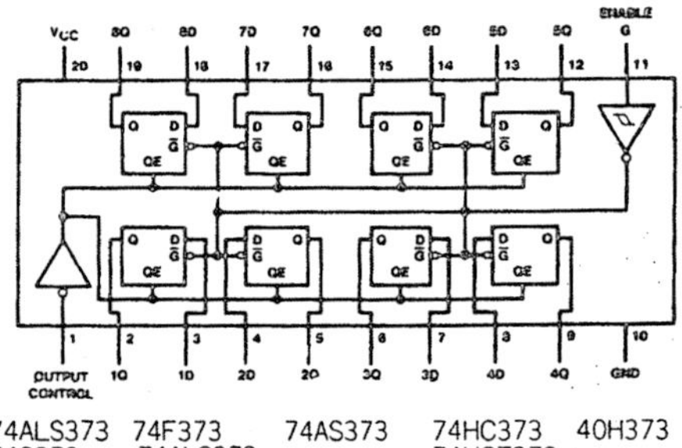

74ALS373 74F373 74AS373 74HC373 40H373
74S373 74ALS373 74HCT373

374

Octal D Type Flip Flop 3 state

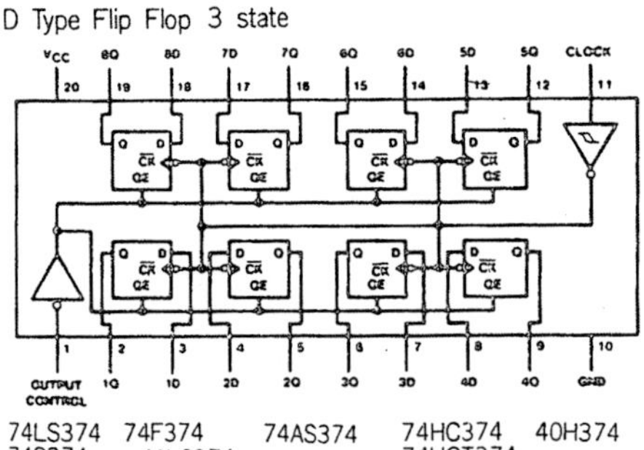

74LS374 74F374 74AS374 74HC374 40H374
74S374 74ALS374 74HCT374

375

4 Bit Latch

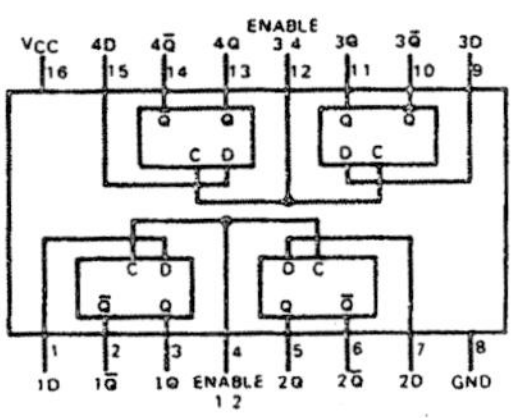

74LS375 74HC375
40H375

376

Quad JK Flip Flop

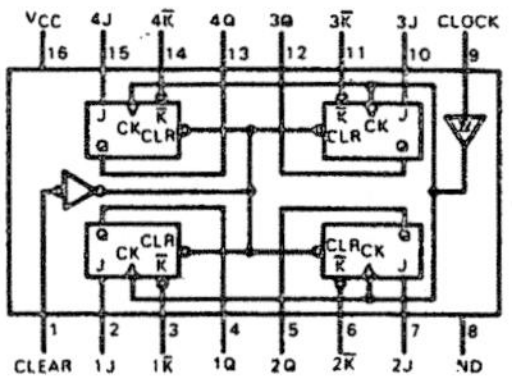

74376

377

Octal D Type Flip Flop with Enable

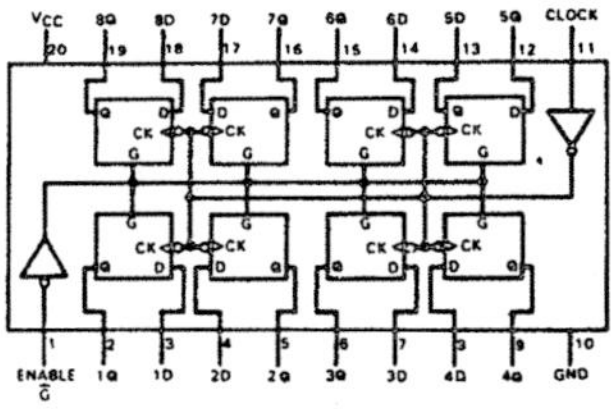

74LS377 74HC377
74ALS377 74HCT377
74F377

378

Hex D Type Flip Flop with Enable

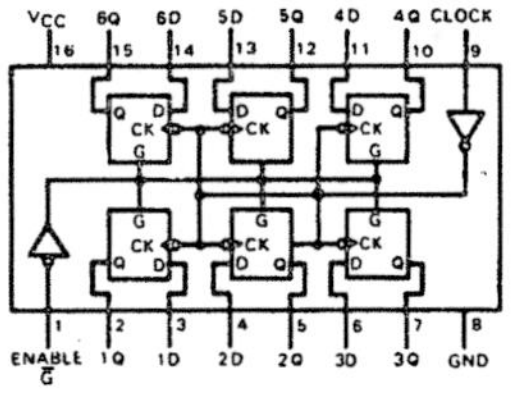

74LS378
74F378
74S378

379

4 Bit D Type Flip Flop with Enable

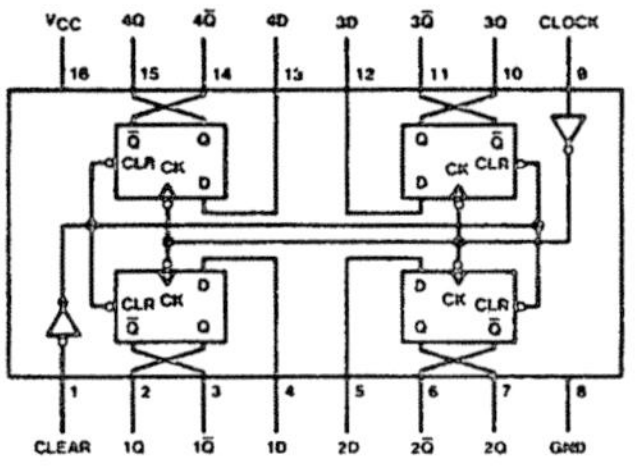

74LS379 74S379
74F379

381,382

ALU/Function Generator

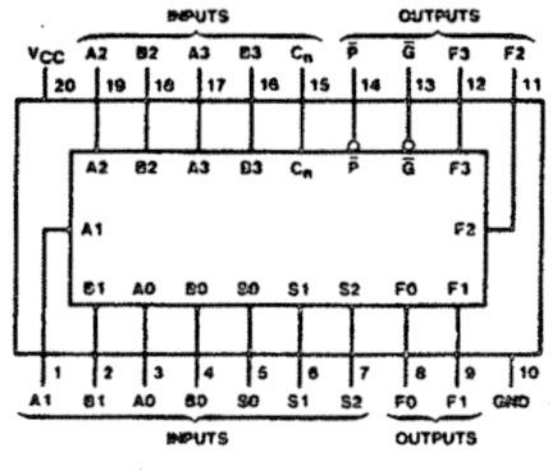

74LS381~382 74F381~382
74S381

384

8 Bit by 1 Bit 2's Complement Multiplier

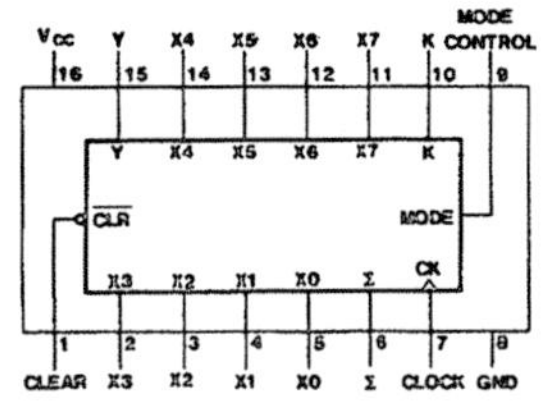

74LS384 74HC384
74F384 74HCT384

385

Quad Serial Adder/Subtractor

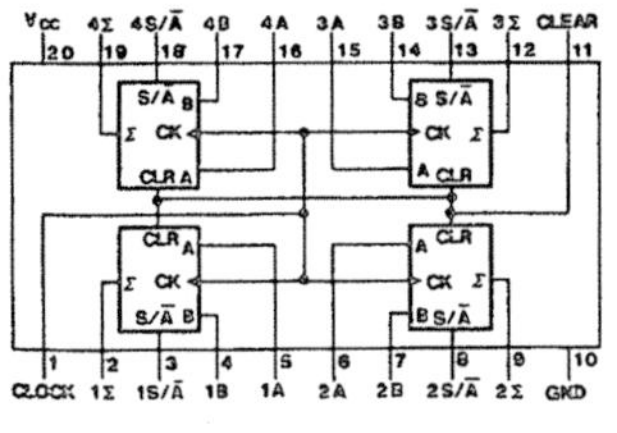

74LS385
74F385

386

Quad Exclusive OR

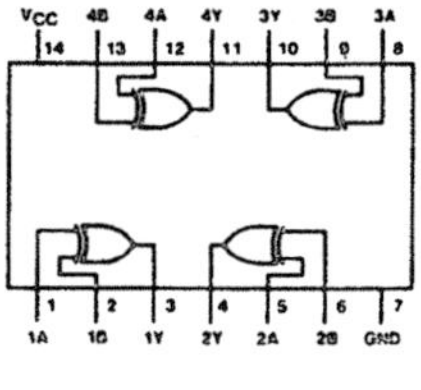

74LS386 74HC386
40H386

388

Quad D Type Flip Flop 3 state

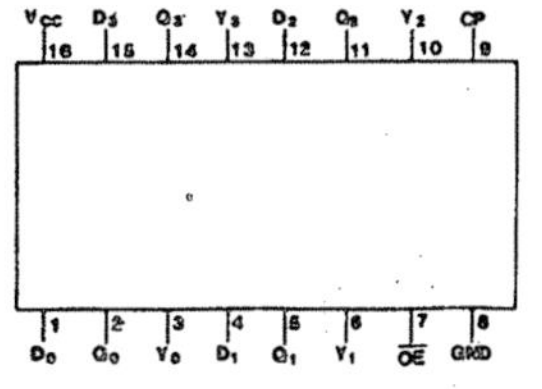

74LS388
74S388

390

Dual Decade Counter

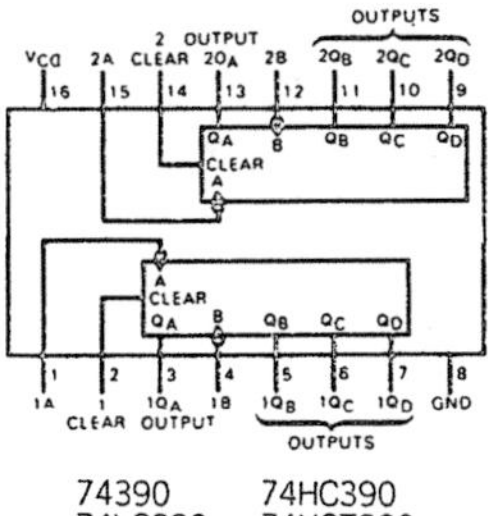

74390 74HC390
74LS390 74HCT390
40H390

393

Dual 4 Bit Binary Counter

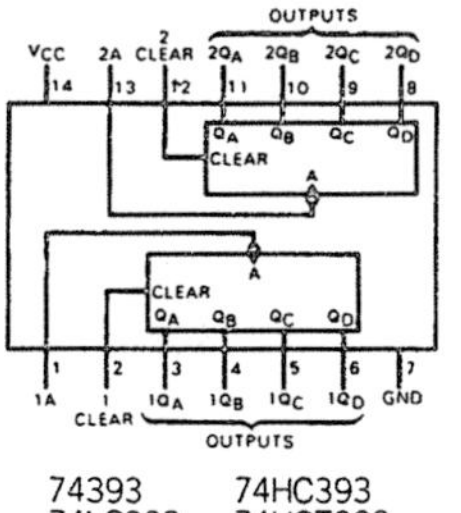

74393 74HC393
74LS393 74HCT393
40H393

395

4 Bit Shift Register PIPO

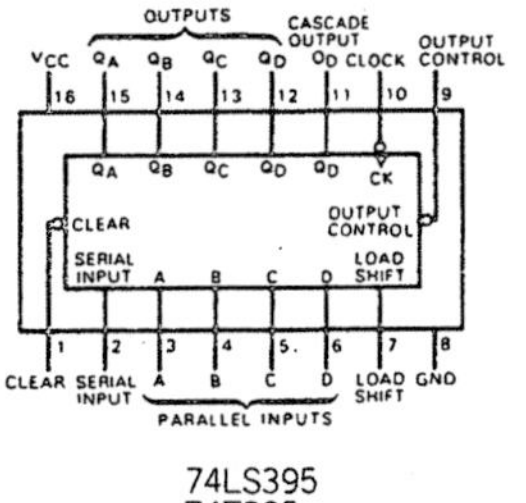

74LS395
74F395
74AS395

396

Octal Storage Register

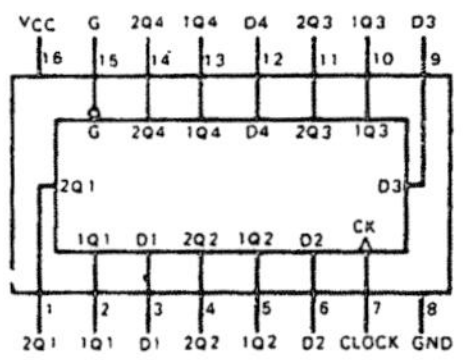

74LS396

398

4 Bit 2 Input Multiplexer with Storage

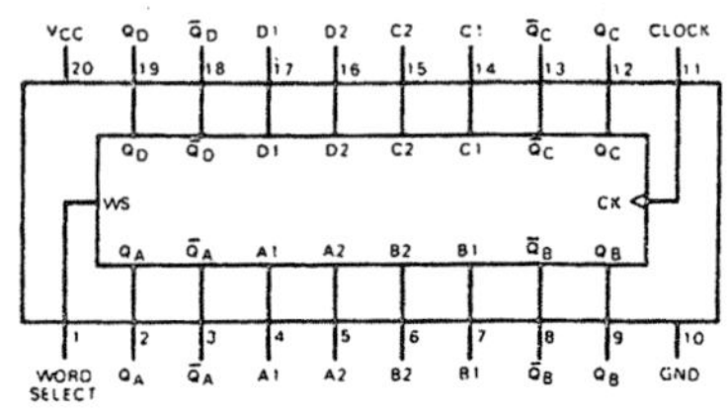

74LS398
74F398

399

4 Bit 2 Input Multiplexer with Storage

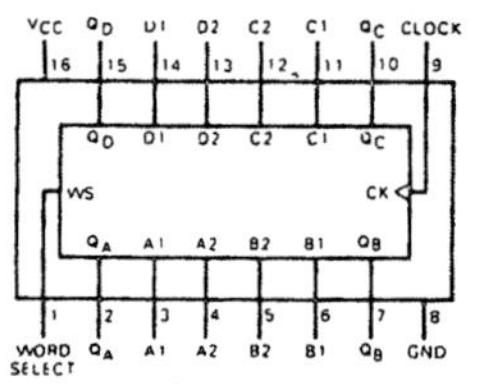

74LS399
74F399
74S399

422

Monostable Multivibrator

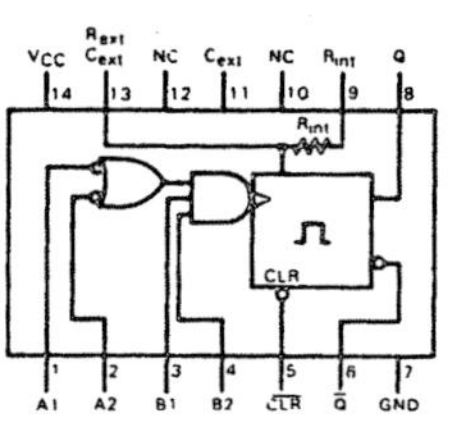

INPUTS					OUTPUTS	
CLEAR	A1	A2	B1	B2	Q	Q
L	X	X	X	X	L	H
X	H	H	X	X	L	H
X	X	X	L	X	L	H
X	X	X	X	L	L	H
H	L	X	↑	H	⊓	⊔
H	L	X	H	↑	⊓	⊔
H	X	L	↑	H	⊓	⊔
H	X	L	H	↑	⊓	⊔
H	H	↓	H	H	⊓	⊔
H	↓	↓	H	H	⊓	⊔
H	↓	H	H	H	⊓	⊔

74LS422

423

Dual Monostable Multivibrator

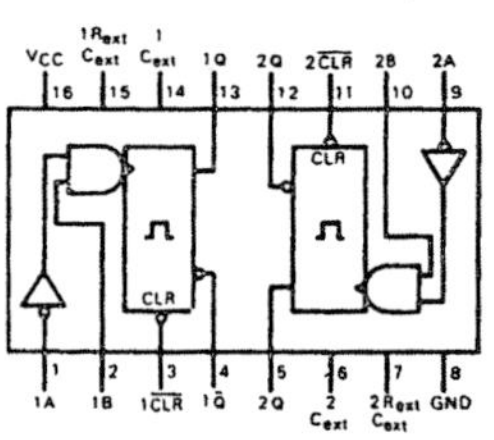

74LS423 74HC423

425

Quad 3 state Bus Buffer

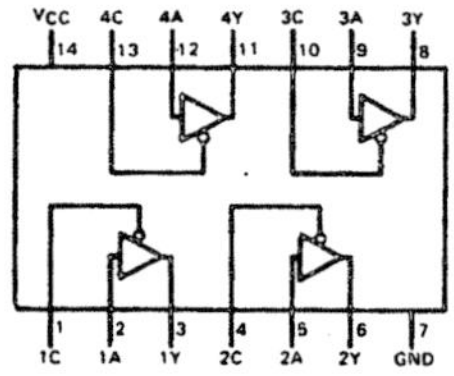

74425

426

Quad 3 State Bus Buffer

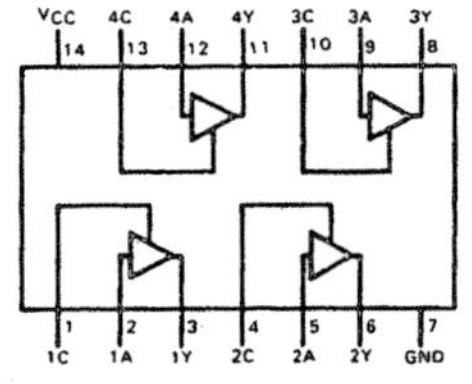

74426

440,441,442,443,444

Quad Tridirectional Bus Transceiver

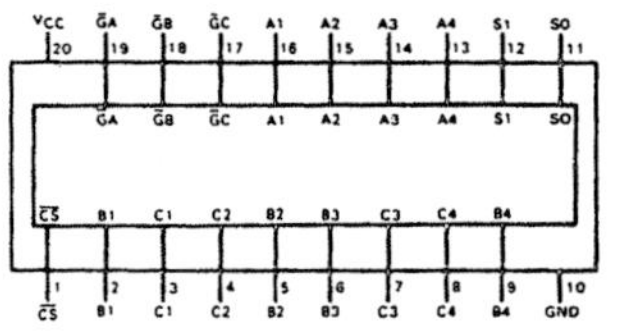

74LS440~444

445

BCD to Decimal Decoder/Driver with OC

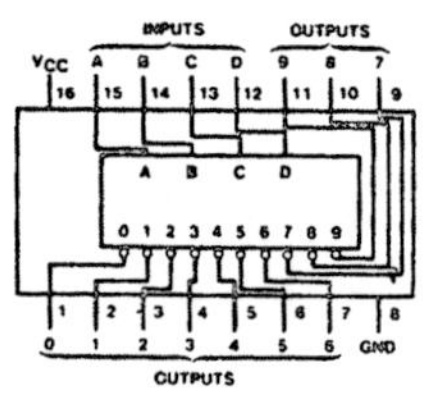

74LS445

447

BCD to 7 segment Decoder/Driver

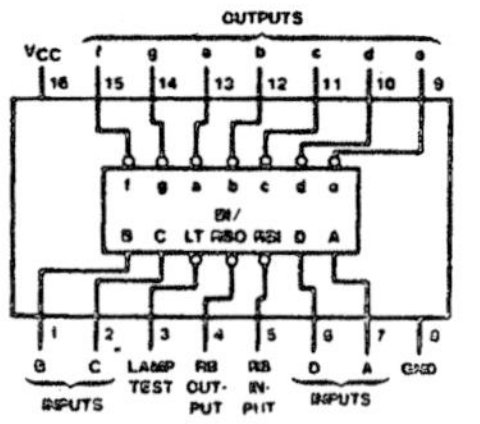

74LS447

448

Quad Tridirectional Bus Transceiver with OC

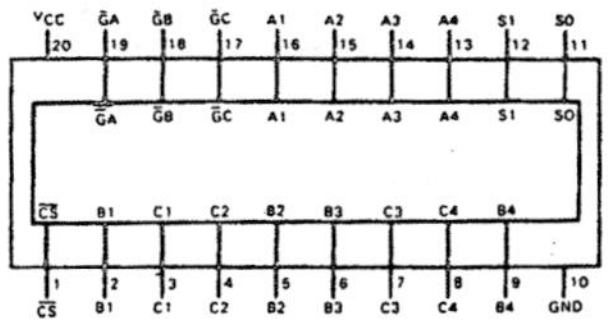

74LS448

465

Octal 3 state Bus Buffer

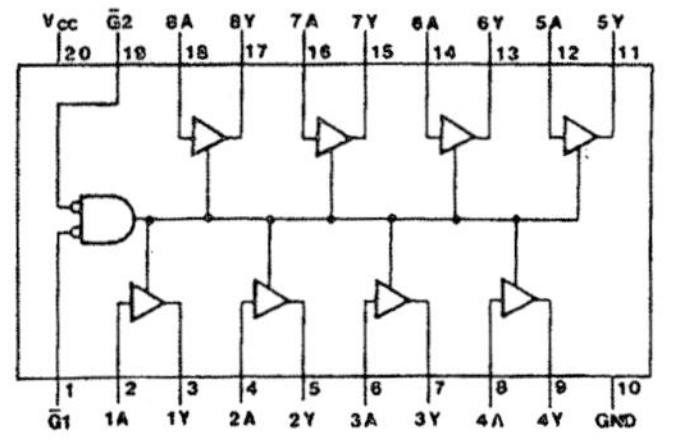

74LS465 81LS95
74ALS465

466

Octal 3 state Bus Buffer Inverter

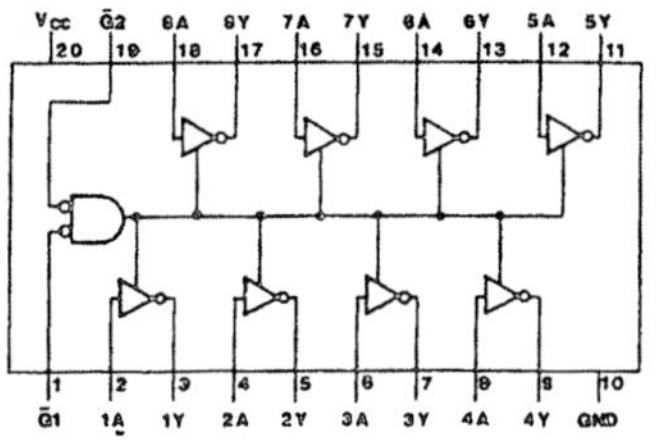

74LS466 81LS96
74ALS466

467

Octal 3 state Bus Buffer

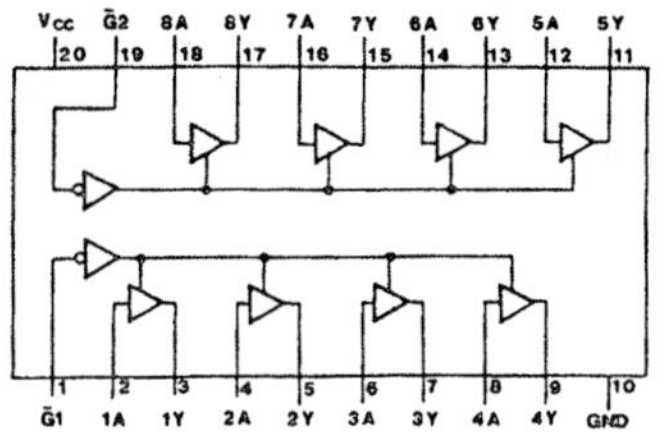

74LS467 81LS97
74ALS467

468

Octal 3 state Bus Buffer Inverter

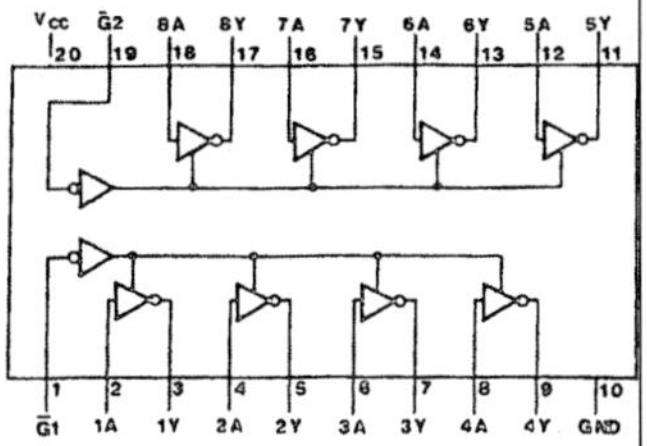

74LS468 81LS98
74ALS468

490

Dual Decade Counter

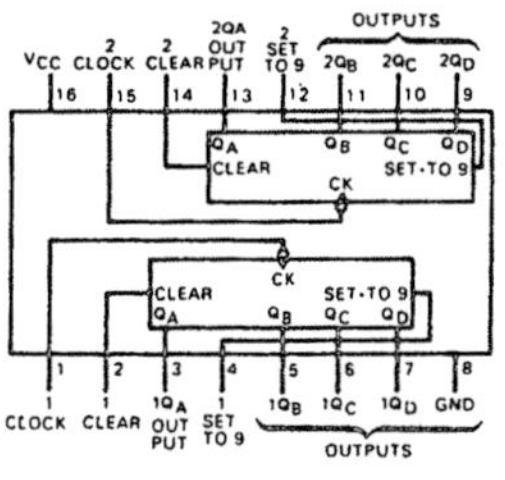

74490 74HC490
74LS490

502

8 Bit Successive Approximation Register

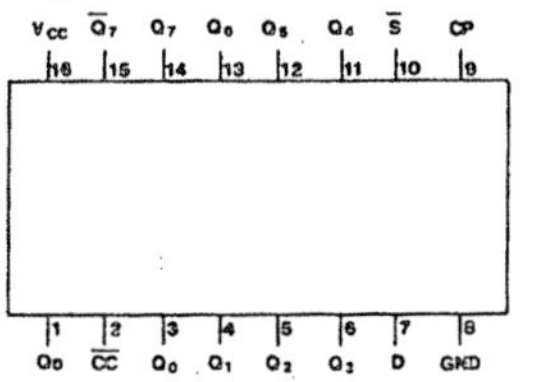

74502
74LS502

503

8 Bit Successive Approximation Register

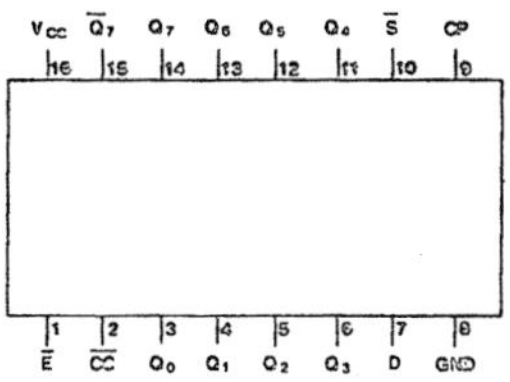

74503
74LS503

504

12 Bit Successive Approximation Register

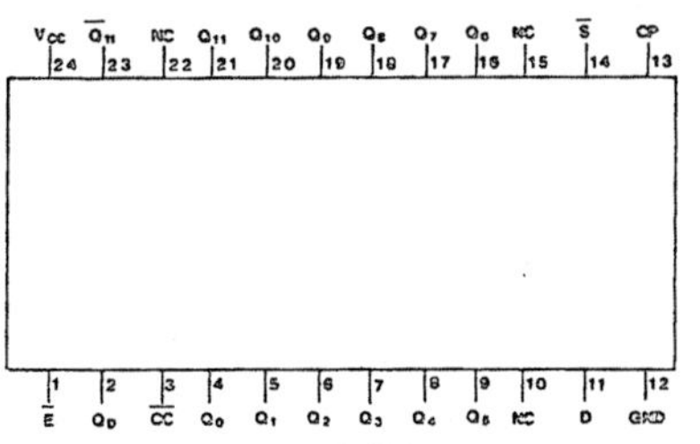

74504
74LS504

518

8 Bit Equal to Comparator with OC

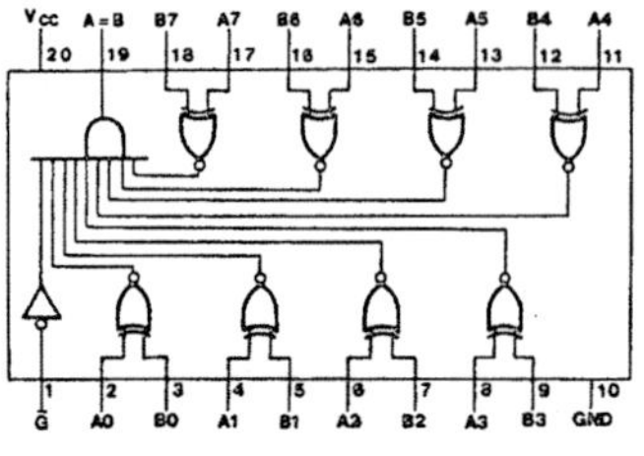

74ALS518

519

8 Bit Equal to Comparator with OC

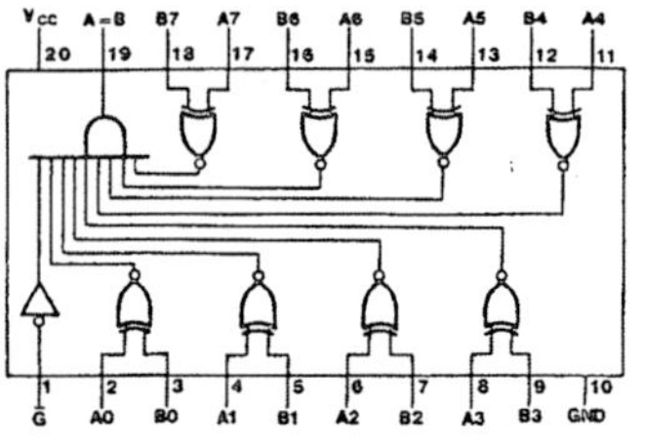

74ALS519

520

8 Bit Equal to Comparator

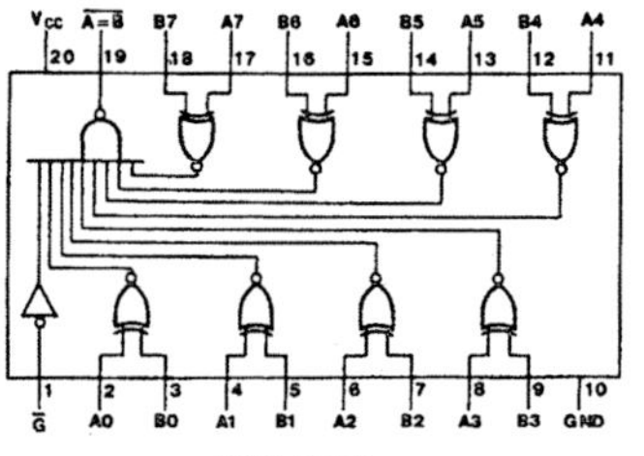

74ALS520

521

8 Bit Equal to Comparator

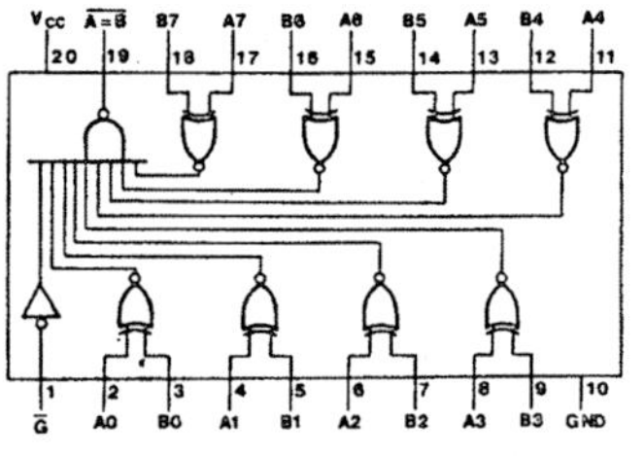

74LS521 74F521
74ALS521 25LS2521

522

8 Bit Equal to Comparator with OC

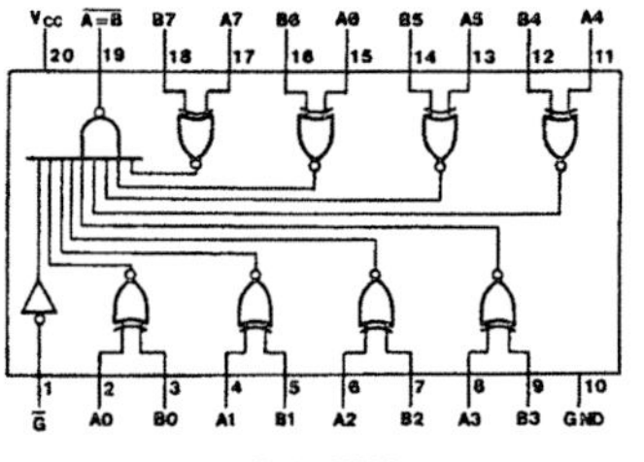

74ALS522

533

Octal 3 state Transparent Latch (Inverted)

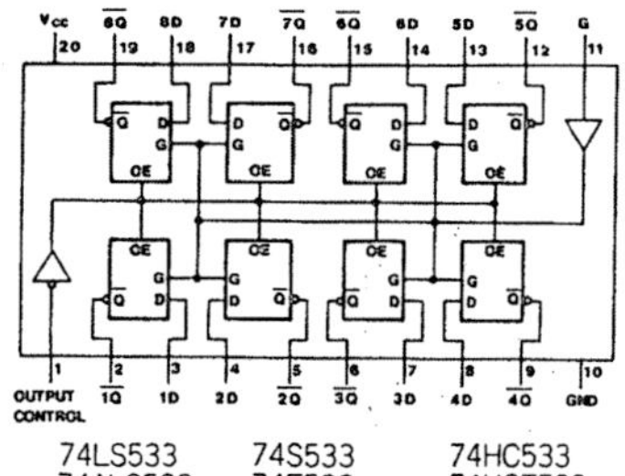

74LS533 74S533 74HC533
74ALS533 74F533 74HCT533

534

Octal 3 state D Type Flip Flop (Inverted)

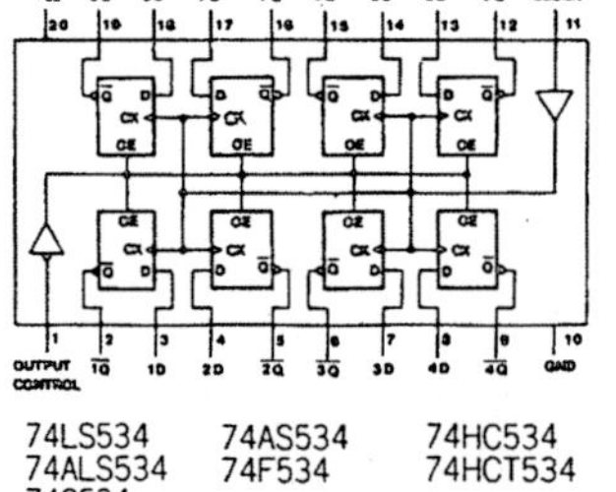

74LS534 74AS534 74HC534
74ALS534 74F534 74HCT534
74S534

537

BCD to Decimal Decoder (3 state)

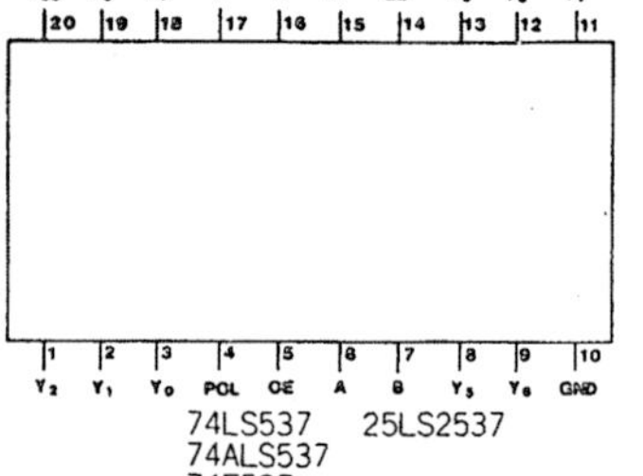

74LS537 25LS2537
74ALS537
74F537

538

3 to 8 Line Decoder (3 state)

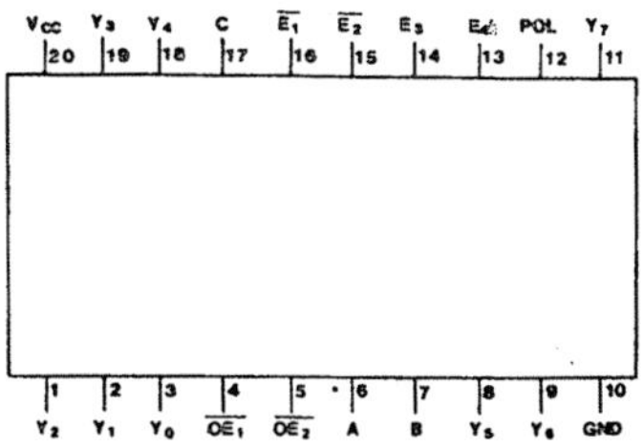

74LS538 25LS2538
74ALS538
74F538

539

Dual 2 to 4 Line Decoder (3 state)

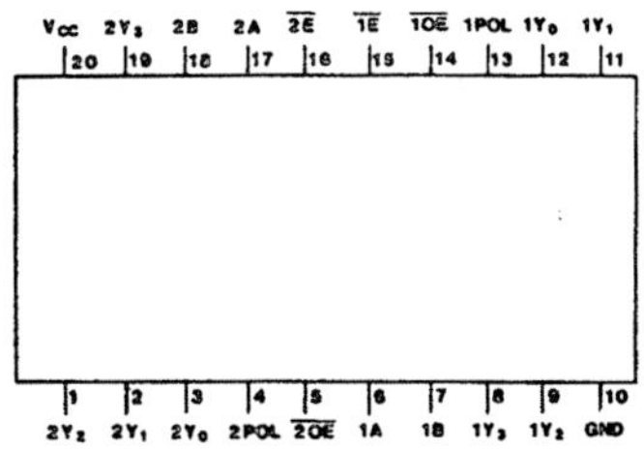

74LS539 25LS2539
74ALS539
74F539

540

Octal 3 state Bus Buffer (Inverted)

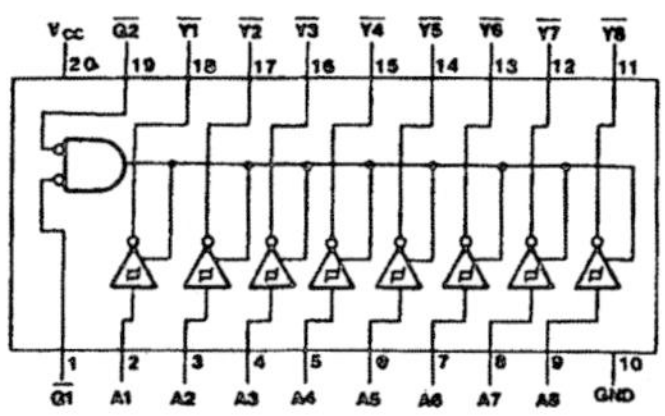

74LS540 74HC540
74ALS540 74HCT540

541

Octal 3 state Bus Buffer

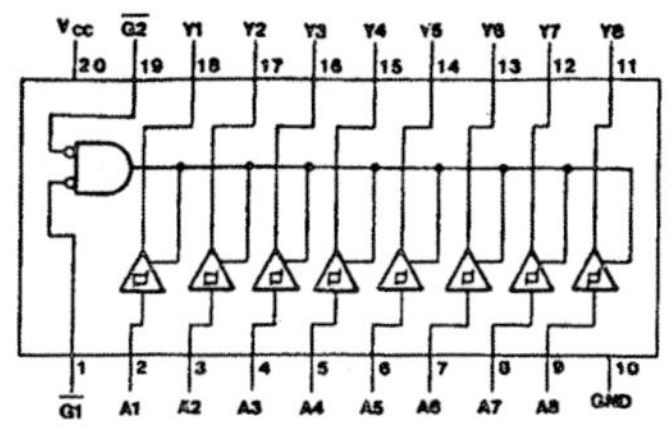

74LS541 74HC541
74ALS541 74HCT541

560

Synchronous Presettable Decade Counter (3 state)

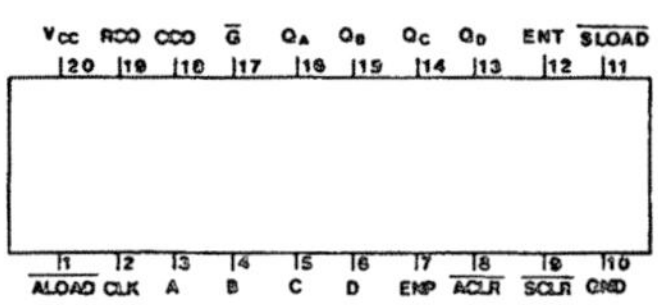

74ALS560

561

Synchronous Presettable Decade Counter (3 state)

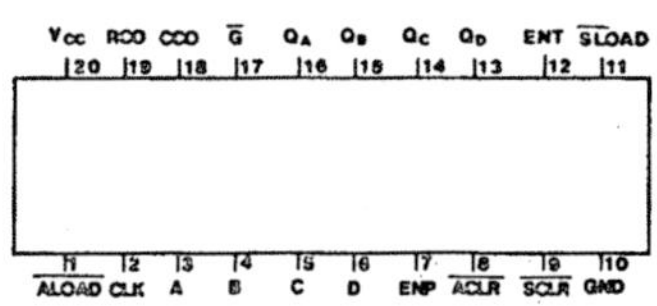

74ALS561

563

Octal 3 state Transparent Latch (Inverted)

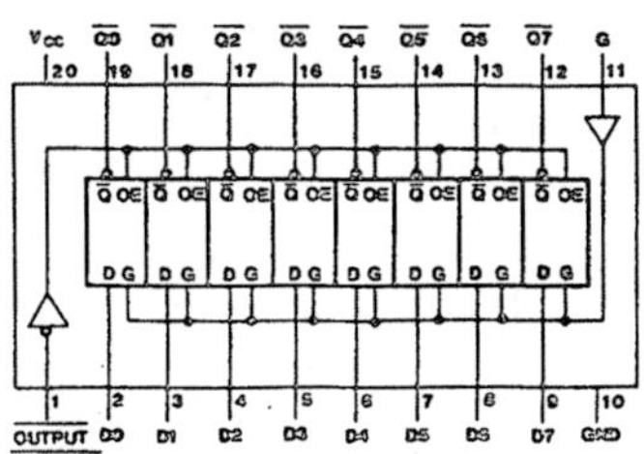

74LS563 74S563 74HC563
74ALS563 74HCT563

564

Octal 3 state D Type Flip Flop (Inverted)

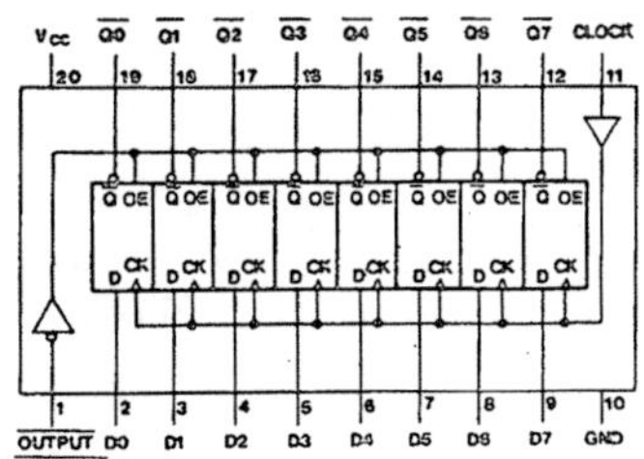

74LS564 74HC564
74ALS564 74HCT564

568

Synchronous Presettable Up/Down Counter (3 state)

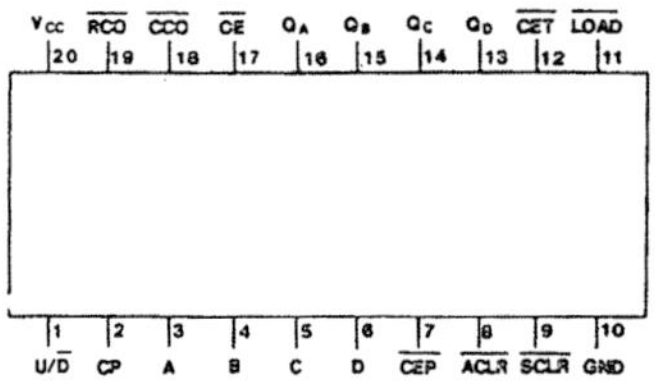

74LS568 74F568
74ALS568

569

Synchronous Presettable Up/Down Binary Counter (3 state)

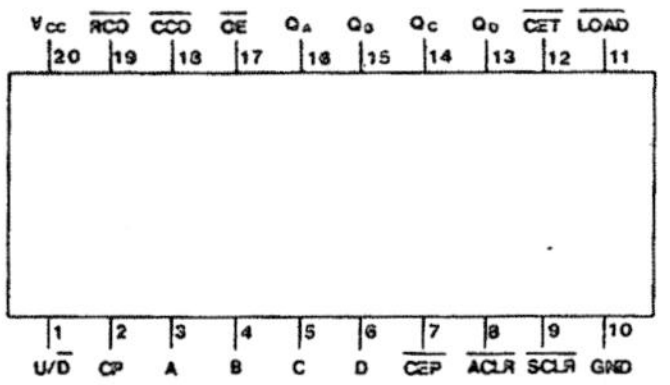

74LS569
74ALS569
74F569

573

Octal 3 state Transparent Latch

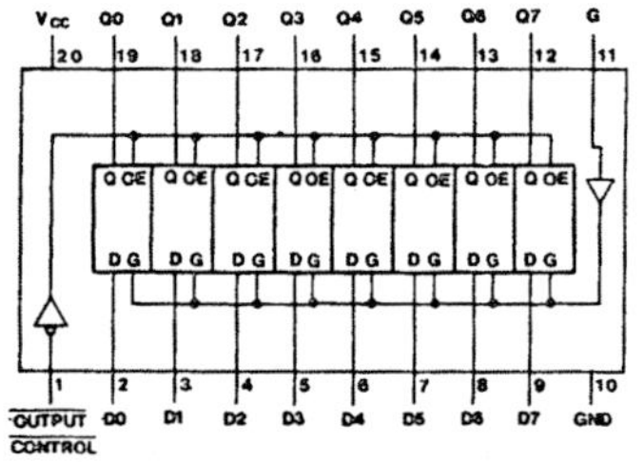

74LS573 74AS573 74HC573
74ALS573 74HCT573
74S573

574

Octal 3 state D Type Flip Flop

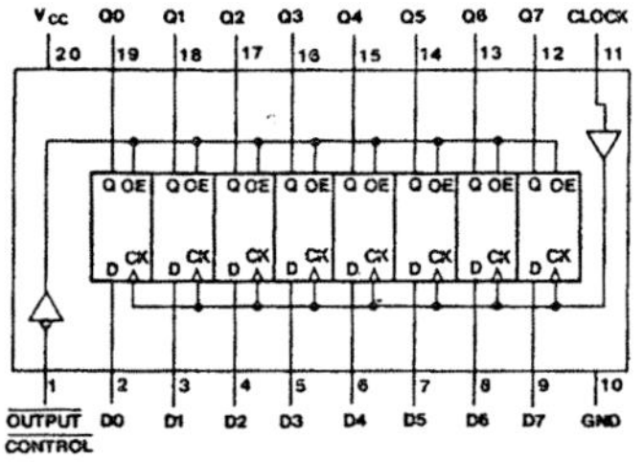

74LS574 74HC574
74ALS574 74HCT574
74AS574

575

Octal 3 state D Type Flip Flop with Clear

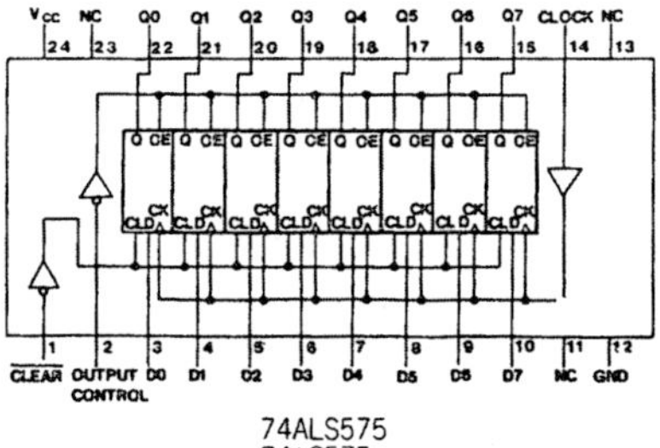

74ALS575
74AS575

576

Octal 3 state D Type Flip Flop (Inverted)

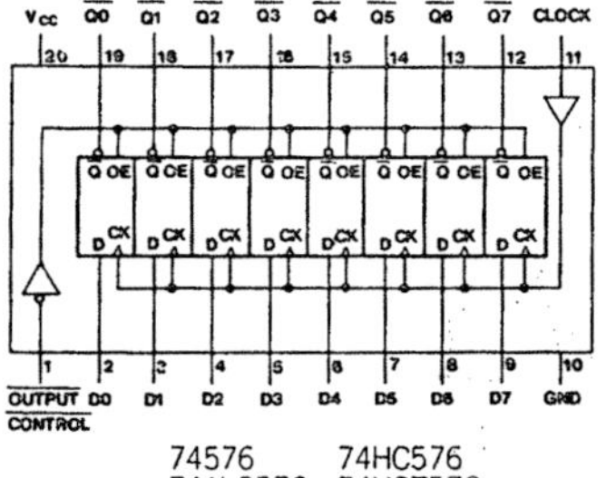

74576 74HC576
74ALS576 74HCT576
74AS576

577

Octal 3 state D Type Flip Flop with Clear (Inverted)

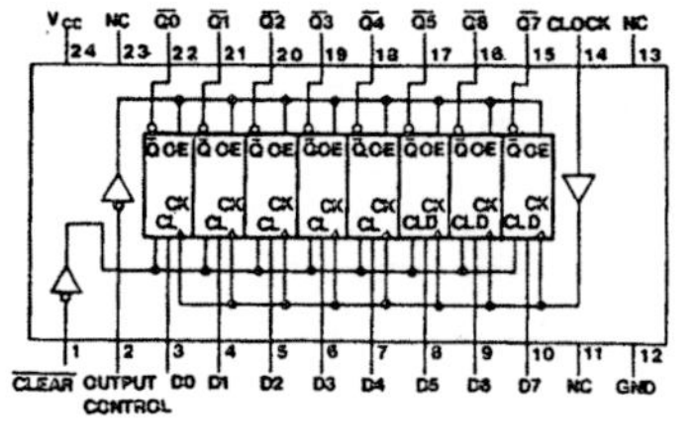

74ALS577
74AS577

580

Octal 3 state Transparent Latch (Inverted)

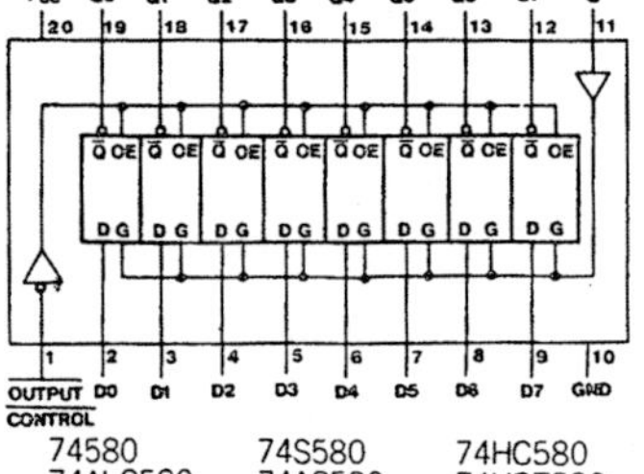

74580 74S580 74HC580
74ALS580 74AS580 74HCT580

620

Octal 3 state Bus Transceiver (Inverted)

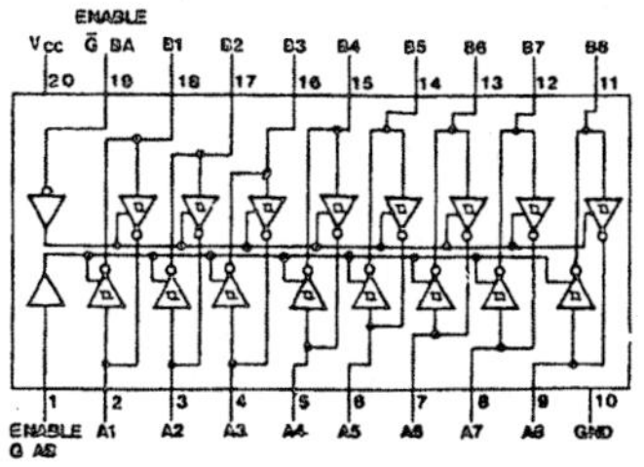

74LS620 74F620
74ALS620 74AS620

621

Octal Bus Transceiver with OC

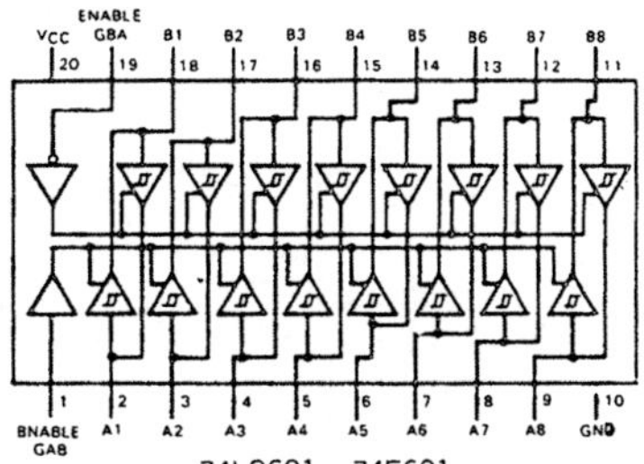

74LS621 74F621
74ALS621 74AS621

622

Octal Bus Transceiver with OC (Inverted)

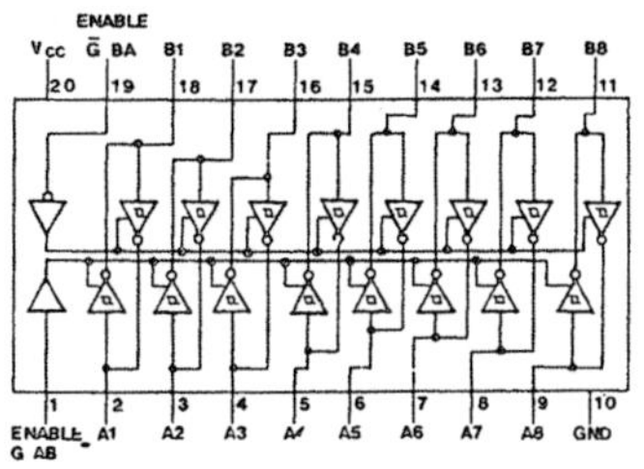

74LS622 74F622
74ALS622 74AS622

623

Octal 3 state Bus Transceiver

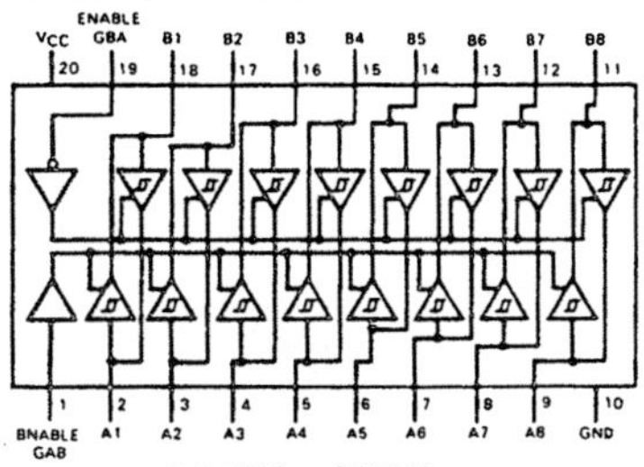

74LS623 74F623
74ALS623 74AS623

624

VCO

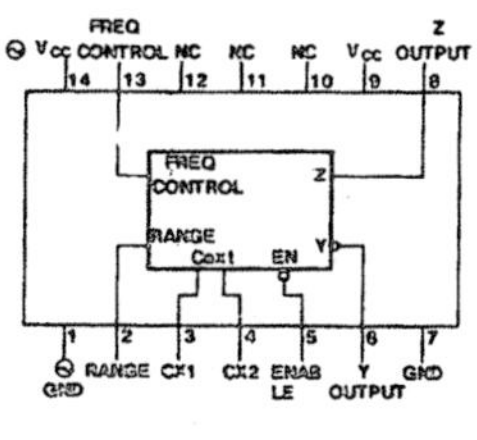

74LS624

625

Dual VCO

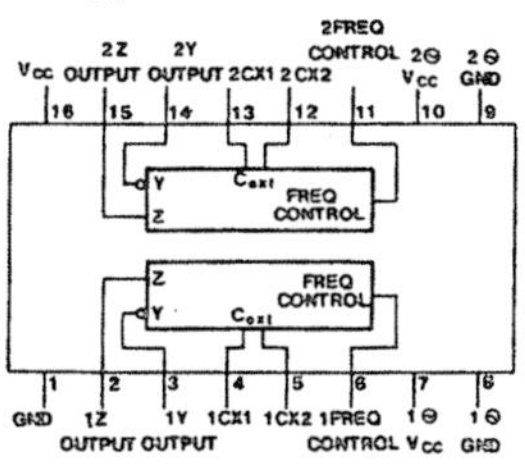

74LS625

626

Dual VCO

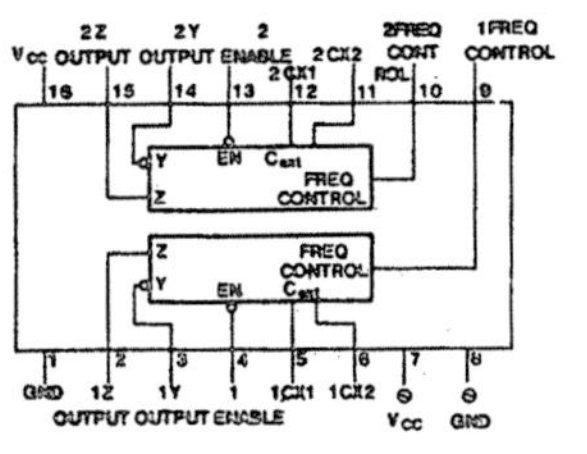

74LS626

627

Dual VCO

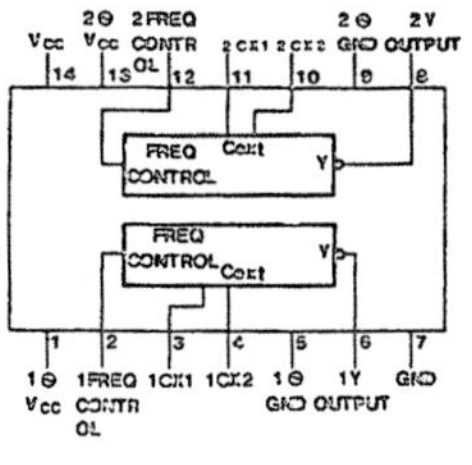

74LS627

628

VCO

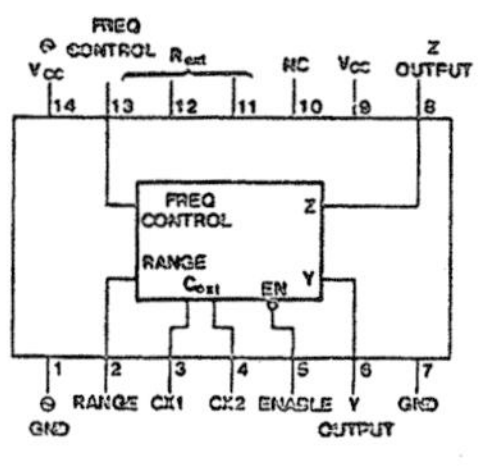

74LS628

629

Dual VCO

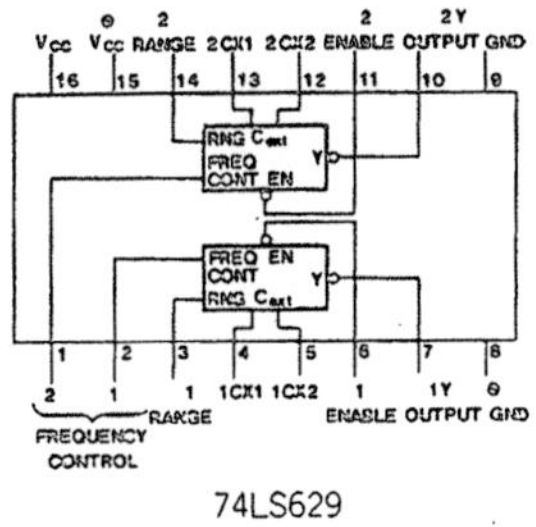

74LS629

638

Octal Bus Transceiver with OC (3 state)

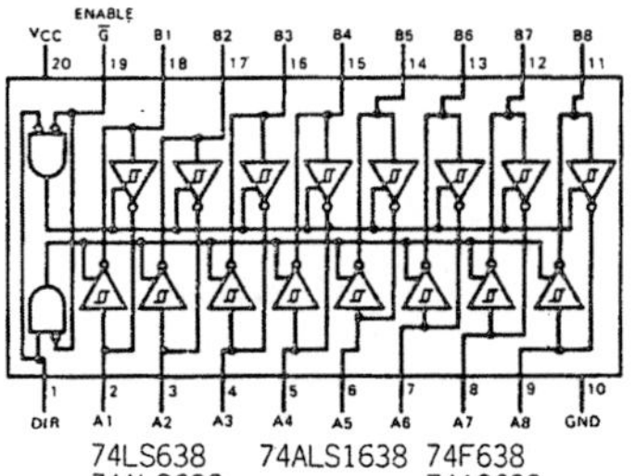

74LS638 74ALS1638 74F638
74ALS638 74AS638

639

Octal Bus Transceiver with OC (3 state)

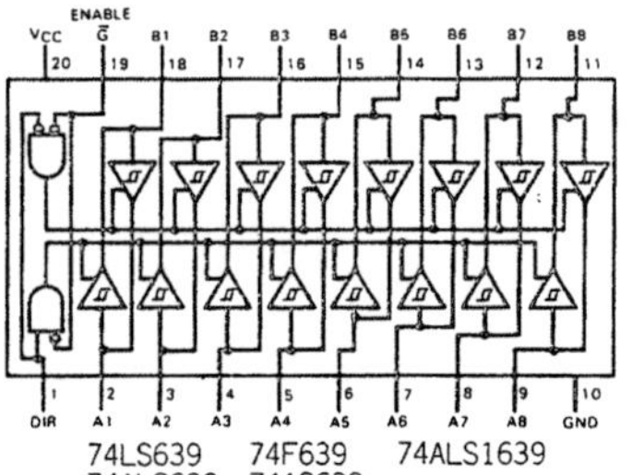

74LS639 74F639 74ALS1639
74ALS639 74AS639

640

Octal Bus Transceiver (3 state)

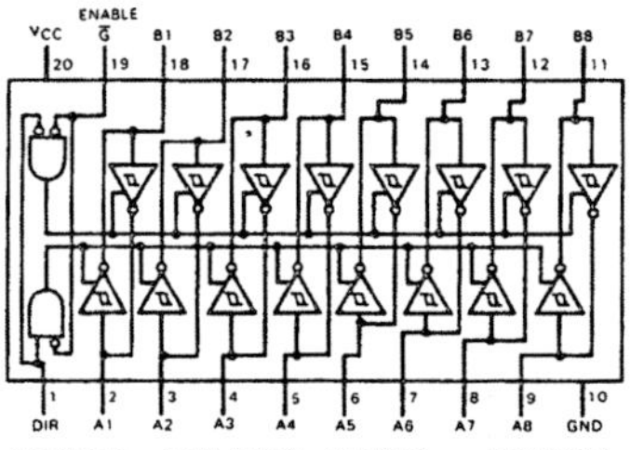

74LS640 74ALS640 74F640 74HC640
74AS640 74S640 74HCT640

641

Octal Bus Transceiver with OC

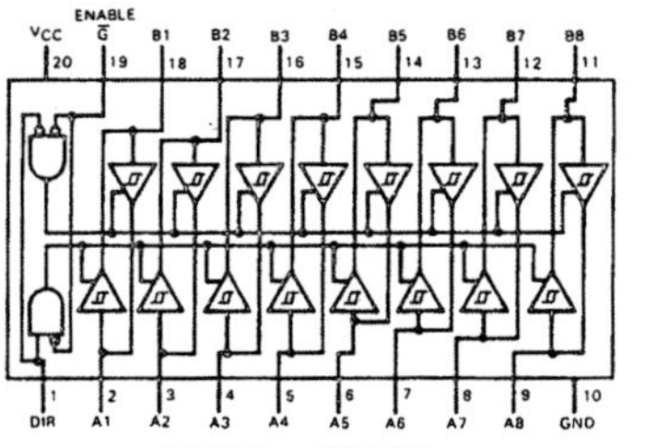

74LS641 74AS641
74ALS641 74ALS1641

642

Octal Bus Transceiver with OC

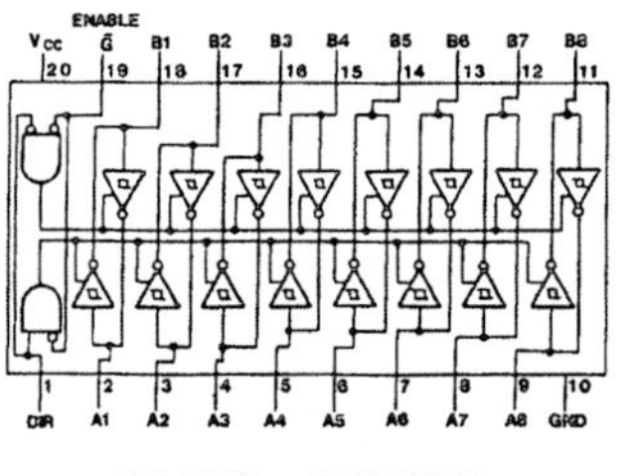

74LS642 74ALS1642
74ALS642 74AS642

643

Octal Bus Transceiver (3 state)

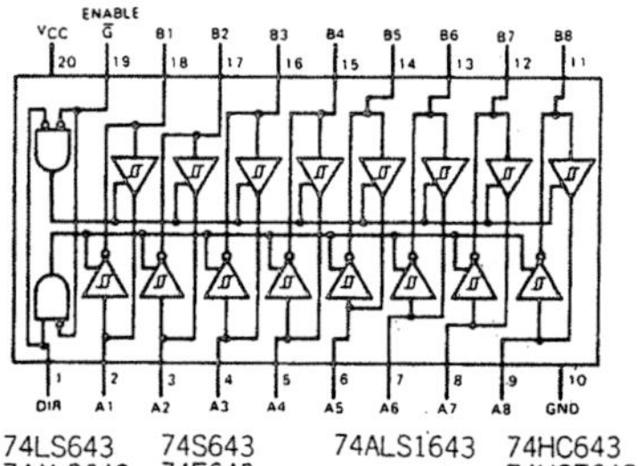

74LS643 74S643 74ALS1643 74HC643
74ALS643 74F643 74HCT643

644

Octal Bus Transceiver with OC

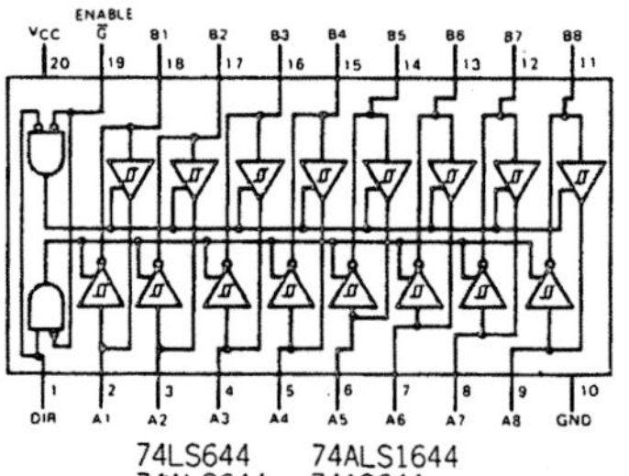

74LS644 74ALS1644
74ALS644 74AS644

645

Octal 3 state Bus Transceiver

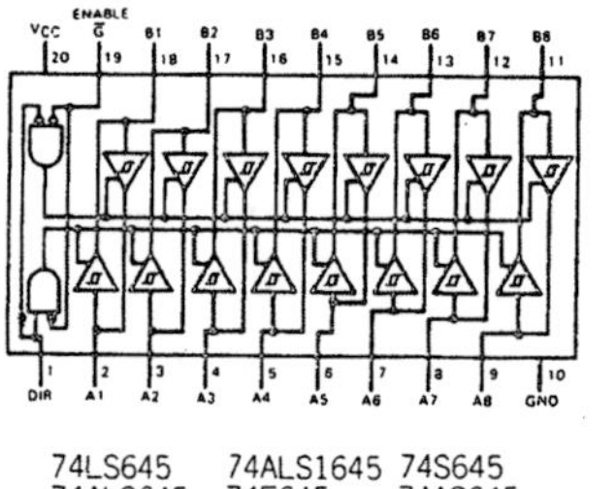

74LS645 74ALS1645 74S645
74ALS645 74F645 74AS645

668

Synchronous Presettable up down Decade Counter

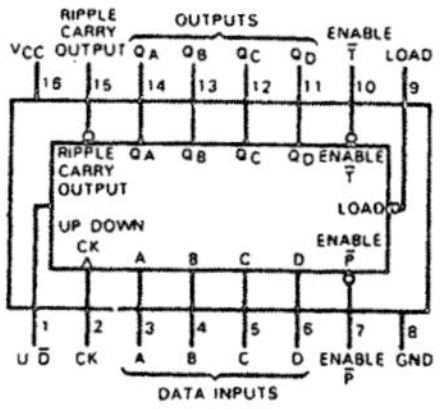

74LS668

669

Synchronous Presettable up down Binary Counter

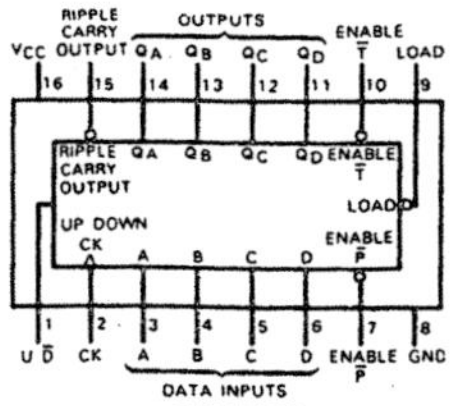

74LS669

670

4Word×4Bit Register File 3 state

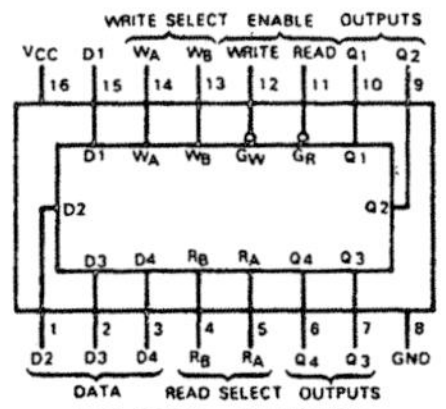

74LS670 74HC670
74HCT670

673

16 Bit Shift Register

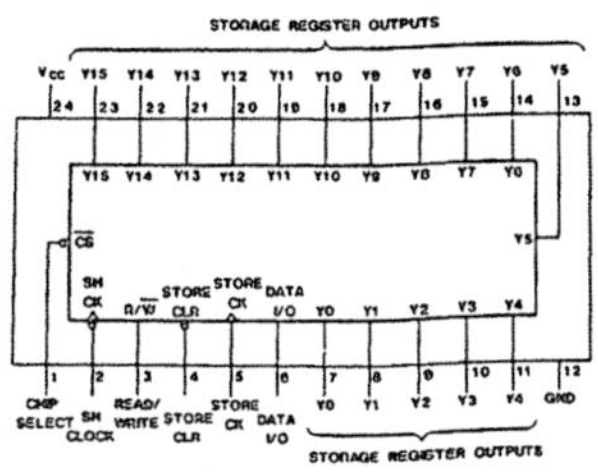

74LS673
74F673

674

16 Bit Shift Register

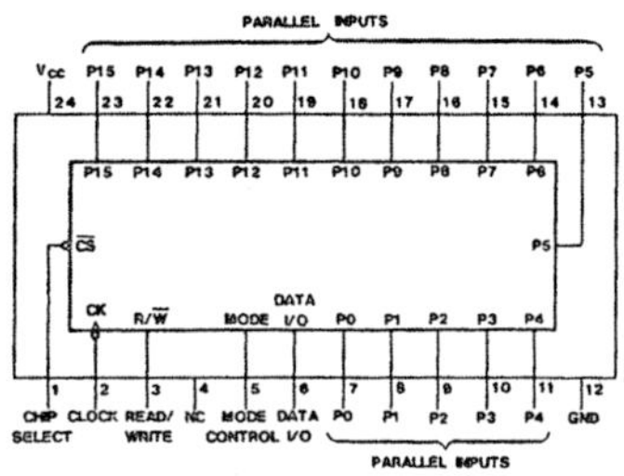

74LS674
74F674

681

4 Bit Parallel Binary Accumulator

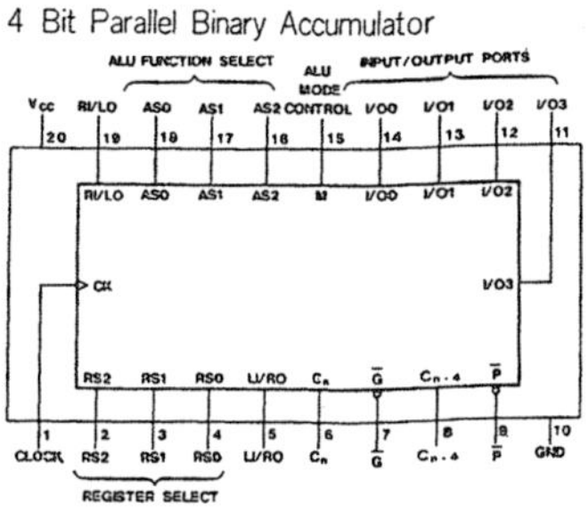

74LS681

688

8 Bit Equal to Comparator with OC

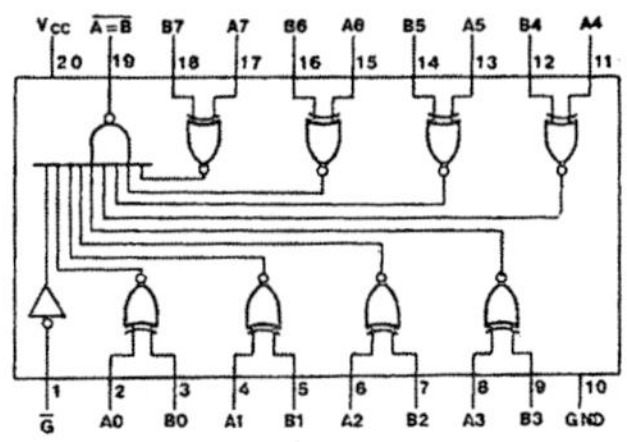

74LS688 74HC688
74ALS688 74HCT688

689

8 Bit Equal to Comparator with OC

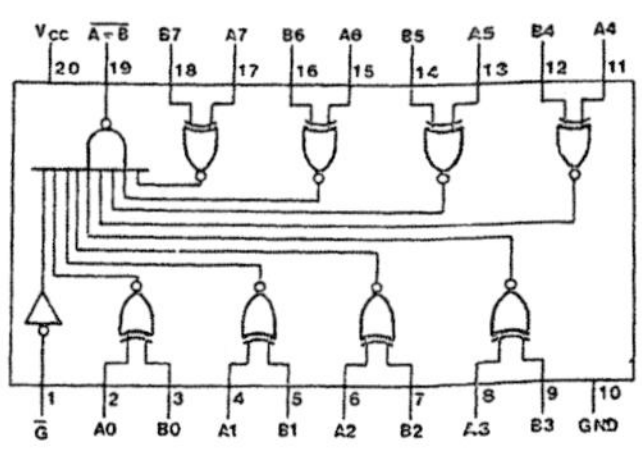

74LS689
74ALS689

690

BCD Synchronous Counter

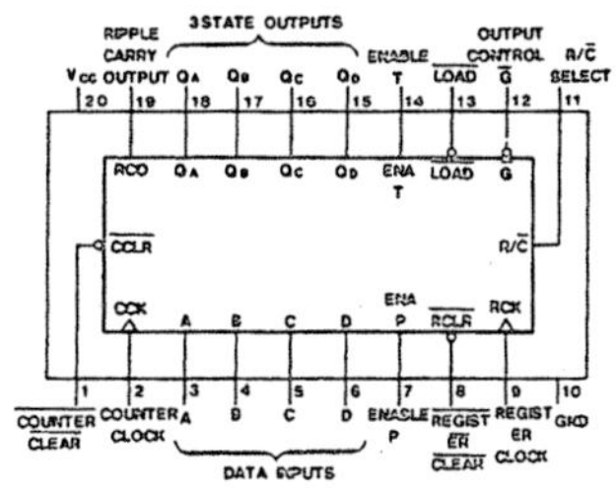

74LS690 74HC690

691

Binary Synchronous Counter

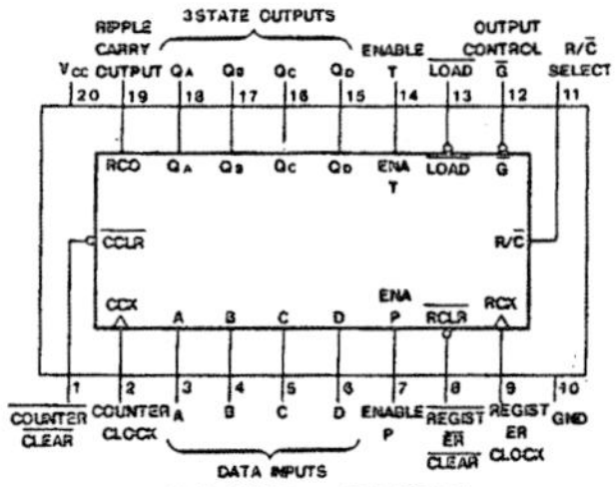

74LS691　74HC691
74ALS691

692

BCD Synchronous Counter

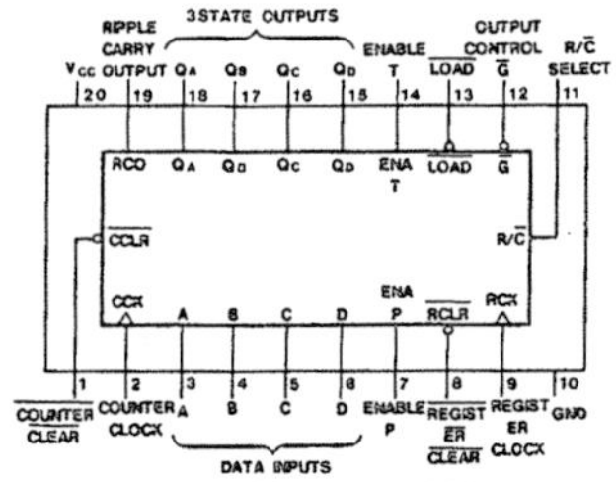

74LS692　74HC692
74ALS692

693

Binary Synchronous Counter

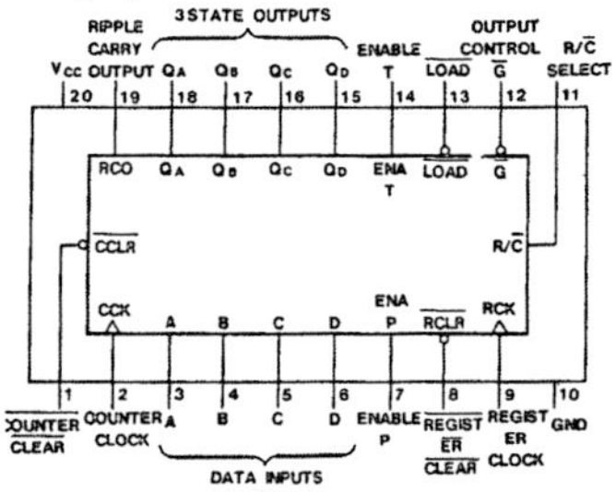

74LS693　74ALS693　74HC693

696

BCD Synchronous up down Counter

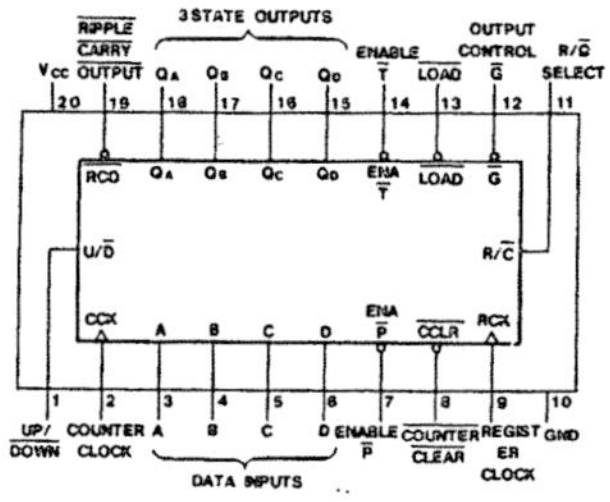

74LS696　74ALS696　74HC696

697

Binary Synchronous up down Counter

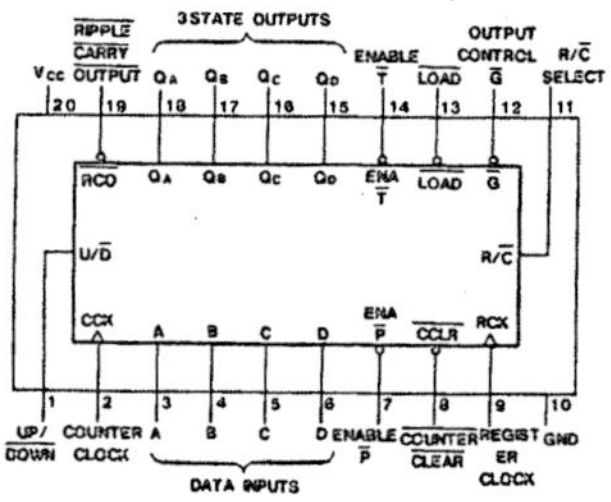

74LS697　74HC697
74ALS697

698

BCD Synchronous up down Counter

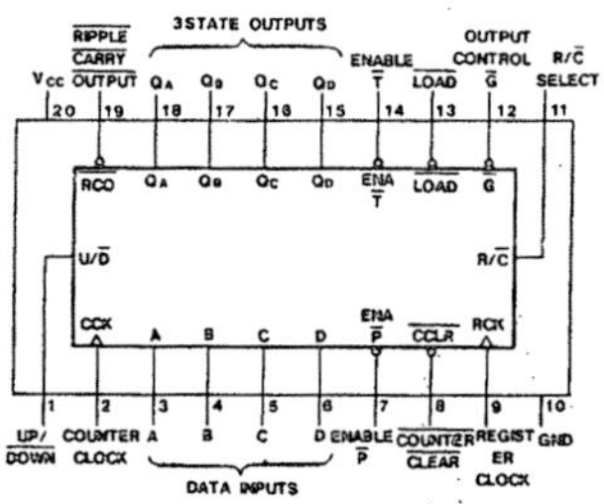

74LS698　74HC698
74ALS698

699

Binary Synchronous up down Counter

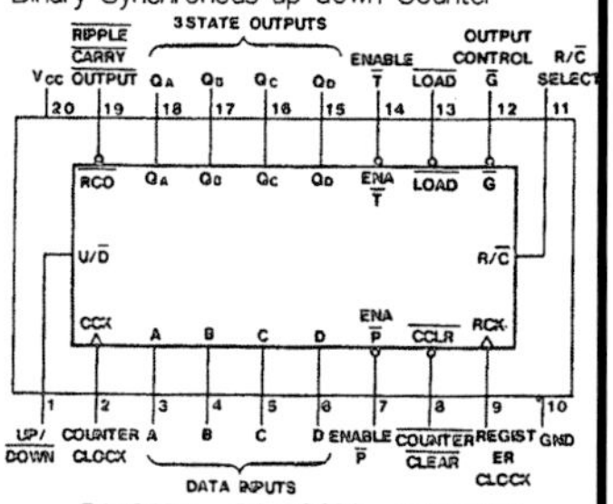

74LS699　74ALS699　74HC699

795

Octal 3 state Bus Buffer

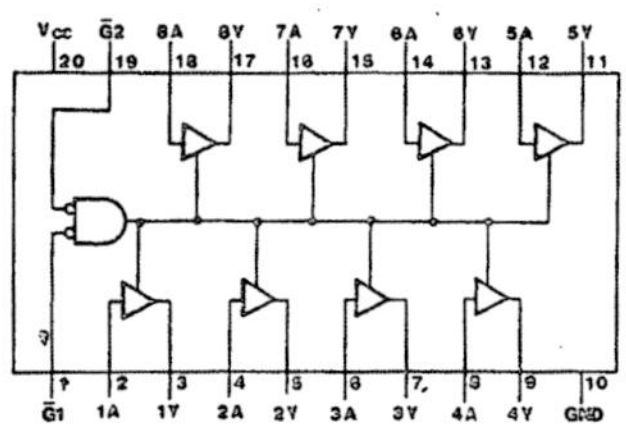

74LS795　81LS95

796

Octal 3 state Bus Buffer

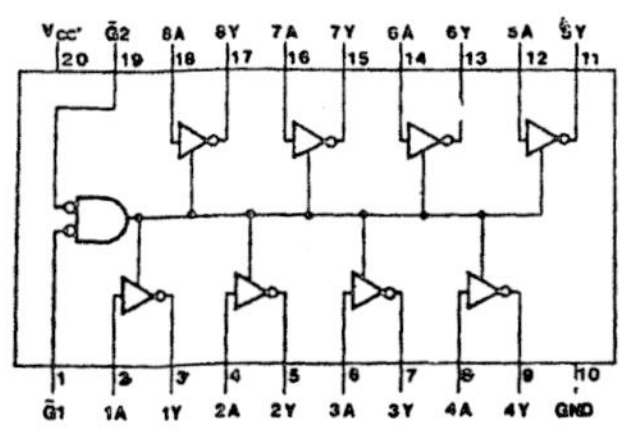

74LS796　81LS96

797

Octal 3 state Bus Buffer

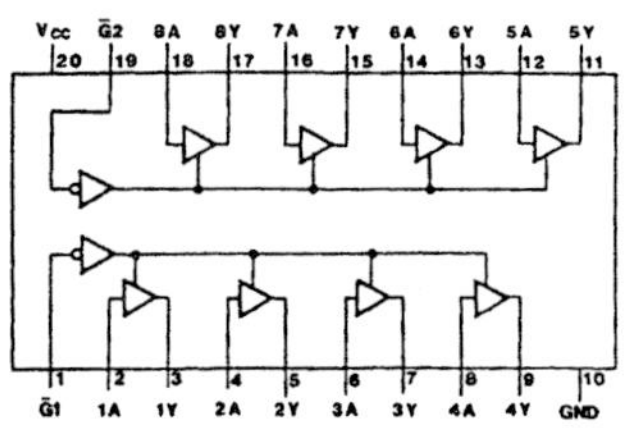

74LS797　81LS97

저자와의
협의에 의해
인지 생략

現代 디지털工學實驗

4판 8쇄 2025년 3월 17일

저 자 구성모/김광태/김영춘/심태은/
이무영/이웅구/이철원

발행인 송광헌

발행처 도서출판 복두(더)

주 소 서울특별시 영등포구 경인로82길 3-4
센터플러스 807호 (우) 07371

전 화 02-2164-2580

FAX 02-2164-2584

등 록 1993. 11. 22. 제 10-902 호

정가 : 15,000원

ISBN : 978-89-8000-302-0 93560

한국과학기술출판협회 회원사